# 多元地学信息系统研发及应用

黄云锴　常　河　王荣彬　编著

北　京
冶 金 工 业 出 版 社
2013

## 内容提要

本书介绍了在地理信息系统理论和方法的基础上，建立的集提取多元地学数据、挖掘地学数据之间的内在联系、对多元地学空间数据进行融合的具有综合分析、处理、统计、管理等功能的多元地学信息系统，主要内容包括多元地学信息系统及数据库设计、多元地学信息系统“C/S”结构客户端的研发、多元地学信息系统“B/S”结构的研发、多元地学信息系统的应用、多元地学信息系统主要功能。

本书可供矿产地质与勘查、矿山地质、矿产资源开发与规划管理、矿山计算机软件开发与应用等专业的科技人员、管理人员及相关专业的本科生、研究生参考。

**图书在版编目(CIP)数据**

多元地学信息系统研发及应用/黄云锴，常河，王荣彬编著．
—北京：冶金工业出版社，2013.1
ISBN 978-7-5024-6132-4

Ⅰ.①多… Ⅱ.①黄… ②常… ③王… Ⅲ.①地理信息系统—研究 Ⅳ.①P208

中国版本图书馆 CIP 数据核字(2013)第 013243 号

出 版 人　谭学余
地　　址　北京北河沿大街嵩祝院北巷 39 号，邮编 100009
电　　话　(010)64027926　电子信箱　yjcbs@cnmip.com.cn
责任编辑　杨秋奎　美术编辑　彭子赫　版式设计　孙跃红
责任校对　卿文春　责任印制　李玉山
ISBN 978-7-5024-6132-4
冶金工业出版社出版发行；各地新华书店经销；北京百善印刷厂印刷；
2013 年 1 月第 1 版，2013 年 1 月第 1 次印刷
787mm×1092mm　1/16；14.25 印张；345 千字；218 页
**43.00** 元

**冶金工业出版社投稿电话：(010)64027932　投稿信箱：tougao@cnmip.com.cn**
**冶金工业出版社发行部　电话：(010)64044283　传真：(010)64027893**
**冶金书店　地址：北京东四西大街 46 号(100010)　电话：(010)65289081(兼传真)**
(本书如有印装质量问题，本社发行部负责退换)

# 前　言

从20世纪90年代开始，许多矿山企业就意识到企业的数字化管理与企业生产和决策有着密切的关系。“数字地球”概念出现后，各国相继提出了“数字城市”、“数字矿山”等概念。随着“数字矿山”概念逐步推广和实施，人们逐步认识到数字矿山是以空间数据为依托，以虚拟现实技术为手段，对真实矿山及相关现象进行数字化重现，并在此基础上实现数据的分析与挖掘，服务于社会经济发展、矿区环境保护、矿产资源合理开发的矿山网络体系，进而实现整个矿山系统的持续发展。建立多元地学信息系统，在地学数据的管理方面和对地学信息进行深入挖掘具有重要的实际意义。运用GIS方法处理多元地学信息，融合多元地学数据，建立成矿预测模型则是当今地学研究的前沿问题。

矿山企业需要大量的地质、采矿、测绘及选矿资料作为生产活动的依据。这些空间及非空间资料对矿山的生产起指导性的作用，是矿山企业的宝贵财富。随着生产的持续进行，矿山企业积累了大量的图件、文档资料。如何更好地管理、使用这些资料成为诸多矿山企业所要面临的问题。传统的手工管理方式已经不能满足对资料的快速检索及更新的需要；对数据的加工、融合也变得相当困难，信息孤岛现象极其严重。对多元地学数据进行综合分析、解释，是地学研究领域的热点，也是难点所在。如何解决现有问题，更好地利用这些数据资源，对数据进行二次挖掘，从而提高矿山企业的管理质量、管理效率，是矿山企业工作者极为关心的问题。本书从矿山企业今后的找矿、采矿及选矿工作提供决策的依据等问题入手，首先从构建一个完整的多元地学信息系统的角度出发，将多元地学数据的管理与分析处理相结合，建立了多元地学信息系统；其次，从多元地学信息提取的角度出发，建立了多元地学信息专题数据库，研究了地学信息的提取方法，挖掘地学数据之间的内在联系，对提取的多元地学空间数据进行融合与综合分析，希望能对地质、勘探、矿产资源开发、GIS技术应用等科技工作者和有关专业师生提供参考。

由于作者水平所限，书中不足之处，恳请广大读者及同行不吝指教。

作 者

2012年10月

# 目　录

# 1 绪　论

## 1.1　多元地学信息系统研发的背景及意义

地学研究是一个不断获取各种地学数据，并进行综合分析、处理，提取有用信息，突出感兴趣的部分，达到所期望目标的过程。目前，在地学研究中广泛使用地理信息系统技术作为手段来提取、综合多元地学信息，地理信息系统的快速发展和应用，也为管理和分析地学信息提供了高效、科学的方法。随之而来的，地学研究的分析方法也悄然发生变化，应用地理信息系统来分析、处理多元地学信息已经成为当前地学研究趋势与热点。地学研究已经突破了传统方式，越来越多地倾向于一个地质学科与地理信息学科组合、交叉的领域，如何将地理信息技术完美地融入地学研究，构成一个全新的多元地学信息系统，是未来地学研究发展的关键问题。

当前地学研究将各种观测方法、手段与信息技术相结合，将地球大部分要素数字化、网络化、可视化，构成了一个信息化的地球，也可以称为“数字地球”。“数字地球”是地球探测、数据库与地理信息系统、全球定位系统、宽带网络及仿真-虚拟等现代高科技的高度综合和升华，是当代科学技术发展的制高点。

因此，地学研究需要重视的两个问题是地学信息获取的手段和地学信息的管理方法。地学信息获取的手段主要是地球探测技术，包括对大气圈、水圈、陆地圈的观测，以及对矿产资源、水资源、生态系统以及自然因素和人为因素引起的各种灾害的观测。所以，地学信息是不同来源、不同类型和不同（时-空）分辨率的以地球物理探测技术、地球化学探测技术、遥感技术等获得的地学数据，是以地理坐标为网度，涵盖了地球大气圈、水圈、陆地圈以及资源、环境乃至社会经济的多元地学数据。因此，管理多元地学信息就需要应用地理信息系统技术，建立地学信息数据库，将地学信息以可视化的方法反馈回来，并融入网络技术与全球定位技术，构成一个综合的多元地学信息系统。

中国科学院地学部的许多学者经过多年的讨论，已达成共识，他们认为地质科学未来的发展必须是多学科的综合交叉发展。地学涉及的问题很广，包括地球上的各个圈层，而地球又是宇宙中的星体，因此地质科学的发展又和宇宙的发展有着密切的联系。按照现在科学技术的发展水平，单一学科要想解决与地质学相关的问题非常困难，由此地质科学的发展要形成一个多学科的综合研究，这是地质科学今后发展的总趋势。

参加32届国际地质大会（IGC）的中国地质代表团在总结当代地球科学现状与发展动向时指出：“传统地质学科的界线几乎难以分辨，以领域和目标聚焦的学科组合与交叉，正在构造‘大地质学’和‘整体地质学’的新系统。”

2008年11月11日，在2008诺贝尔奖获得者北京论坛上，华人图灵奖得主姚期智指出：“多学科交叉融合是信息技术发展的关键。当不同的学科、理论相互交叉结合，同时一种新技术达到成熟的时候，往往就会出现理论上的突破和技术上的创新。”

的确，当前任何一个与地学有关的重大科学或社会课题，都不是单一学科所能胜任的。原长春地质学院所完成的地矿部“八五”深部地质调查重点项目“中国满洲里-绥芬河地学断面”，正是多学科联合攻关的一个例证。地球科学学院教授们在讨论学科建设时，经常用学科交叉、融合、整合、联合、综合、合作或渗透等词汇来表达这类小异而大同的意思。以要解决的问题为目标，集聚相关学科联合攻关，已成共识。

在32届国际地质大会期间，国际地质科学联合会（IUGS）的前主席 Edward de Mulder 指出：“在人造卫星从外层空间来探测我们的行星地球之前，固体地球是地质学家唯一的研究领域。那时有诸如地球物理、地球化学之类的学科划分。而现在，这种分科变得不那么重要了，新一代地质学家既会测量，又会建模，而地球物理学家和地球化学家正在研究化石。”“行星地球”（planet earth）、“系统地球”（system earth），在地球之前加上这些字，意味着眼界的扩大和观念的改变。显然，一味固守传统的学科划分，很难与当今地球科学的发展趋势合拍。IUGS 的前主席 Robin Brett 对此作了更为详尽的解释。他认为，早年的地球学科被过分地割裂开来。地球物理学家难以与地质学家对话，反之亦然；而现在不同了，跨学科（interdisciplinary）才是最好的科学。跨学科不仅指地球科学之内的各学科之间的合作，而且要在地质学与生物学、物理学、化学以及其他许许多多科学领域之间进行交叉。地质学家走向海洋（过去主要是研究大陆），通过海洋地质和地球物理研究，发现了“板块构造”（plate tectonics）。而板块构造概念反过来又引起了地质学、地球物理学和地球化学等几乎所有地学学科领域思维的变化。不同领域的专家们认识到，只有彼此协力合作，才能解决问题。地球科学家在寻求若干年前看似毫不相干的学科领域间的合作。在这一背景下，“地球系统科学”（earth system science）诞生了。

IUGS 的另一位前主席，巴西的 U. Cordini 博士指出：“当20世纪60年代板块构造出现之时，地质学家经历了一场非同寻常的科学革命。我们确实比以往更加联合一致，用整体论的方法（holistic approach）来研究行星地球。而且我们还准备以跨学科的方式（interdisciplinary way）来与众多科学和技术领域的专家们合作。在合作中，地质学家具有擅长观察和监测地球过程的优势，具备处理大尺度的长时间和大空间问题的能力。当今的地球科学家和专业人员都清醒地认识到，地球科学与环境问题关系密切，地球科学的重要意义与日俱增。”

信息科学的发展也对地质科学有很大的影响，信息科学的发展为我们在较短的时间内实现地质工作的信息化提供了保障，以信息化来代替地质工作的现代化。随着科学技术的进步，要求地质科学研究的方法技术也要随之变化。遥感技术、卫星技术、全球定位系统、地理信息系统、地质层析成像技术、计算机技术在矿业、环境领域已经得到广泛的应用。

地理信息系统（geographical information system，GIS）在20世纪80年代初被引入地学领域，在地质、物探、化探、遥感等多元地学信息的融合、分析、解释方面为地质学家提供了新的方法。借助 GIS 技术，通过各种空间分析方法对地学信息进行综合分析，为研究区域成矿系统和多元信息成矿预测带来了新的手段和科学依据。

GIS 是对地球空间数据进行采集、存储、检索、分析、建模和表达的计算机系统，是集地理学、测绘遥感学、空间科学、信息科学、计算机科学和管理科学为一体的新兴边缘科学。

美国科学院地理信息科学院士 Michael Frank Goodchild 教授在 1999 年讨论了地理信息科学需要解决的问题，提出地理信息科学有三大部分，即个人、系统以及社会。其中个人部分包括认知科学、环境心理学、语言学等；系统部分包括计算机科学、信息科学等；社会部分包括经济学、社会学、社会心理学、地理学、政治学等。

美国的国家地理信息分析中心（NCGIA）从 1998 到现在启动了很多项目，影响很大，目前好多理论研究都顺着这个项目设立的方向在做。后来美国的几个大学联合成立了大学地理信息科学研究会（UCGIS），在 1996 年专门阐述了地理信息科学研究方向，包括空间数据获取与集成、分布式计算、地理表达扩展、地理信息认知、地理信息互操作、尺度、GIS 环境下的空间分析、空间信息基础设施的未来、地理数据不确定性与基于 GIS 的分析、GIS 与社会。

国内李德仁院士在 2000 年认为地球空间信息学包括 7 个理论问题：

（1）地球空间信息的基准，包括几何、物理和时间基准；

（2）地球空间信息标准；

（3）地球空间信息的时空变化理论；

（4）地球空间信息的认知；

（5）地球空间信息的不确定性；

（6）地球空间信息的解译与反演；

（7）地球空间信息的表达与可视化。

GIS 的发展是与计算机技术的发展、网络的发展以及数字地球的发展紧密相关的。

林珲教授认为 GIS 包括空间数据库、空间分析、可视化三大功能，后来把模型库和虚拟环境加进来，还包括一个网络支撑环境。从地图到地理信息系统与虚拟地理环境，是地理学语言的演变，这是从虚拟现实这个角度看 GIS 的发展。

武汉大学朱庆教授总结了 GIS 技术的发展动态，认为 GIS 向多维、动态、一体化方向发展；GIS 系统体系结构向开放式、网络化、信息栅格发展；软件实现向组件化、中间件、智能体方向发展；空间信息技术和通信进一步融合；数据获取向“3S 集成”方向发展，尤其是 Sensor Web 的发展；数据存储管理向分布式存储及其互操作方向发展；数据处理向移动计算、普适计算和语义网方向发展；人机交互向自然的虚拟环境方向发展等。

GIS 的未来研究包含 10 个前沿问题：

（1）地理认知、地理信息本体论以及概念格。地理认知研究很早，它与认知心理学、地理思维、地图认知、地理行为学密切相关。地理信息本体论主要是讨论各个专业应用领域概念与语义的相互关系、层次性与一致性等，相关研究涉及语义互联网、地理信息系统之间的语义互操作、知识级地理信息共享与知识重用以及地球科学中的语义建模等。在地理信息本体研究中，概念格是一个前沿研究方向，涉及概念的内涵与外延等。

（2）面向“人”、面向社会的 GIS 发展。Harvey J. Miller 2005 年讨论“关于人在地理信息科学中的位置”（what about people in geographic information science）的学术问题。龚建华与林珲从另外一个角度提出面向“人”的 GIS，认为传统的 GIS 是面向“地”的 GIS，是侧重于地理生态世界，是以点、线、面为基本表达单位；而面向“人”的 GIS，是侧重于生活世界以及社会世界，是以个体、群体、组织为基本表达单位。地理信息科学中关于“人”的研究，主要包括人的心理（心脑）、生理（身体）以及社会（个体）三个方面。

(3) 地学模拟、情景决策支持分析。地学模拟方法近年来越来越受到学界的关注。相关研究包括基于多智能体的 SARS 传播模拟分析等。

(4) 时空过程表达、时空数据模型、时空分析。例如，扬州市水环境污染时空模型、滑坡过程时空模型、洪水演进过程模型、风暴过程模型等。随着“数字海洋”的发展，海洋现象动态变化过程时空表达与模型值得关注。

(5) 网络环境下的分布式三维可视化、虚拟环境与数字地球。Google Earth 体现了这方面的工作与最新成就。中科院遥感所的虚拟地理环境研究团队近年来一直在探讨这个问题。数字地球带来的全球 GIS 的发展更值得关注。

(6) 协同地理信息系统。过去 GIS 是单用户的，为一个人设计使用的，但是现在是很多人同时用一个 GIS 系统。协同 GIS 就是一组人在 GIS 支持下一起解决一个地理问题。协同 GIS 与“GIS 和社会”以及“PPGIS”（公众参与地理信息系统）都有关系。

(7) 移动地理信息系统，移动地理计算。基于手机的 GIS，用户很广，其产业以及相关 GIS 服务理念影响很大。

(8) 数据挖掘与知识发现。美国成立国家可视化分析中心，专门发展视觉分析学，分析各种各样数据。目前这个方向在可视化领域里是个热点。

(9) 网络技术发展与网格 GIS。这是国家“十一五”、“863”将要重点发展的领域。

(10) 遥感信息技术与 GIS 分析。宫鹏提出的“声像一体化湿地连续遥感监测技术：平台建设试验”，以及香港中文大学的关于基于声音遥感图像（soundscape）的应用，都是关于声音遥感的新探索。

多元地学信息系统主要是以地质科学理论、方法为基础，应用地理信息系统技术来解决地学信息的获取、存储、数据处理、空间分析及输出过程中所提出的一系列问题，将地球表面信息和地下信息以可视化的技术表现出来并对其进行空间分析。应用地理信息系统技术可以实现地学信息的空间分析和模拟，研究与地球科学有关的一些实际问题，如建设数字地球、数字矿山、数字地质等。

多元地学信息系统对地学信息的处理主要包括以下方面：

(1) 地理、地质等空间信息。通过空间检索、叠加分析、拓扑分析、缓冲区分析等方法，进一步挖掘的地学信息，获得空间要素之间的内在联系。

(2) 地球物理信息。地球物理信息主要是对地球物理信息进行解释，分析区域重力特征和区域磁场特征，提取布格重力异常等值线和航磁异常等值线，生成栅格异常图来研究区域地质情况。

(3) 地球化学信息。应用地质统计学的方法和手段，对地球化学数据进行统计分析，通过插值方法获得预测表面模型，来表述地球化学元素的分布与迁移特性，预测重点勘查区域。

(4) 遥感信息。人类利用陆地资源卫星获得了大量地球表面的卫星遥感图像，而且数据类型不断丰富，分辨率大大提高，为全面反复深入观察地壳表面地质结构、构造及其组分，提供了一种有力的手段。对遥感信息的处理是以遥感信息为依据，结合地质调查和地球物理等资料对遥感数据进行解译，获得地学信息，主要研究地质遥感信息的提取、处理和解译。

(5) 重点勘查区综合评价。综合分析地质信息、地理信息、地球物理信息、地球化学信息、遥感信息等，对多元地学数据进行挖掘与融合，应用空间分析的方法和地质统计学方法预测重点勘查区域。

综上所述，在地学研究实际工作中，主要面临地学要素信息的存储、提取，地学信息的综合分析，多元地学信息的表达等问题。GIS 技术恰好可以解决上述问题。GIS 的空间分析和空间索引技术可以用于地学信息的提取与综合分析等问题，用插值方法绘制表面模型可以实现地球物理、地球化学等多元地学信息的表达。所以，GIS 与地学研究相融合，建立一个多元地学信息系统来存储、提取、综合分析多元地学信息，具有重要的研究价值与现实意义。

## 1.2 国内外研究现状

在地学研究工作中真正开始使用 GIS 技术是在 20 世纪 80 年代。近年来，随着计算机和网络技术的快速发展，地学领域对空间数据共享的实际需求，以及地学信息分析方法的变化，GIS 技术与地学研究的融合步入了一个新的发展阶段，GIS 对地学研究工作开始产生越来越重要的影响。

地学研究中的矿产资源预测在 20 世纪 50 年代还是完全建立在地质类比的基础之上，到了 60 年代，开始使用多元统计的方法结合专家系统来对地质、物探、化探和遥感数据进行综合分析。从 80 年代开始，则以 GIS 为工具，在对地质空间数据进行融合、分析的基础上，建立成矿预测模型，成为了一种以预测图件为成果的新一代预测方法。

应用 GIS 进行矿产资源勘查首先从加拿大开始，随后美国和法国也开展了大量的研究工作。加拿大地调所（GSC）地质统计专家 Frederik P. Agterberg 和 Graeme F. Bonham Carter 教授在 Nova Scotia 地区的金矿勘探和在新布伦斯瑞克北部矿产资源预测中，提出用条件概率与贝叶斯规则相结合的证据加权模型（weights of evidence mode），实现二元模式图综合的新方法。这种方法经多次改进，已作为基于 GIS 的矿产资源预测的主要方法在世界各国得到了广泛的应用。1982 年美国地质勘探局（USGS）建立了矿产资源评价计划（CUSMAP）的 GIS 原型系统，用于美国本土的矿产资源评价。首先对地质、地球物理、地球化学、遥感、地形、矿产等数据进行数字编码，并得出其间的空间关系，然后建立了矿床的经验模型。通过研究，确定了矿产资源评价对栅格、矢量和表格数据处理的能力及相互间接口的需求，以及在 GIS 内建立、应用模型和表示评价结果的制图功能的需求。1988 年澳大利亚成立了 GIS 技术和应用专家组成的自然资源信息中心（NRIC），同年启动了一个以综合大量不同类型的空间数据为目的的研究项目。Lesley Wybom 等建立了 GIS 澳大利亚金属矿产预测空间数据专家系统，提出了在已知矿床很少的情况下应用 GIS 进行资源评价的方法。90 年代中后期，南非地学委员会 GSSA 开始应用 GIS 来进行矿产资源预测，建立了多元地学信息数据库。

我国应用 GIS 进行矿产资源预测开始于 20 世纪 80 年代中期。许多大学、研究所、地质局都应用 GIS 进行了多元地学信息融合与矿产资源预测方面的研究。1995 年 4 月，地调局在川西扬子地台西缘部分地区 4 个 1∶20 万图幅立项开展了地理信息系统应用的试验研究，建立了目标图层综合的数学模型，基于 ARC/INFO 开发了证据加权法软件模块，在扬子地台西缘成功地应用 GIS 方法完成了对剪切带型金矿和斑岩铜矿的预测。“九五”期间，赵鹏大院士总结出 GIS 技术应用于地质异常圈定和成矿预测，可进行区域“成矿可能地段”分析、组合异常的“找矿可行地段”分析、组合异常的“找矿有利地段”分析、多元信息的“潜在资源地段分析”以及多元信息的“远景矿体地段分析”。地矿部以基于GIS的矿产资源评价中的成矿信息提取及评价方法模型，开发相应的资源评价系统为目的，开展了重点科技项目“基于GIS的固体矿产资源评价系统”的研究，所开发的系统包括地、物、化、遥的单专题的成矿信息提取及成矿信息的综合能力，可支持用户针对不同的评价对象采用不同的评价方法；地矿部重点科技项目“大型、特大型金矿床密集区综合信息成矿预测地质信息系统”以山东省大型、特大型金矿密集区为研究对象，根据王世称教授的评价思想，在MAPGIS平台上进行二次开发，形成大型、特大型金矿床密集区综合信息成矿预测地质信息系统。中国地质科学院以肖克炎博士为首的课题组在MAPGIS软件平台上开发了矿产资源评价系统（MRAS）。中国地质大学（武汉）数学地质遥感地质研究所开发了金属矿产资源评价分析系统（MORPAS）。

国内外的研究和实践证明，GIS技术在地学研究工作中的应用，改变了传统的研究方法体系，简化了分析过程，提高了多元地学信息提取和综合分析的效率与可行性。在地学研究工作中，以GIS为主要工具进行分析研究已经得到了国内外地质学家的重视，成为工作中不可缺少的工具。随着GIS技术的发展，可获取数据资源的不断增加，分析方法研究的不断深入，地学研究与GIS的结合会更加紧密，对地质工作者的思维方式也将产生深远的影响。

# 2 多元地学信息系统及数据库设计

多元地学信息系统及数据库的设计，应该使系统处理事务的能力满足多元地学数据管理和应用的目的，并探索处理、分析多元数据的需求，分析系统目标的可行性，建立总体设计方案。多元地学信息系统与多元地学信息数据库密不可分，系统以数据库为核心，数据库以系统来显示应用，所以设计的主要任务是根据研制的目标来规划系统和数据库的规模，确定各个组成部分，并说明它们在整个体系中的作用与相互关系以及确定硬件配置，规定采用的技术，保证系统和数据库总体目标的实现。

## 2.1 需求分析

需求分析是多元地学信息系统设计的基础，是将收集的信息根据系统设计的要求归纳整理后，得到对系统整体性的概略描述和可行性分析的结论。需求分析主要是调查多元地学信息系统的总体功能要求及对各功能模块的具体要求，确定系统的基本服务对象和内容，建立系统的概念模型，选择合适的软件及硬件配置。在分析用户需求时，应同时考虑目前需求和未来的升级情况，以便使系统结构趋向合理，易于用户扩充和更新，保持系统功能的最佳状态。

需求分析过程是一个继承和发展的过程。“继承”是要求全面调查、了解目前系统所需处理的常规工作，理解工作的运作及关键性步骤，是一个学习、认识和调查各类数据内容和行为的过程。“发展”则是基于对现有数据和工作流程理解的基础上，用新观点、新技术来更高效地完成同样的日常任务，提高用户的工作效率。

### 2.1.1 用户情况调查

多元地学信息系统是面向用户的，既包括专业人员，也包括管理人员，根据应用情况不同可对用户的专业做如下分类：

（1）用户希望通过多元地学信息系统来实现当前工作业务的数字化，改善数据采集、分析、表示的过程。目的是对工作领域的前景进行分析，引入行业的新技术、新方法。这类用户主要包括与地理、地质专业相关的一些测量调查部门和制图部门。这些部门会投入大量资金来开发应用软件，且会一直使用，并对软件的实际应用情况和系统升级提出要求。

（2）用户需要使用多元地学信息系统开拓和发展新的工作，这类用户以具有行政职能或生产管理职能的部门为主，也包括进行系列专题调查的单位，例如矿产资源规划、矿产资源利用现状调查，以及进行特殊项目调查和研究工作的单位。这些单位或部门是多元地学信息系统的潜在用户。

（3）用户对信息的需求是未知的或是可变的，通常这类用户是高等院校和科研机构。他们已经在使用 GIS 的相关软件作为科学研究工具，所以希望获得一个具有定制功能的多元地学信息系统，可以在普通的 GIS 功能的基础上满足其科研工作需要。

通过调查，多元地学信息系统的应用领域主要涉及的部门和行业人员可分为 3 类：

（1）具有生产管理任务的部门，用户管理和规划工作的过程与地学信息关系密切，需要通过分析地学信息来辅助决策。

（2）用户需要处理大量的地学数据，分析、模拟地学信息，发现其蕴含的空间规律，主要包括地学信息研究人员。

（3）地球科学相关的科研和教学部门，将系统用于地学信息的理论和方法的研究以及教学实践活动等。

### 2.1.2 应用期限

设计可以满足用户需要的多元地学信息系统，在很大程度上取决于系统的使用期限和后期的升级服务，所以系统设计之前要认真考虑其应用期限和后续服务。

具有长期应用目标的多元地学信息系统首选考虑的问题是硬件和软件的更新。多元地学信息系统的硬件设备主要是大型服务器，系统对服务器的性能要求并不高，只是随着海量地学数据的添加，需要不断扩大服务器的存储硬盘。计算机软件的发展飞速迅猛，多元地学信息系统基础平台的选择上要考虑平台的先进性和延续性，选用超图公司的 SuperMap Objects 组件库作为二次开发平台，主要是考虑到它的适用性和在国内各行业应用的普及性，并且 SuperMap Objects 组件库具有较强的兼容性和强大的图形处理、数据库管理、空间分析、图像处理等功能。另外，随着 SuperMap Objects 组件库的不断升级、功能的不断增加，多元地学信息系统功能的更新和升级服务也可以满足用户更多的需求，为用户添加更多的实用功能，使系统的生命周期不断延长。

### 2.1.3 可行性分析

可行性分析是从社会因素、技术因素和经济因素等方面对建立多元地学信息系统的必要性和实现系统目标的可能性进行分析，以确定用户实力、系统环境、原始数据、存储空间、软件系统、经费预算以及时间分析、效益分析等。通常要考虑的因素有效益分析、经费问题、进度预测、技术水平、有关部门和用户的支持程度等。

#### 2.1.3.1 理论分析

多元地学信息系统的可行性分析中的理论分析可能涉及两方面的内容：一是系统提供的数据结构，地学信息的数据结构具有一定的特殊性，系统的设计需要仔细研究地学信息数据的种类、特征、分类、意义等方面，设计合理的、科学的数据结构模型；二是系统提供的分析方法和应用模型，如何将地学数据的分析方法与应用模型相结合是多元地学信息系统开发的重点，这需要建立在理论分析和应用研究的基础上。

#### 2.1.3.2 技术水平

多元地学信息系统的研发应该选择当前最先进的开发技术和方法，并且要设想新技术和新方法的发展趋势，以便未来可以对系统进行改进和升级。

在多元地学信息系统设计和开发的过程中，人是决定因素。多元地学信息系统实质上是在计算机科学、地球科学、航天航空技术、人工智能和专家系统等科学与技术之上发展起来的一门交叉学科，所以设计和开发人员在知识结构方面应是综合型的。组成人员应该包括地学领域相关的专业人员、地理信息系统领域的专业人员、软件开发技术人员、系统工程管理人员。

#### 2.1.3.3 经费估算

多元地学信息系统的开发过程中，主要的经费预算包括：以往资料和数据的收集、输入、处理以及建立数据库的经费，软、硬件购置与维护的经费，系统开发的经费、系统运行管理的经费等。

经费是制约系统目标的主要因素之一，建设一个多元地学信息系统需要大量的投入。在投入方面，国外的统计数字表明：用于软件、硬件、建库的资金比例为1∶2∶10。

#### 2.1.3.4 财力状况

财力支持是关系到多元地学信息系统成败的主要决定性因素之一。按财力状况可以把目标用户分为3类：

（1）资金丰富，财力支持有充分保证，因此可以建立任何形式和规模的多元地学信息系统；

（2）资金有限，财力支持没有充分把握，必须对设计中的系统进行仔细的论证；

（3）资金相当有限，对系统开发的财政支持将是某种程度的冒险。

多元地学信息系统的大部分用户是属于第2类的用户。

#### 2.1.3.5 社会效益

在建立多元地学信息系统之前，需要对其可能产生的社会效益做出评估，因为一个不具有社会效益的系统毫无投入的必要。构建多元地学信息系统有利于实现行业的办公自动化、手段现代化和管理科学化，有利于培养一支信息化的专业队伍，形成完善的信息化标准和网络体系，加速与国际接轨的步伐，为规划、管理、投资、引资、开发决策提供科学的依据和翔实的资料，可为行业带来无限商机，推进行业的科技进步和创新。所以，多元地学信息系统的建设不仅能为社会带来一定的效益，更可以为加快实施我国的“数字化国土”战略提供支持。

#### 2.1.3.6 进度预测

多元地学信息系统的建设是一项复杂的系统工作，一般需要较长的时间。但是如果将系统建设时间规定得很长，不易被用户接受和理解，也不能满足用户的现实需求。因此，进度一般可以根据用户的要求来确定，交付用户后，可以再根据用户的使用情况不断对系统进行改进和更新。

## 2.2 系统设计要求

多元地学信息系统的总体设计应当依据系统工程的设计思想，使系统满足科学化、合理化、经济化的总体要求。一般应遵循以下原则：

（1）完备性。完备性主要指系统功能的齐全、完备。应用型 GIS 系统都应具备数据采集、管理、处理、查询、编辑、显示、绘图、转换、分析及输出等功能。超图公司的SuperMap软件目前是国内应用最为广泛，功能最为强大的国产 GIS 软件之一，所以选用超图公司旗下的 SuperMap Objects 组件库作为二次开发平台，在完备性方面没有问题。

（2）标准化。标准化有两层涵义：一是指系统设计应符合 GIS 的基本要求和标准；二是指数据类型、编码、图式符号应符合现有的国家标准和行业规范。由于现在大部分的地质图件是由 MapGIS 软件创建的，MapGIS 6.7 以及之前的版本所创建的文件不能直接导入数据库，需要将 MapGIS 图件转换为系统可以读取的格式，转换后的数据必须与转换前的 MapGIS 数据相匹配，包括图形颜色、线型、标注的匹配。

（3）兼容性。数据具有可交换性，多种主流 GIS 数据格式与 CAD 数据格式可以通过系统的数据转换模块直接导入数据库，也可以将数据库中的数据导出为多种数据格式。

（4）通用性。作为一个开放的系统，具有权限的用户可以对系统的所有设置和组织方式进行修改，使用户可以方便地对数据的管理形式、机构组织的分类等功能进行扩充和修改。

（5）可靠性。可靠性包括两方面：一是系统运行的安全性；二是数据精度的可靠性和符号内容的完整性。

（6）实用性。多元地学信息系统的数据组织灵活，可以满足不同空间分析与应用分析的需求。

（7）可扩充性。考虑到多元地学信息系统的发展，系统设计时采用模块化结构设计，因为模块的独立性强，模块增加，减少或修改均对整个系统影响最小，以便于对系统改进、扩充，使系统处于不断完善过程中。

## 2.3 系统组网方案

目前的应用型地理信息系统有两种组网方式，一种是 Client/Server（客户机/服务器，“C/S”）技术构架，另一种是 Browser/Server（浏览器/服务器，“B/S”）构架。

“C/S”结构分为客户机和服务器两层，客户机具有一定的数据处理和数据存储能力，通过把应用软件的计算和数据合理地分配在客户机和服务器两端，有效地降低网络通信量和服务器运算量。“B/S”结构是随着 Internet 技术的兴起，对“C/S”结构的一种改进。在这种结构下，软件应用的业务逻辑完全在应用服务器端实现，用户表现则完全在 Web 服务器实现，客户端只需要浏览器即可进行业务处理，是一种全新的软件系统构造技术。“B/S”是一种胖服务器、瘦客户端的运行模式，主要的命令执行及数据计算都在服务器完成，应用程序在服务器安装，客户不用安装应用程序，所有日常办公操作可通过免费的浏览器来完成。

对于多元地学信息系统来说，用户对空间数据处理功能的要求很高，“C/S”架构虽然维护成本高、操作复杂，但它与“B/S”结构相比，对图形数据具有很强的编辑处理能力，对空间数据的存储效率也较高，所以“C/S”的架构是必不可少的。另外，“B/S”结构有着“C/S”结构无法比拟的优势，从国内外的发展趋势来看，大型企业的管理软件要么已经是“B/S”结构的，要么正在经历从“C/S”到“B/S”结构的转变，因此，综合考虑，多元地学信息系统的构建应由“C/S”、“B/S”结构相互嵌套组成，这样不仅可以充分的满足用户的需求，还对系统集成及应用的研究具有一定的理论和实际意义。

## 2.4 系统开发模式

组件式 GIS 的基本思想是根据控件来划分 GIS 的各大功能模块，每个控件与之对应不同的功能。GIS 控件之间，以及与其他非 GIS 控件之间，通过可视化的软件开发工具集成起来，建立最终的 GIS 应用程序。控件如同一堆各式各样的积木，按照实际需求把实现各种功能的“积木”搭建起来，就构成了GIS应用系统。

### 2.4.1 组件选择

基于多元地学信息系统的设计方案、用户需求、可行性分析等方面的考虑，选择了超图公司的SuperMap Objects组件库作为二次开发平台。SuperMap组件式GIS平台包括支持Java、.NET和COM组件的系列产品：SuperMap Objects Java 6R、SuperMap Objects.NET 6R、SuperMap Objects(COM)6。SuperMap Objects系列是基于Realspace（真空间GIS）的二三维一体化的组件式GIS开发平台，适用于快速开发专业级“C/S”结构应用系统。并且其强大的功能和较低的价格深受国内GIS开发者的青睐，越来越多的GIS开发人员利用SuperMap Objects组件库开发出高性能、低成本的应用型地理信息系统。SuperMap Objects能够将GIS的功能融入业务应用系统，使业务应用系统具备空间数据采集、入库、显示、编辑、查询、分析、制图输出、三维显示等GIS核心功能。其功能特点表现在以下几个方面：全新的三维组件，支持二三维一体化；支持多种开发语言；开发接口简单易用；粒度适中的组件封装，开发工作灵活简便，保证了系统运行效率；内置海量空间数据库引擎，实现稳定的企业级数据管理；强大的二维交互编辑能力；一体化的地图制图与排版打印；支持Java、.NET和COM多种组件技术。

### 2.4.2 空间数据库引擎技术

SDX（spatial database eXtension）是SuperMap GIS的空间数据库引擎，SDX+使用创新的数据结构和索引技术，提高了大数据量的管理能力，在国内外多个GIS大型应用建设中，SuperMap SDX+技术得到了广泛应用。其空间数据库引擎包括：SDX+ for SQL Server、SDX+ for Oracle、SDX+ for Sybase、SDX+ for DB2、SDX+ for Kingbase和SDX+ for DM3。

SuperMap SDX+提供了全面的空间对象类型的支持，既支持传统的点、线、面类型的空间对象，也支持文本对象（TEXT）、复合对象（CAD）、网络模型（Network）、路由模型（Route）、三角格网模型（TIN）、数字高程模型（DEM）、格网数据（GRID）和影像数据（Image）等复杂数据模型。

SuperMap SDX+提供了全面的数据模型的支持，并创造性地提出和实现了四个一体化，可称之为整体数据模型。

（1）栅格数据和矢量数据一体化。由于栅格数据和矢量数据在数据结构上的差异，早期的GIS软件，往往把矢量数据和栅格数据分开存储、管理和显示，而SuperMap GIS开始的设计理念就是要实现栅格矢量一体化，采用复合文档技术和数据库技术，将栅格数据和矢量数据存储在同一个数据源中，并实现对矢量数据和栅格数据的一体化管理、显示和分析。

（2）面向对象和面向拓扑一体化。早期的GIS软件，通过“节点-弧段-面”这样面向拓扑的数据结构来存储空间数据。随着面向对象概念的发展，GIS开始倾向于使用面向对象的数据结构来存储空间数据，但这样就缺失了空间对象之间的拓扑关系。SuperMap SDX+开创性地把面向对象的点、线、面、文本数据模型与面向拓扑的网络数据模型存储在同一个数据源中，并提供了两者之间的相互转化，以便根据实际应用来进行选择。

(3) GIS 和 CAD 一体化。传统的 GIS 一般通过图层风格和专题图来设置地图的显示风格，且每层数据都是单一的对象类型，如线图层只有线对象、面图层只有面对象等，也不提供例如圆弧、圆角矩形等参数化形式的空间对象。CAD 软件为了工程制图的方便，大量采用参数化的几何对象，且一个图层内可以存放不同类型的对象。传统 GIS 的方式便于进行空间分析和计算，而 CAD 方式则更有利于制图表达和减少存储空间，提高大比例尺下地物的绘制精度。SuperMap SDX + 则综合两者之长，在同一个数据源中，既可以通过点、线、面、文本等数据模型存储单一类型的对象，又可以通过复合数据模型存储多种类型的几何对象（包括参数化对象），且每个对象可带有自己的显示风格。通过 SuperMap SDX + 的复合数据模型可以直接访问包括 AutoCAD 的 DXF/DWG、MicroStation 的 DGN 在内的 CAD 数据，并且保持原有数据的属性和风格，还可以方便地增加自定义属性，完美地实现了从 CAD 软件到现代 GIS 软件的更替。

SuperMap SDX + 中，还提出了复合对象（GeoCompound）的概念，它可以聚合各种类型的几何对象，而且还可以聚合其他的复合对象，这样就可以实现任意复杂对象的绘制和管理，同时也能很好地支持 AutoCAD 中的 Block 和 MicroStation 中的 Cell。

(4) 不同存储介质一体化。早期的 GIS 软件一般采用文件来存储空间数据，随着数据库技术的发展，在大中型 GIS 工程应用中，越来越多的应用采用空间数据库。而近年来，服务端的发展和 SOA 的出现，OGC 标准的网络服务（WFS、WMS 和 WCS）也日益增多。通过 SuperMap SDX + 可以同时管理和编辑上述不同来源的数据（分别为文件型数据源、数据库数据源和 Web 数据源），在 SuperMap 的地图中，可以同时存在不同数据源的数据，并可以统一保存在工作空间中。SuperMap SDX + 支持的数据模型如图 2-1 所示。

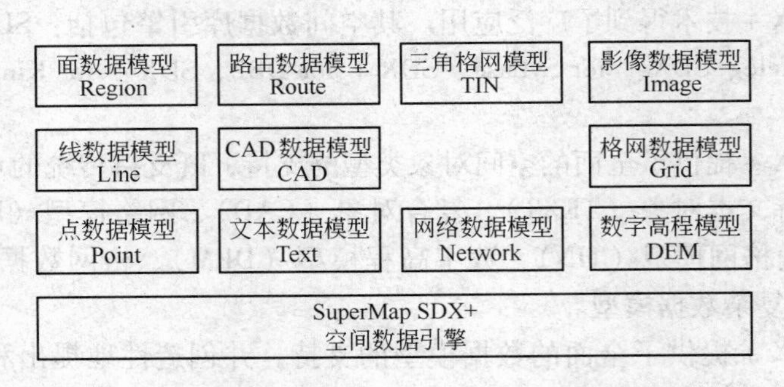


图 2-1 SuperMap SDX + 支持的数据模型

## 2.5 开发语言及开发平台的选择

由于多元地学信息系统由“C/S”和“B/S”两部分组成，根据系统开发的需要，分别采用了不同的开发语言及平台。“C/S”结构部分使用 Delphi 作为集成开发环境；“B/S”结构部分使用 C#作为开发语言，以 Visual Studio 2008 为开发工具，在 Microsoft .NET Framework 3.5 平台下面，根据 SuperMap IS .NET 提供的开发方法 AjaxControls 进行二次开发。

Delphi 是美国 Borland 公司于 1995 年开发的在 Windows 平台下的快速应用程序开发工具（rapid application development，RAD），它的前身即是 DOS 时代盛行一时的“Borland

Turbo Pascal”。

Delphi是一个集成开发环境（IDE），使用的核心是由传统Pascal语言发展而来的Object Pascal，以图形用户界面（graphical user interface，GUI）为开发环境，透过IDE、VCL工具与编译器，配合连接数据库的功能，构成一个以面向对象程序设计为中心的应用程序开发工具。Delphi所编译的执行档，虽然容量较大，但因为产生的是真正的原生机器码，效能上比较快速。除了使用数据库的程序之外，不需安装即可运行，在使用上相当方便。Delphi使用的类库是VCL（visual component library）。同MFC、OWL一样，VCL也是一个开发框架，采用了面向对象技术对Windows的开发进行了封装，使用PME（property/method/event）的开发模式，极大地提高了开发效率。

C#编程语言是由微软公司的Anders Hejlsberg和Scott Willamette领导的开发小组专门为.NET Framework量身定做的程序语言，它拥有C和C++的强大功能，以及Visual Basic简易使用的特性，是第一个组件导向（component-oriented）的程序语言，和C++与Java一样，C#也是对象导向（object-oriented）程序语言。C#语言定义主要是从C和C++继承而来的，而且语言中的许多元素也反映了这一点。C#看起来与Java有着惊人的相似，它包括了诸如单一继承、界面、与Java几乎同样的语法，以及编译成中间代码再运行的过程。但是C#与Java有着明显的不同，它借鉴了Delphi的一个特点，与COM（组件对象模型）是直接集成的，而且它是微软公司.NET Windows网络框架的主角。C#使程序员可以快速地编写各种基于Microsoft .NET平台的应用程序，Microsoft .NET提供了一系列的工具和服务来最大限度地开发利用计算及通信领域。正是由于C#面向对象的卓越设计，使它成为构建各类组件的理想之选，这些组件可以方便的转化为XML网络服务，从而使它们可以由任何语言在任何操作系统上通过Internet进行调用。

## 2.6 数据库平台选择及设计

### 2.6.1 数据库平台选择

多元地学信息系统采用SQL Server 2005作为数据库平台，SQL Server 2005是一个全面的数据库平台，使用集成的商业智能（BI）工具提供了企业级的数据管理，是数据管理解决方案的核心。SQL Server 2005数据库引擎为关系型数据和结构化数据提供了更安全可靠的存储功能，使开发人员可以构建和管理高性能的数据应用程序。其与Microsoft Visual Studio、Microsoft Office System以及新的开发工具包（包括Business Intelligence Development Studio）的紧密集成使SQL Server 2005为开发人员、数据库管理员、信息工作者以及决策者提供了创新的解决方案。SQL Server 2005不仅可以有效地执行大规模联机事务处理，而且可以完成数据仓库和电子商务应用等许多具有挑战性的工作。SQL Server 2005结合了分析、报表、集成和通知功能，可以构建和部署经济有效的BI解决方案，帮助用户通过记分卡、Dashboard、Web Services和移动设备将数据应用推向各个领域。

### 2.6.2 多元地学信息数据库设计

#### 2.6.2.1 多元地学信息数据库的特殊性

多元地学信息包含了各类地理、地质、矿产、物探、化探、遥感等地学空间数据和文本、影音等多媒体数据，它具有多元性、多样性、保密性的特点。

A 多元性

多元地学信息包括基础地理、地质构造、地球物理（重力、磁法、地震、电法等）、地球化学（矿床地球化学、勘查地球化学等）、遥感影像、成矿规律（矿床的成因规律、矿体的空间变化规律）、多媒体（图、文、音、像）及有关科研成果等数据。

B 多样性

大部分基础数据库多是在不同时间、不同单位、不同技术、不同软件下建立起来的，还有些是针对特定的应用目标所开发的空间数据库，而且地学数据种类繁多、数据量大，所以在构建数据库时必须设计多元、多比例尺、异构地质空间数据的一体化组织与管理结构，必须对现有的空间数据库进行整理，有些需要进行必要的转换，从而确保数据的交互性与共享性。

C 保密性

数据面临的安全威胁可以划分为两类：一是针对数据完整性的威胁；二是针对数据机密性的威胁。数据的完整性指的是数据在存储或传输过程中避免受到偶然或者恶意的篡改、伪造和删除等。数据的机密性指的是数据不能被未经授权的用户读取，信息内容不能泄漏。多元地学信息数据库可以让指定用户通过 Internet 进行访问，所以网络环境对数据的完整性和机密性的威胁要引起高度重视。

#### 2.6.2.2 多元地学信息专题数据库

多元地学信息数据库是将与地学信息相关的所有数据信息组织成一个系统的、科学的、高效的数据集合。因此，多元地学信息数据库不仅包含完整的地理、地质、物探、化探、遥感等基础数据，还包括对这些基础数据进行空间分析而得到的分析、预测结果数据集。

多元地学信息数据库可划分为六个专题子库，即：地理信息数据库、地质信息数据库、地球物理信息数据库、地球化学信息数据库、遥感信息数据库及多元地学信息融合数据库。其中，地质信息数据库不仅包含基础地质空间数据，如矿化体、地层、断裂构造等，还包括运用空间分析方法提取的地质信息，如岩浆岩的分布、含矿地层分布等；地球物理信息数据库包含航磁、重力方面的原始数据以及生成的表面模型数据等；地球化学信息数据库，不仅包含了原始地球化学数据，还包含使用地质统计方法生成的化探异常预测模型，以及使用空间分析方法提取的化探、地层叠合数据等；遥感信息数据库包含原始影像数据、不同波段组合的专题影像数据、解译后的遥感构造信息、色调异常信息等数据；多元地学信息融合数据库是把运用 GIS 方法、地质统计方法提取的多元地学信息进行融合，获得综合预测信息的数据集合。

#### 2.6.2.3 数据库引用标准

为了使数据库具有通用性和共享性，必须与现行的国际、国内地质领域数据库建设标准相一致，多元地学信息数据库引用了下列标准与规范：

（1）GB 9649.20—2001 地质矿产术语分类代码；

（2）GB 958—1999 区域地质图图例；

（3）GB/T 13923—2006 国家基本比例尺地形图分幅编号；

（4）DDB 9702GIS 图层描述数据内容标准；

（5）DD 2006—06 数字地质图空间数据库；

（6）DZ/T 0197—1997 数字化地质图图层及属性文件格式；

（7）DZ/T 0001—91 区域地质调查总则；

（8）DZ/T 0190—1997 区域环境地质勘查遥感技术规程；

（9）DZ/T 0179—1997 地质图用色标准及用色原则；

（10）ISO 19116 地理信息要素编目方法；

（11）ISO 19117 地理信息图示表达；

（12）中国地质调查局工作标准——矿产地数据库建设工作指南（2001）；

（13）国际地层指南——地层分类、术语和程序，国际地层委员会（2000）；

（14）中国地层指南及中国地层指南说明书，全国地层委员会（2001）；

（15）中国区域年代地层（地质年代）表，全国地层委员会（2002）。

#### 2.6.2.4　数据集的划分

多元地学信息数据库在专题子库下又划分为基础数据集和专题数据集，将数据库中的地学信息进一步细化，以突出地学数据之间隐含的关系，见表 2-1 和表 2-2。

表 2-1　基础数据集

| 数据集 | 要素类 | 要素类型 | 数据集 | 要素类 | 要素类型 |
|---|---|---|---|---|---|
| 基础地理信息 | 居民地 | 点 | 基础地质信息 | 断　层 | 面 |
| | 等高线 | 线 | | 岩　脉 | 面 |
| | 行政界线 | 线 | 基础物探信息 | 勘测线、网 | 线 |
| | 水　系 | 线 | | 区域重力 | 线 |
| | 道　路 | 线 | | 区域磁场 | 线 |
| | 地类图斑 | 面 | 基础化探信息 | 取样点 | 点 |
| 基础地质信息 | 产　状 | 点 | | 单元素 | 点 |
| | 地质界线 | 线 | | 多元素 | 点 |
| | 构造界线 | 线 | 基础遥感信息 | TM 数据 | 栅　格 |
| | 构造单元 | 面 | | ETM 数据 | 栅　格 |
| | 地质体 | 面 | | QuickBird 数据 | 栅　格 |

表 2-2　专题数据集

| 数据集 | 要素类 | 要素类型 | 数据集 | 要素类 | 要素类型 |
|---|---|---|---|---|---|
| 专题地理信息 | DEM 数据 | 栅　格 | 专题地质信息 | 岩浆岩分布 | 面 |
| 专题物探信息 | 布格重力异常面 | 栅　格 | | 含矿地层 | 面 |
| | 航磁异常面 | 栅　格 | | 含矿岩体 | 面 |
| 专题化探信息 | 异常等值线 | 线 | | 构造分带 | 栅　格 |
| | 异常叠加 | 面 | 专题遥感信息 | 线性体 | 线 |
| | 异常表面预测模型 | 栅　格 | | 环形体 | 线 |
| | 异常概率预测模型 | 栅　格 | | 色调异常 | 面 |
| 多元地学信息融合 | 成矿带 | 面 | | 多波段专题图 | 栅　格 |
| | 重点勘查区 | 面 | | | |
| | 综合预测模型 | 栅　格 | | | |

### 2.6.2.5　多元地学信息数据库概念模型

地学信息在入库前需要进行数据处理，以方便入库后数据的使用和分析。一般来说，根据需要对数据进行误差校正、投影变换、图幅拼接和数据格式的转换等操作。有时候入库前还需要对数据进行拓扑查错，以保证数据的质量，但是由于多元地学信息系统中已经开发了这方面的功能，因此可以将这部分工作移到入库后再进行。

除了上述数据处理工作外，还有一项较大工作量的任务，即设计要素的数据结构并对数据进行属性的录入。因为地学数据来源复杂、格式众多，所以需要规范同类地学数据的要素对象编码、字段、空间数据类型、数据长度等属性。这也是使用户可以方便地查询数据、提取需要的地学信息、对数据进行各种空间分析而必不可少的工作。根据《数字地质图空间数据库（2006）》中的技术标准，设计了地学信息数据库要素的数据结构，地质要素类数据结构见表2-3（限于篇幅，仅列出部分内容）。

表2-3　地质要素类数据结构

| 要素类 | 要素与对象编码 | 空间数据类型 | 主关键字 | 数据项名称 | 标准编码 | 字段数据类型 | 字段长度 | 数据项描述 |
|---|---|---|---|---|---|---|---|---|
| 地质体 | _GeoPolygon | 面 | 地质体类型代码 | 地质体名称 | Geobody_Name | String | 50 | 中文名称 |
| | | | | 地质体年代 | Geobody_Era | String | 20 | 区域地质图图例 |
| | | | | 地质体下限年龄 | Geobody_Age1 | Double | 30 | 地质体下限年龄 |
| | | | | 地质体上限年龄 | Geobody_Age2 | Double | 30 | 地质体上限年龄 |
| 地质界线 | _GeoLine | 线 | 地质界线代码 | 地质（界）线类型 | Boundary_Name | String | 50 | 如正断层接触地质界线、逆断层接触地质界线、逆冲推覆接触地质界线、平移接触地质界线 |
| | | | | 界线左侧地质体代号 | Left_Boundary_Code | String | 30 | 按地质图标注的该地层单位（填图单位）符号填写 |
| | | | | 界线右侧地质体代号 | Right_Boundary_Code | String | 30 | 按地质图标注的该地层单位（填图单位）符号填写 |
| | | | | 界面走向 | Strike | Integer | 10 | 用阿拉伯数字表示 |
| | | | | 界面倾向 | Dip_Direction | Integer | 10 | 用阿拉伯数字表示 |
| | | | | 界面倾角 | Dip_Angle | Integer | 10 | 用阿拉伯数字表示 |
| 脉岩 | _Dike | 点 | 脉岩类型分类代码 | 脉岩名称 | Dike_Name | String | 50 | 如辉绿岩岩脉、伟晶岩岩脉等 |
| | | | | 岩　性 | Dike_Lithlogy | String | 60 | 如细晶岩、花岗伟晶岩 |
| | | | | 形成时代 | Dike_Era | String | 20 | 区域地质图图例 |
| | | | | 含矿性 | Commodities | String | 100 | 填写具体的矿种名称 |
| | | | | 结　构 | Rocks_Structure | String | 200 | 按岩石的主体构造填写 |
| | | | | 主要矿物及含量 | Primary_Mineral | String | 200 | 按矿物出现的含量多少，若为斑状结构，应按斑晶和基质分别填写 |

续表 2-3

| 要素类 | 要素与对象编码 | 空间数据类型 | 主关键字 | 数据项名称 | 标准编码 | 字段数据类型 | 字段长度 | 数据项描述 |
|---|---|---|---|---|---|---|---|---|
| 脉岩 | _Dike | 点 | 脉岩类型分类代码 | 次要矿物及含量 | Secondary_Mineral | String | 200 | 按矿物出现的含量多少，若为斑状结构，应按斑晶和基质分别填写 |
| | | | | 与围岩接触面走向 | Strike | Integer | 10 | 用阿拉伯数字表示 |
| | | | | 与围岩接触面倾向 | Dip_Direction | Integer | 10 | 用阿拉伯数字表示 |
| | | | | 与围岩接触面倾角 | Dip_Angle | Integer | 10 | 用阿拉伯数字表示 |
| 蚀变 | _Alteration_Point | 点 | 蚀变类型名称代码 | 蚀变类型名称 | Alteration_Name | String | 50 | 中文名称 |
| | | | | 蚀变矿物组合及含量 | Asscciated_Ore | String | 100 | 按出现的主要蚀变矿物填写其组合及含量 |
| | | | | 被蚀变的地质体代号 | Geobody_Code | String | 20 | 按地质图中被蚀变地质体的填图单位符号填写 |
| | | | | 蚀变带所含矿种 | Commodities | String | 100 | 填写蚀变带所含矿种名称 |
| 蚀变带 | _Alteration_Polygon | 区 | 蚀变带类型名称代码 | 蚀变类型名称 | Alteration_Type | String | 60 | 填写蚀变类型的中文名称 |
| | | | | 蚀变矿物组合及含量 | Association | String | 250 | 填写特征的蚀变矿物组合及各自的含量 |
| | | | | 含矿性 | Commodities | String | 160 | 填写蚀变带内所含矿种 |
| 构造变形带 | _Tecozone | 区 | 变形带代码 | 变形带类别名称 | Deformation_Name | String | 60 | 变形带类型的中文名称 |
| | | | | 变形带岩石名称 | Defor_Rockname | String | 60 | 构造变形带内因构造变形而形成的构造岩石，如糜棱岩、千糜岩等 |
| | | | | 变形带组构特征 | Fabric_Character | String | 250 | 指构造变形带中岩石与矿物变形组构特征 |
| | | | | 变形力学特征 | Mechanics | String | 250 | 指形成该变形带的力学特征，如剪切应力等 |
| | | | | 形成时代 | Ear | String | 100 | 指构造变形带的形成时代 |
| | | | | 活动期次 | Movement_Period | String | 200 | 指构造变形带的形成期次 |
| | | | | 含矿性 | Commodities | String | 120 | 指构造变形带内所含的与构造变形有关的矿种 |

地质信息数据库概念模型如图 2-2 所示。

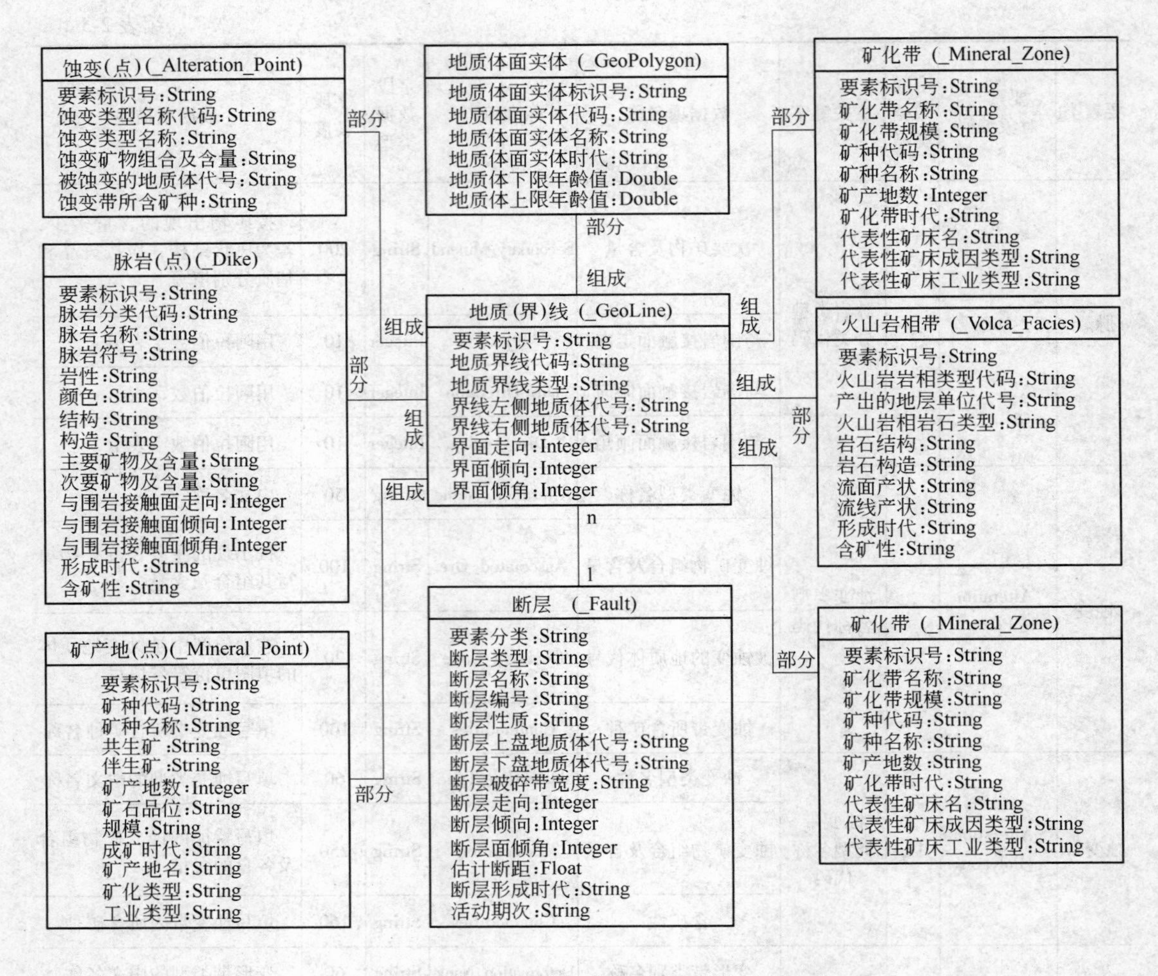


图 2-2 地质信息数据库概念模型

地球化学信息数据库的数据结构设计见表 2-4。

**表 2-4 地球化学要素数据结构**

| 要素类 | 要素与对象编码 | 空间数据类型 | 主关键字 | 数据项名称 | 标准编码 | 字段数据类型 | 字段长度 | 数据项描述 |
|---|---|---|---|---|---|---|---|---|
| 采样区域 | _GeoChemical | 面 | 采样区编号 | 采样区编号 | GeoChemical_ID | String | 10 | 文字、阿拉伯数字、罗马数字 |
| | | | | 采样区所属地层 | GeoChemical_body | String | 20 | 地层名称 |
| | | | | 采样区范围 | GeoChemical_Area | Double | 10 | 采样区面积 |
| | | | | 地球化学分类 | GeoChemical_kinds | String | 20 | 如岩石地球化学找矿、土壤地球化学找矿、水系沉积物地球化学找矿等 |
| 采样点 | _GeoChemical_Point | 点 | 采样点编号 | 采样点原始编号 | GeoChemical_Num | Integer | 10 | 设计采样点序号 |
| | | | | 采样点野外编号 | GeoChemical_Temp | Integer | 10 | 采样点野外临时编号 |

续表 2-4

| 要素类 | 要素与对象编码 | 空间数据类型 | 主关键字 | 数据项名称 | 标准编码 | 字段数据类型 | 字段长度 | 数据项描述 |
|---|---|---|---|---|---|---|---|---|
| 采样点 | _GeoChemical_Point | 点 | 采样点编号 | 采样点室内编号 | GeoChemical_Count | Integer | 10 | 采样点数据整理对应编号 |
| | | | | 采样点所属采样区域编号 | GeoChemical_ReID | String | 10 | 采样点所属采样区域编号 |
| | | | | X 轴坐标 | GeoChemical_X | Double | 15 | 采样点 X 轴坐标数据 |
| | | | | Y 轴坐标 | GeoChemical_Y | Double | 15 | 采样点 Y 轴坐标数据 |
| | | | | 元素含量（品位） | GeoChemical_W | Double | 15 | 采样点元素含量，随分析元素种类增减 |

多元地学信息数据库中的地理信息数据库、地球物理数据库、遥感信息数据库、多元地学信息融合数据库的数据内容较少，数据结构简单，可以根据数据处理和空间分析的需要，入库后再建立其数据结构。

## 2.7 系统总体设计

多元地学信息系统由“C/S”和“B/S”两部分结构嵌套构成，大量的资料和数据可经局域网络实现资源共享，用以实现内部办公网络及业务上的大部分功能；而部分部门和其他区域的子公司则需使用 Web 模式来分享数据。Web 模式的传递由各部门、子公司将信息汇集于集团公司后，经提炼、审查通过再经 Internet 传递。多元地学信息系统的总体设计如图 2-3 所示。

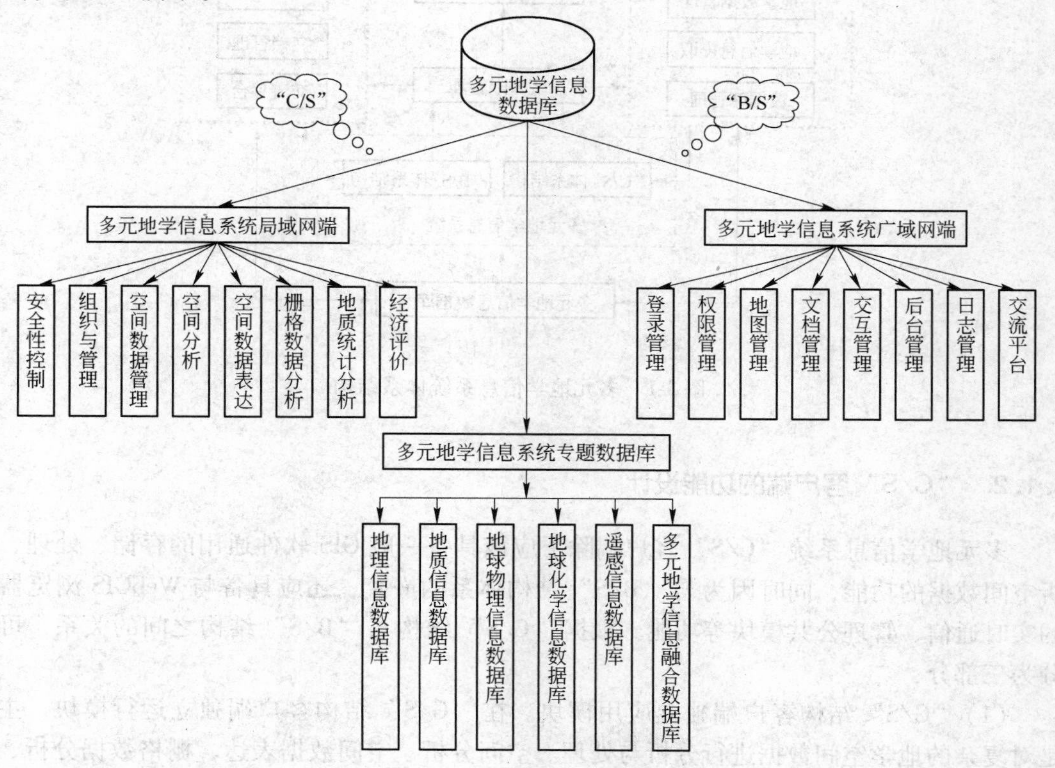


图 2-3 多元地学信息系统的总体设计

# 3 多元地学信息系统“C/S”结构客户端的研发

多元地学信息系统由“C/S”结构与“B/S”结构嵌套组成，“C/S”结构主要由桌面版客户端构成，“B/S”结构主要由 WebGIS、文档资源管理及交流平台三部分构成。本章的主要内容是多元地学信息系统“C/S”结构客户端的构架与实现。

## 3.1 多元地学信息系统结构

### 3.1.1 系统体系结构

多元地学信息系统的功能结构由多个部分组成，因为系统采用“C/S”与“B/S”相互嵌套集成的模式，许多功能模块是公用或关联的，这样既保证了系统的统一性、完整性，也提高了系统的使用效率，保证了数据的一致性。系统的体系结构如图 3-1 所示。

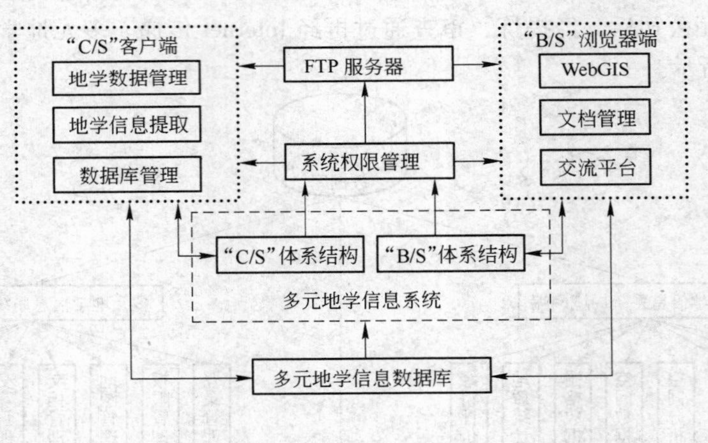


图 3-1 多元地学信息系统体系结构

### 3.1.2 “C/S”客户端的功能设计

多元地学信息系统“C/S”客户端除了应该具备一般 GIS 软件通用的存储、处理、分析空间数据的功能，同时因为与“B/S”结构体系的嵌套，还应具备与 WebGIS 浏览器端的实时通信、管理公共模块等功能。根据“C/S”结构与“B/S”结构之间的关系，可划分为三部分：

(1)“C/S”结构客户端独立应用模块。在“C/S”结构客户端独立运行模块，主要是对复杂的地学空间数据进行分析与处理。空间分析、空间数据表达、栅格数据分析、地质统计分析及经济评价模块都属于独立应用模块。

（2）“C/S”、“B/S”结构公共管理模块。安全性控制模块作为公共管理模块，可以通过“C/S”、“B/S”结构的访问接口对其进行操作，一方修改后，另一方的设置也会随之变化。

（3）“C/S”、“B/S”结构实时通信模块。实时通信模块构成了“C/S”与“B/S”结构的全局设置，但只可以在“C/S”结构客户端进行修改，修改后，“B/S”结构的设置也即时随之改变。组织与管理模块和空间数据管理模块都属于实时通信模块。

多元地学信息系统“C/S”结构客户端功能模块的总体设计如图3-2所示。

图3-2 多元地学信息系统“C/S”结构客户端功能模块总体设计

## 3.2 安全性控制

数据面临的安全威胁可以划分为两类：一是针对数据完整性的威胁；二是针对数据机密性的威胁。因此，多元地学信息系统的数据安全性控制分为两方面：一是用户登录时的安全控制，用来控制数据的机密性；二是用户权限及可访问数据的安全控制，用来保证数据的完整性。

所有数据安全问题的核心是建立个人身份以及接下来对数据和要处理事务的权限认证。“C/S”及“B/S”结构的用户访问，是在赋予系统权限之前必须仔细认证用户，这种身份识别可以看作准许访问和相应的访问权限两个方面。

### 3.2.1 登录的安全性控制

登录首先要解决的是个人身份的认证。该项任务通常是用很简单（密码）或非常昂贵（生物测量法，如视网膜扫描或指纹检查）的方式来处理的。于是比单纯的字符密码控制更为安全，价格又远低于生物测定法的基于双因素认证的解决方法成为了首选，即使用智能卡。

SafeNet 公司设计的新型 iKey，作为一个价格适中的身份识别令牌，提供所有智能卡和密码令牌的可靠性、简便性和安全性，同时避免了读写设备的复杂安装和昂贵开销。所以多元地学信息系统使用 iKey 来控制用户登录时的身份认证。

iKey 的文件系统提供访问控制，与智能卡相同。用户个人信息、产品密钥、安全许可协议、系统识别特征、数字证书或其他数据都可以存储在 iKey 上。iKey 同一般 U 盘一样小巧，对异地通过电脑拨入公司虚拟专有网络（VPN）或进入 Internet 的用户来讲是理想的，可以满足异地工作的便携要求。iKey 上存储的用户个人信息，具有不可仿制性，用户不能复制 iKey 中的信息，作为双因素认证的解决方案，使用它限定用户的使用权限和 Internet 服务的接入授权，可以提供更加安全的保障形式。

### 3.2.2 登录安全控制功能的实现

用户登录的安全控制包括两部分，分别是控制“C/S”客户端与“B/S” Web 端的用户登录。用户登录时需输入用户名、密码，系统会先与数据库中的用户信息进行对比，确定一致后，将数据库中的用户信息与通用串行总行接口插入的 iKey 上的用户信息进行对比。对于同一用户，其登录时所使用的 iKey、用户名、密码完全一致才可登录系统。用户使用系统的过程中，系统每 30s 读取一次 iKey 上的验证信息，对比登录时的 iKey 信息，如果信息不一致，或者 iKey 被拔下，系统将锁死所有功能（图 3-3），直到登录时所使用的 iKey 再次连接上电脑，系统方可以继续使用，用户登录安全性控制流程如图 3-4 所示。

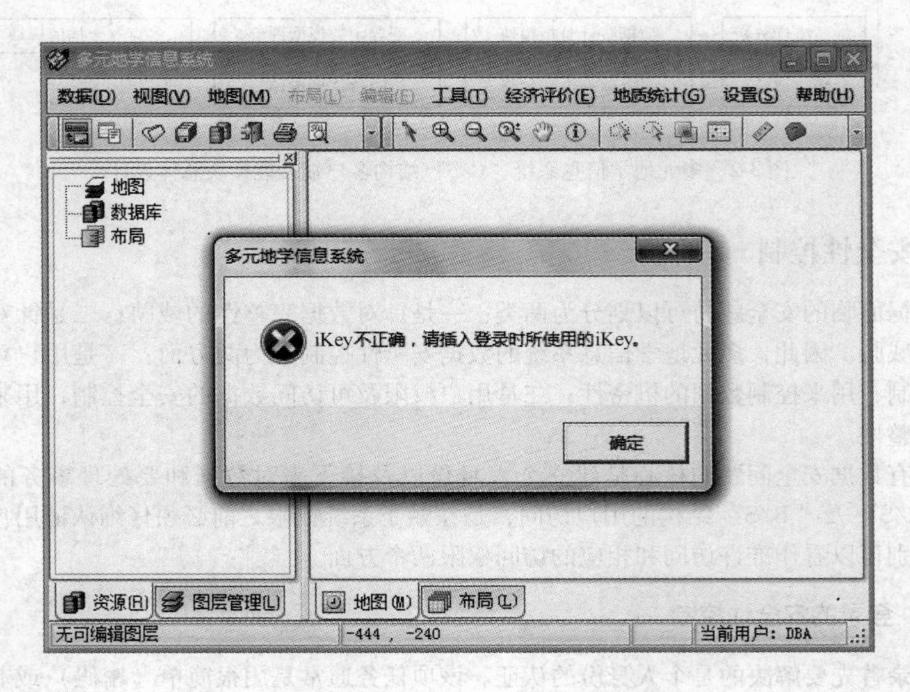


图 3-3 用户运行系统时的 iKey 控制

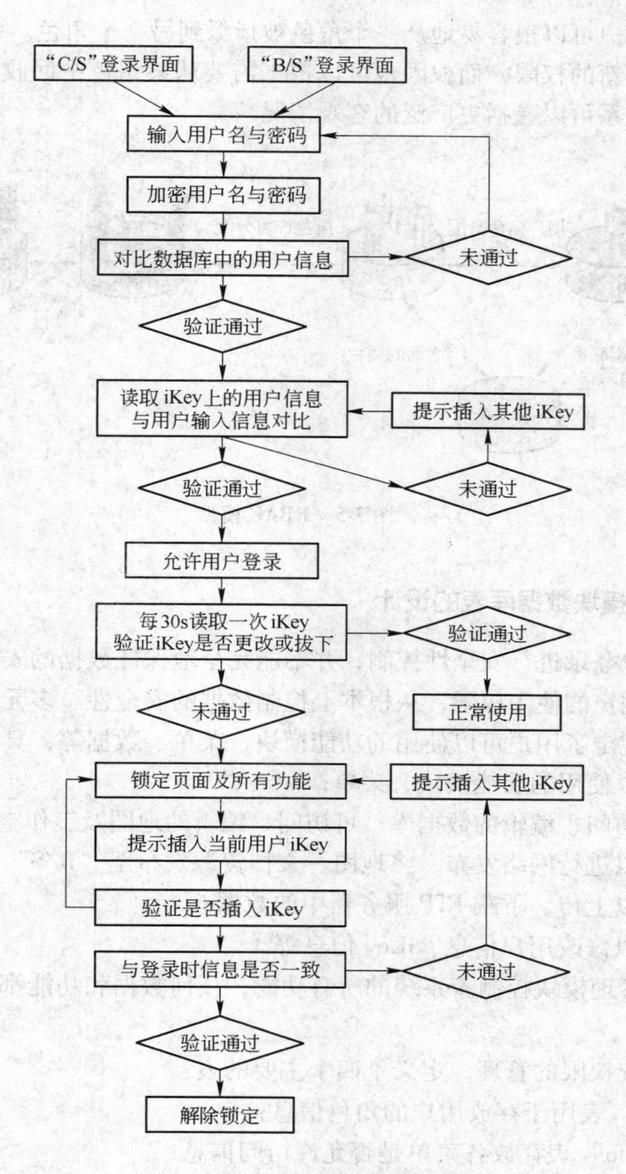


图 3-4 用户登录安全性控制流程

### 3.2.3 基于 RBAC 的权限管理

多元地学信息系统采用多重安全管理，硬件上采用 iKey 作为系统登录时的身份认证工具，服务器端采用 SQL Server 2005 作为数据库管理平台，客户端采用开放的权限控制以实现系统的安全管理。

系统可以单独对每个用户进行权限的设定，也可以对一组特定用户进行整体设定，这就是基于角色的访问控制（role-based access control，RBAC），RBAC 是将权限与角色相关联，用户通过成为相应角色的成员而获得这些角色的权限，这就极大地简化了权限的管理。在一个组织中，角色是为了完成各种工作而创造，用户则依据它的责任和资格来被指派相应的角色，用户可以很容易地从一个角色被指派到另一个角色。角色可依新的需求和系统任务而被赋予新的权限，而权限也可以根据需要从某角色中回收，如图 3-5 所示。建立用户与角色的关系可以囊括更广泛的客观情况。

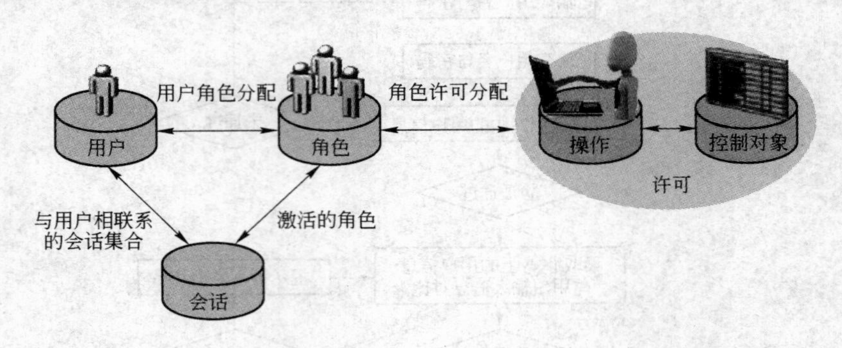


图 3-5 RBAC 模型

### 3.2.4 权限管理模块数据库表的设计

如果仅对用户登录进行安全性控制，并不能完全地保证数据的安全性、保密性和完整性，还应该考虑用户的使用权限，从根本上控制数据的安全性。多元地学信息系统的权限管理模块进一步规定了用户可以使用的功能模块、菜单、数据等，具体包括：

（1）用户可以使用的功能模块、菜单；

（2）用户可访问、编辑的数据库；可访问、编辑的地图及工作空间；

（3）是否可以进行网络发布，将地图、文档资源发布至“B/S”浏览器端；

（4）是否可以上传、下载 FTP 服务器中的数据；

（5）是否可以修改用户信息、iKey 信息等。

可以说权限管理模块控制着系统的所有功能，任何数据和功能都可以根据用户的使用权限进行规定。

为了实现系统权限的管理，定义了四个主要的表：

（1）“ROLE”表用于存放用户的角色信息；

（2）“RankInfo”表存放各菜单是否允许访问信息；

（3）“LayerRankInfo”用于存放某一图层是否允许访问信息；

（4）“UserInfo”表用于存放用户的相关信息。

各表间的关系如图 3-6 所示。“ROLE”表分别与“RankInfo”表，“LayerRankInfo”表创建了一对多关系，建立了级联删除的完整性关系。

### 3.2.5 权限管理模块的实现

#### 3.2.5.1 用户组管理模块

当前登录用户具有系统的用户管理权限时，可以输入一个新的用户（组），并设置可访问的数据及权限。为保证代码的通用性，系统将遍历主窗体中的所有菜单项，并将菜单中的所有菜单项写入到“RankInfo”表中。由于采用“MainFRM. dxBarManager. Bars.

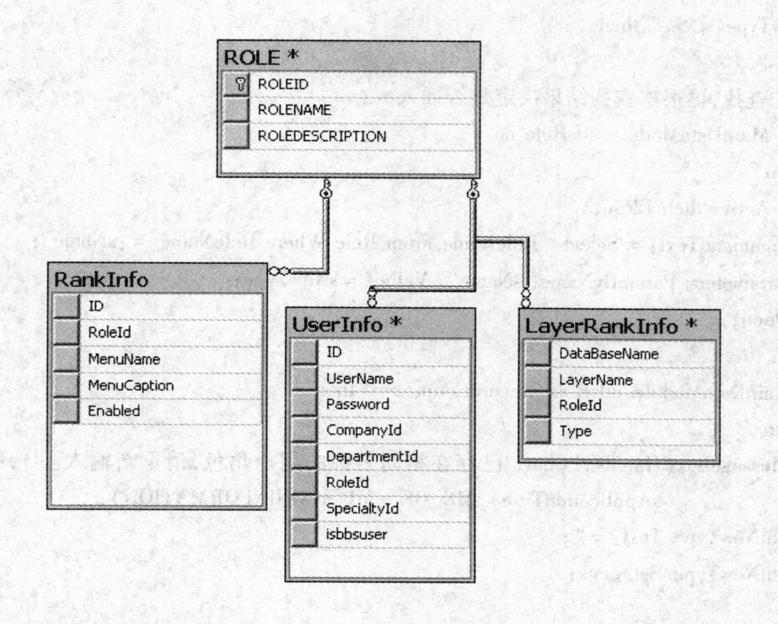


图 3-6 权限管理模块数据表关系图

Count”作为循环计算变量，因此可以确保以后新加入的菜单（或工具栏）的信息也写入到表中而不需要再插入信息的代码。由于菜单项的层次不定（即子菜单的层数不定），而每一个子菜单与主菜单间都具有自身相适性，采用递归算法可较好地满足此类需要。确定递归函数的关键是确定递归的参数，经对菜单控件的研究，将参数类型确定为“TdxBarItemlinks”类，以确保主菜单与子菜单之间的共有要素；第二个参数比较容易确定，只需传入用户角色的 Id 值即可。

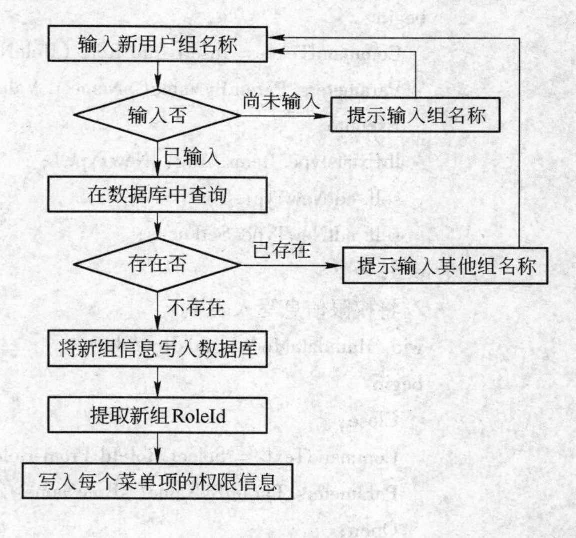


图 3-7 权限管理

用户组可以根据用户的权限类别分为普通用户或者系统管理员，也可以根据分公司或所属部门来进行分类，开发思路如图 3-7 所示。

代码如下：

```
procedure TRoleManagerFRM. btAddTypeClick(Sender:TObject);
var
  sNewType:string;
  i:integer;
begin
  sNewType: = Trim(edtNewType. Text);
```

```
if sNewType < > '' then
begin
  //先查找,再根据查找结果决定是否插入
  with MainDataModule. adsRole do
  begin
    if Active then Close;
    CommandText: ='Select   RoleName From Role Where RoleName = :sName ';
    Parameters. ParamByName('sName'). Value: = sNewType;
    Open;
  end;
  if MainDataModule. adsRole. RecordCount > 0 then
  begin
    MessageBox(Handle,PChar('已存在相同名称的用户角色,请重新输入。'),PChar(MainFRM.
                sApplicationTitle),MB_OK + MB_ICONINFORMATION);
    edtNewType. Text: = '';
    edtNewType. SetFocus;
  end
  else
  begin
    with MainDataModule. ADOCommand do
    begin
      CommandText: ='Insert Into Role (RoleName) Values(:sName)';
      Parameters. ParamByName('sName'). Value: = sNewType;
      Execute;
      lbExiststype. Items. Add(sNewType);
      self. edtNewType. Text: = '';
      self. edtNewType. SetFocus;
    end;
    //将权限信息写入表中
    with MaindataModule. adsRole do
    begin
      Close;
      CommandText: ='Select RoleId From Role Where   RoleName = :sRoleName';
      Parameters. ParamByName('sRoleName'). Value: = sNewType;
      Open;
      RoleId: = Fields. FieldByName('RoleId'). Value;
      RankSetupFRM. RoleId: = RoleId;
    end;
    //写入权限信息
    for i: =0 to MainFRM. dxBarManager. Bars. Count -1 do
      WriteRankInfo(MainFRM. dxBarManager. Bars. Items[i]. ItemLinks,RoleId);

    //将快捷菜单权限信息写入数据库
```

```
        WriteRankInfo( MainFRM. dxBarPopupMenuResources. ItemLinks, RoleId);
         WriteRankInfo( MainFRM. dxBarPopupMenuFileResources. ItemLinks, RoleId);
      end;
    end;
    else
    begin
      MessageBox (Handle, PChar('请输入一个新的用户角色。'), PChar( MainFRM. sApplicationTitle),
                MB_OK + MB_ICONINFORMATION);
      edtNewType. SetFocus;
    end;
  end;
```

运行效果如图 3-8 所示。

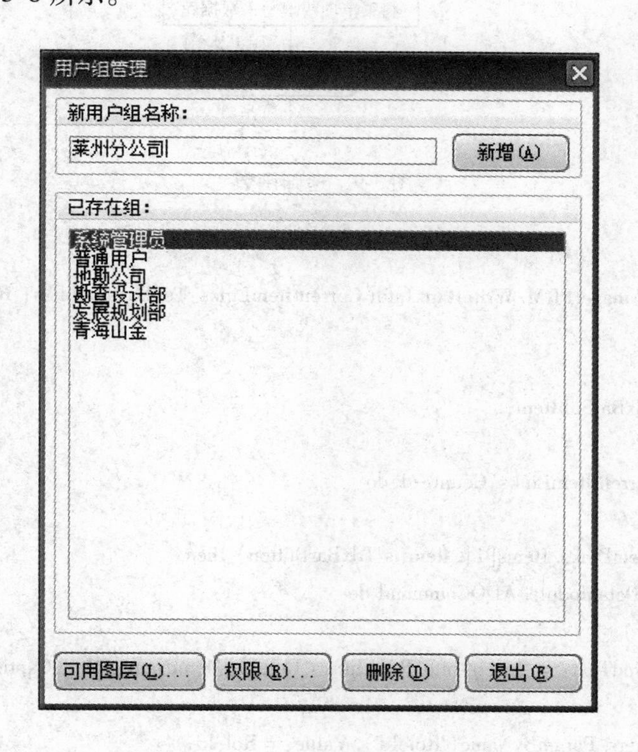


图 3-8 用户组管理模块

### 3.2.5.2 递归函数

在完成了写入菜单信息的递归函数后，在新增按钮中调用此函数即可。

在 btAddTypeClick 中调用了 WriteRankInfo 过程用于将某一菜单的权限写入数据库中。WriteRankInfo 过程有两个参数。CurrentItemLinks 用来传入某一菜单；RoleId 为当前所选用户组的 ID 值。WriteRankInfo 为一个递归过程，当 CurrentItemLinks. Items [i] . Item is TdxBarSubItem为真，即某一菜单项包含子菜单时将进行递归调用。

开发思路如图 3-9 所示。

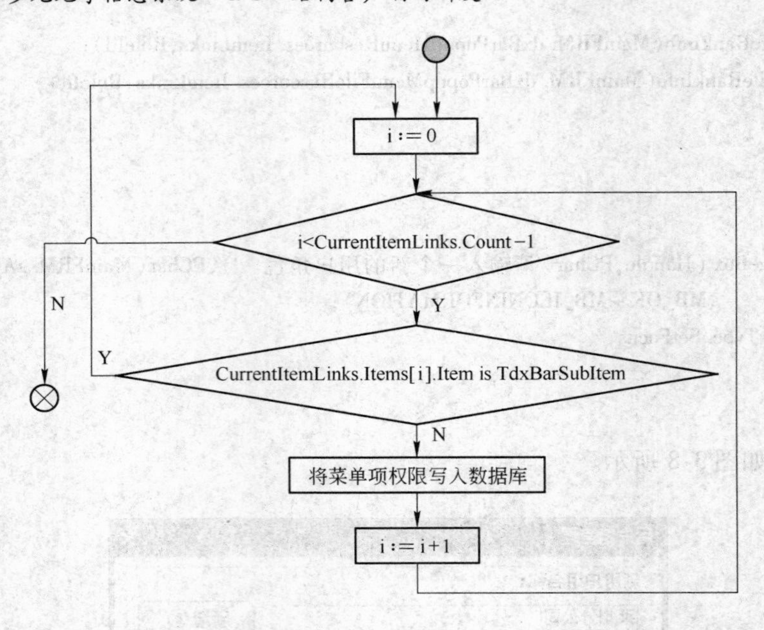


图 3-9　递归函数

代码如下：

```
procedure TRoleManagerFRM. WriteRankInfo( CurrentItemLinks:TdxBarItemlinks; RoleId:integer);
var
  i:integer;
  CurrentItem:TdxBarSubItem;
begin
  for i: =0 to CurrentItemLinks. Count - 1 do
  begin
    if (CurrentItemLinks. Items[i]. Item is TdxBarButton) then
      with MainDataModule. ADOCommand do
      begin
        CommandText: = 'Insert Into RankInfo (RoleId, MenuName, MenuCaption) Values(:RoleId,:
                    sMenuName,:sMenuCaption)';
       Parameters. ParamByName('RoleId'). Value: = RoleId;
        Parameters. ParamByName ('sMenuName'). Value: = (CurrentItemLinks. Items [i]. Item as
                                                          TdxBarButton). Name;
        Parameters. ParamByName ('sMenuCaption'). Value: = (CurrentItemLinks. Items [i]. Item as
                                                          TdxBarButton). Caption;
       Execute;
      end;
    if (CurrentItemLinks. Items[i]. Item is TdxBarSubItem) then
      WriteRankInfo((CurrentItemLinks. Items[i]. Item as TdxBarSubItem). ItemLinks,RoleId);
  end;
end;
```

### 3.2.6 用户角色权限状态的设定

用户组管理模块在“权限”设置中管理用户可以使用的系统功能，所有的菜单、对话框都可以设定是否允许用户使用（图3-10）。在“可用图层”设置中，设定用户可以访问的数据库、可以访问的图层（图3-11）。

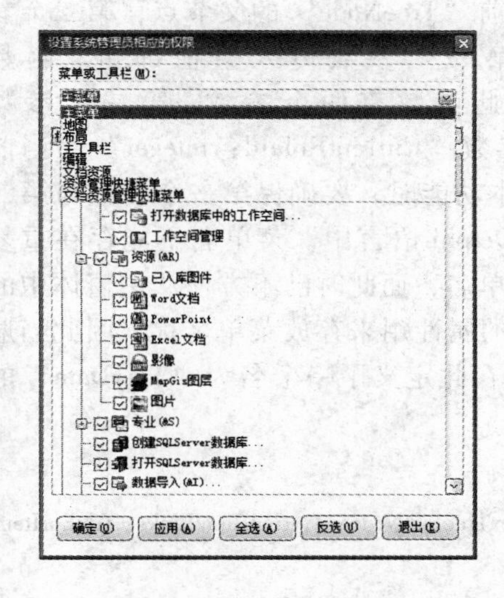


图3-10 用户权限设置

图3-11 数据库、图层访问权限设置

开发思路如图3-12所示。

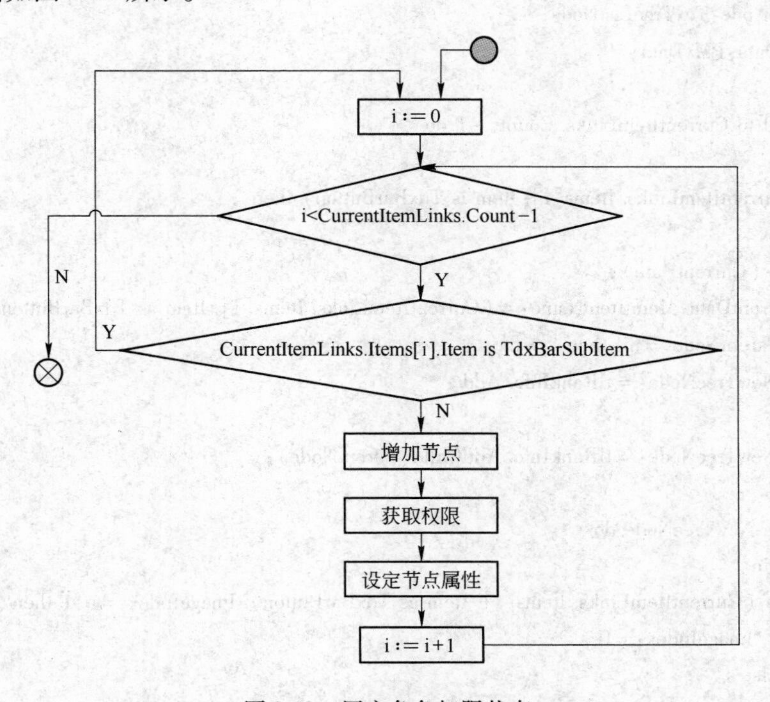


图3-12 用户角色权限状态

当设置权限对话框打开时必需显示当前某一用户组的权限设置状态。在“cxCbbBars”控件的“PropertiesChange”事件中提取当前权限状态。为了实现此功能定义了名为“GetMenuItem”的递归函数，此函数遍历主窗体中的某一菜单（或工具栏），将菜单的层次关系及菜单的标题信息显示在“tlRankInfo”控件中。在遍历的同时，从数据库中提取某一菜单项的状态信息，并将此信息写入“NewTreeNode”的“Checked”属性当中。此递归函数定义了两个参数，第一个参数为当前“TreeNode”的父节点，第二个参数为菜单的“ItemLinks”，当第一次调用时，第一个参数传入空值即可。函数“GetRank”用来读取某一菜单项的权限信息，此函数有两个参数，第一个参数“barItemName：string”为菜单项的名称，第二个参数“CurrentRoleId：integer”为当前所选取用户的角色ID值。需要注意的是，在实现本功能时，要确保第一个参数与第二个函数可以在数据库中确定唯一的一条记录。在Delphi语言中，菜单名不能存在重复值，可以满足要求。由于在更改权限时还需使用菜单名，而此时已不方便从主窗体中的菜单项中提取，而“TreeNode”中并没有一个合适的属性用来存放菜单名称，因此当遍历菜单时，最好将每一个菜单项的名称存放起来。在此定义了一个名为“TMyData”的“Record”用来存放此信息。

代码如下：

```
procedure TRankSetupFRM. GetMenuItem ( ParentNode: TcxTreeListNode; CurrentItemLinks: TdxBarItem-
links);
var
  i:integer;
// CurrentItem:TdxBarSubItem;
  NewTreeNode:TcxTreeListNode;
  CurrentData:PMyData;
begin
  for i: =0 to CurrentItemLinks. Count -1 do
  begin
    if (CurrentItemLinks. Items[i]. Item is TdxBarButton) then
    begin
      New(CurrentData);
      CurrentData. MenuItemName: =(CurrentItemLinks. Items[i]. Item as TdxBarButton). Name;
      if ParentNode =nil then
        NewTreeNode: =tlRankInfo. Add
      else
        NewTreeNode: =tlRankInfo. AddChild(ParentNode);

      with NewTreeNode do
      begin
        if (CurrentItemLinks. Items[i]. Item as TdxBarButton). ImageIndex = -1 then
          ImageIndex: =0
        else
          ImageIndex: =(CurrentItemLinks. Items[i]. Item as TdxBarButton). ImageIndex;
```

```
        Texts[0]: = (CurrentItemLinks. Items[i]. Item as TdxBarButton). Caption;
        SelectedIndex: = ImageIndex;
        Checked: = GetRank((CurrentItemLinks. Items[i]. Item as TdxBarButton). Name, Ro-
                leId);
        Data: = CurrentData; //在 Data 中存入菜单项的名称,以供更改权限时使用
        CheckGroupType: = ncgCheckGroup;
      end;
    end;
    if (CurrentItemLinks. Items[i]. Item is TdxBarSubItem) then
    begin
      New(CurrentData);
      CurrentData. MenuItemName: = (CurrentItemLinks. Items[i]. Item as TdxBarSubItem).
                        Name;

      if ParentNode  = nil then
        NewTreeNode: = tlRankInfo. Add
      else
        NewTreeNode: = tlRankInfo. AddChild(ParentNode);
      with NewTreeNode do
      begin
        if (CurrentItemLinks. Items[i]. Item as TdxBarSubItem). ImageIndex = -1 then
          ImageIndex: =0
        else
          ImageIndex: = (CurrentItemLinks. Items[i]. Item as TdxBarSubItem). ImageIndex;
        Texts[0]: = (CurrentItemLinks. Items[i]. Item as TdxBarSubItem). Caption;
        SelectedIndex: = ImageIndex;
        Data: = CurrentData;
        CheckGroupType: = ncgCheckGroup;
      end;
      GetMenuItem (NewTreeNode, (CurrentItemLinks. Items[i]. Item as TdxBarSubItem). Item-
              Links);
    end;
  end;
end;
```

在“btApplyClick”事件中调用了名为“ChangeRank”的递归函数。“ChangeRank”函数定义了一个名为“ListNode”的参数。在函数内，如果“ListNode”存在子节点，则调用函数本身而实现对“tlRankInfo”中所有节点的遍历。此函数中需要注意的是，在对“RankInfo”表更新时更新条件的确定，在 Update 语句中使用“RoleId”与“MenuName”两个字段作为数据更新的依据。“RoleId”为当前所选取角色的 ID 值，“MenuName”为存放在当前节点中的 Data 中的数据。

开发思路如图 3-13 所示。

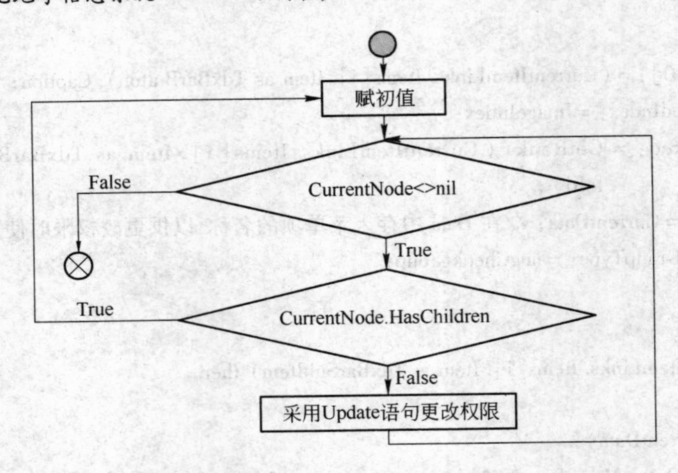


图 3-13　更改权限递归函数流程

代码如下：

```
procedure TRankSetupFRM. ChangeRank(ListNode:TcxTreeListNode);
var
  CurrentNode:TcxTreeListNode;
begin
  CurrentNode: = ListNode. getFirstChild;
  while CurrentNode < > nil do
  begin
    if CurrentNode. HasChildren then
      ChangeRank(CurrentNode)
    else
      with MainDataModule. ADOCommand do
      begin
        CommandText: = 'Update RankInfo Set Enabled = :bEnable Where RoleId = :iRoleId and Menu-
                  Name = :sMenuName';
        Parameters. ParamByName('bEnable'). Value: = CurrentNode. Checked;
        Parameters. ParamByName('iRoleId'). Value: = RoleId;
        Parameters. ParamByName('sMenuName'). Value: = PmyData(CurrentNode. Data). MenuItem-
              Name;
        Execute;
      end;
    CurrentNode: = ListNode. GetNextChild(CurrentNode);
  end;
end;
```

完成用户角色权限设置后，下一步将在系统初始化时启用当前用户权限以实现权限管理（图 3-14），具体方法是在“SetManuRank”函数中调用“GetRank”函数。

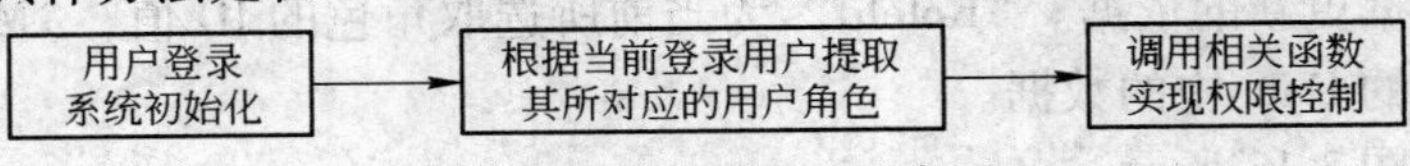


图 3-14　用户角色权限启用

# 3.3 组织与管理

## 3.3.1 文档资源管理与资源、类型管理

在多元地学信息系统中可将非关系数据（如 Word、Excel、PowerPoint、MapGIS 文件、Supac 模型、影像资料等）与某一矿点或矿区进行关联，所关联的非关系数据的类别不限。多元地学信息系统作为一个开放的系统，允许用户在使用过程中对非关系数据的类别进行管理，可根据业务的需要添加新的数据类型或移除已存在的数据类型。有关联数据权限的用户在客户端可方便快捷地将非关系数据关联到任意的空间数据上，所关联的非关系数据会自动上传至 FTP 服务器上，其他具有相应权限的用户不需重新关联即可使用该数据。如果非关系数据由多个文件组成，如 MapGIS 工程文件、Surpac 模型数据等，一个工程文件由多个文件构成，系统会自动将多个文件压缩成一个文件，并上传至服务器以方便对数据的管理。在使用此种类型的数据时，当用户在客户端或 Web 端向服务器发出数据请求时，系统会自动将该文件下载并解压缩到本机的多元地学信息系统所在目录下的 Download 文件夹中，并自动调用相应的软件打开数据。

### 3.3.1.1 文档资源管理

将文档资源上传至 FTP 服务器后，可以设定用户访问、下载文档的权限和是否允许进行网络发布。文档资源和空间数据是对应的关系，可以方便用户根据空间数据来查找其对应的文档信息。作为一种新的文档组织方式，可以根据空间信息来检索，提高了工作效率，帮助用户在繁杂的信息中找到规律，挖掘数据间的隐藏信息。

### 3.3.1.2 资源类型管理

资源管理可以让用户定义任意的上传文件类型，并且可以规定资源类型的子项，子项可以根据图件管理模块、所属专业维护模块的定义进行分类，也可以根据用户自定义的类别分类，如图 3-15 所示。

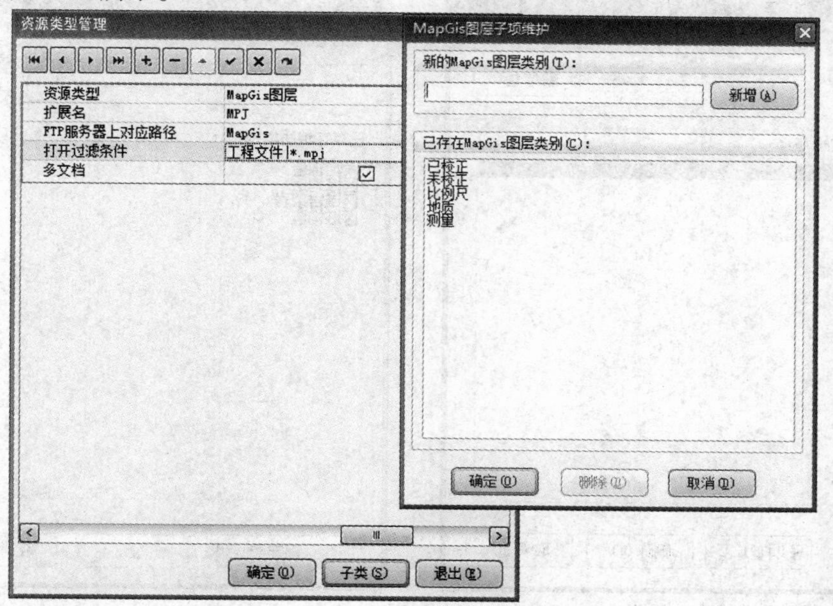


图 3-15 文档资源类型管理

在 Delphi 中提供了可访问并控制 Word、Excel、PowerPoint 等 Office 文档的接口，并可以采用第三方控件的方式打开 AutoCAD 等文件。但由于多元地学信息系统采用开放的系统架构，因此必须能处理用户所新增加的资源类型，包括今后会出现的新的文件类型。基于这种考虑，在开发过程中必须采用一种通用的文档资源管理方法。考虑到现存的文档与今后会出现的文档类型依赖于 Windows 操作系统，因此采用调用"ShellAPI"的方式来开发此功能。

在系统运行时会判断用户当前所双击的节点类型，如果为已入库的图件则将当前节点中所包含的图件加入到地图窗口中，如果为非关系型数据（Word、Excel 等）则调用"ShellExecute"函数打开节点中所包含的文件。由于"ShellExecute"实质是调动操作系统中的资源管理器及相关联的软件打开文件，解决了可能会管理新的类型的文件的问题。在双击文档资源时，系统需要判断当前文档是否为多文档资源类型文件，解决文件压缩的问题。双击文档资源时，首先判断"Multifile"的值是否为真，如果为真则调用"UnZipResourceFile"函数进行解压缩。

### 3.3.2　图件类别管理

多元地学信息系统可对入库的空间数据及 FTP 服务器上的文档数据进行图件分类管理，便于用户管理和查找。图件类别可以在数据入库时进行分类，也可以在入库后定义。通过图件类别管理功能，用户可以建立新的图件类别，如根据地质、物探、化探、遥感以及比例尺、坐标系等来对图件进行分类（图 3-16）；也可以建立某一类别的子类，如在地质类别图件下面建立大地构造、区域地层、区域岩浆岩、区域构造等子类，更进一步对图件类别进行细分（图 3-17）。图件类别名称不允许重复，另外，当"C/S"客户端修改后，"B/S" Web 端的图件类别也立即随之更改。

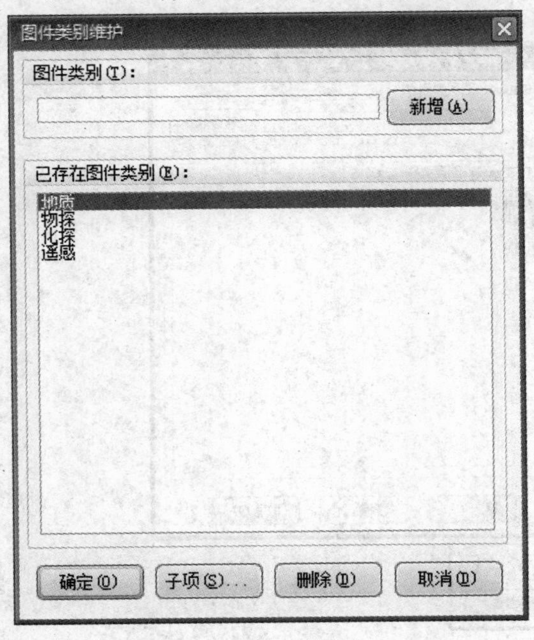


图 3-16　图件类别维护

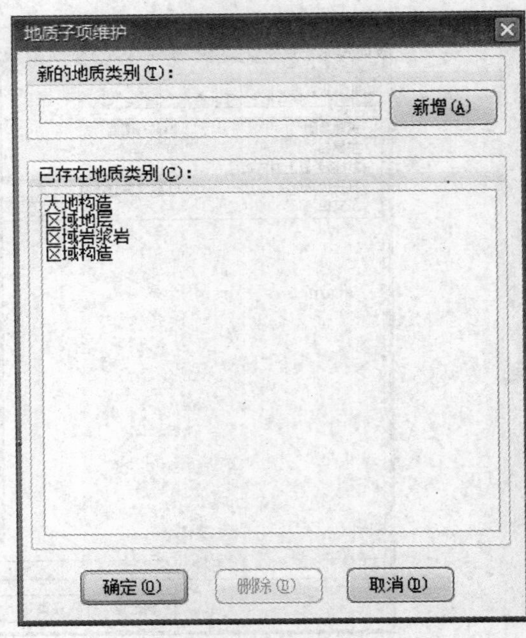


图 3-17　图件类别地质子项维护

代码如下：

```
procedure TSystemMaintenanceSubFRM. btAddTypeClick( Sender: TObject);
var
  sNewType: string;
begin
  sNewType: = Trim( edtNewType. Text);

  if sNewType < > '' then
  begin
    //先查找,再根据查找结果决定是否插入
    with MainDataModule. adsSystemMaintenanceSub do
    begin
      if Active then Close;
      CommandText: = 'Select  ParentName From SystemMaintenanceSub Where ParentName  = : sName
                  and SubType  = : sType';
      Parameters. ParamByName( 'sName'). Value: = sNewType;
      Parameters. ParamByName( 'sType'). Value: = sMaintenanceType;
      Open;
    end;
    if MainDataModule. adsSystemMaintenanceSub. RecordCount  > 0 then
    begin
      MessageBox (Handle, PChar('已存在相同名称的' + sMaintenanceType + ',请重新输入。'), PChar
              (MainFRM. sApplicationTitle), MB_OK + MB_ICONINFORMATION);
      edtNewType. Text:  = '';
      edtNewType. SetFocus;
    end
    else
      with MainDataModule. ADOCommand do
      begin
        CommandText:  = 'Insert Into SystemMaintenanceSub ( ParentName,  SubType) Values ( : sNa-
                    me,:  sType) ';
        Parameters. ParamByName  ('sName')  . Value:  = sMaintenanceType;
        Parameters. ParamByName  ('sType')  . Value:  = sNewType;
        Execute;
        lbExiststype. Items. Add  (sNewType);
        self. edtNewType. Text:  = '';
        self. edtNewType. SetFocus;
      end;
  end;
  else
  begin
    MessageBox  (Handle,  PChar  ('请输入' + sMaintenanceType + '。'),  PChar  (MainFRM.  sApplica-
```

```
            tionTitle), MB_OK + MB_ICONINFORMATION);
      edtNewType.SetFocus;
    end;
  end;
```

### 3.3.3 所属专业管理

多元地学信息系统可以设置用户或者入库数据的所属专业，根据所属专业来规定用户权限及查找同类专业上传到服务器的文档；用户也可以根据所属专业查询、分类入库的数据，同样，所属专业下也可以设立子项。例如可以将用户分为地质专业、选矿专业、采矿专业、测量专业、地信专业等，用户的权限和数据的分类就可以根据其专业进行划分，如图3-18所示。代码与图件类别管理相似这里不再列出。

### 3.3.4 FTP服务器管理

多元地学信息系统以FTP服务器的方式管理诸如Word、Excel、MapGIS文件、Surpac模型等非关系数据。在使用前需正确设定FTP服务器的相关信息（图3-19），如服务器名、用户名称、用户密码、FTP文件路径。

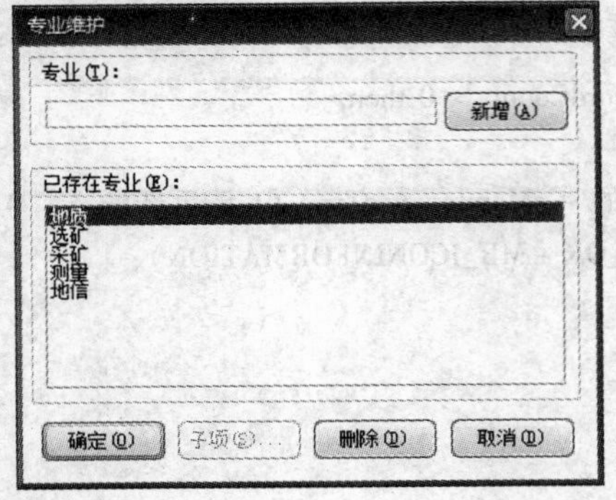

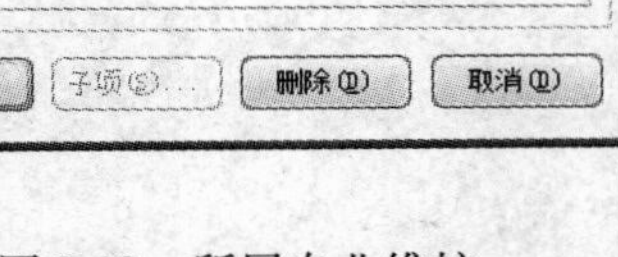

图3-18 所属专业维护

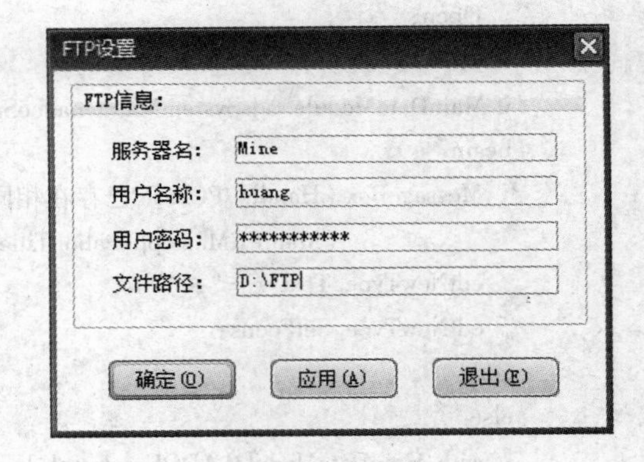


图3-19 FTP服务器设置

FTP服务器设置模块实现起来比较简单，在窗体显示事件中从数据库中提取当前FTP设置信息。

```
procedure TFTPSetupFRM.FormShow(Sender:TObject);
begin
  with MainDataModule.adsFTP do
  begin
    Close;
    CommandText: = 'Select * From FTPInfo';
    Open;

    if RecordCount = 0 then exit;
    cxEditHostName.Text: = Fields.FieldByName('HostName').Value;
```

```
    cxEditUserName. Text: = Fields. FieldByName('UserName'). Value;
    cxEditPassword. Text: = Fields. FieldByName('Password'). Value;
    cxEditFTPFilesPath. Text: = Fields. FieldByName('FTPFilesPath'). Value;
    Close;
  end;
end;
```

在应用按钮的单击事件中使用Update语句更新数据库。

```
procedure TFTPSetupFRM. cxBtApplyClick(Sender:TObject);
var
  sHostName:string;
  sFTPUserName:string;
  sFTPPassword:string;
begin
with MainDataModule. ADOCommand do
  begin
    CommandText: = 'Update FTPInfo Set HostName = :sHostName, UserName = :sUserName, Passwo rd
                = :sPassword, FTPFilesPath  = :sFTPPath ';
    Parameters. ParamByName('sHostName'). Value: = self. cxEditHostName. Text ;
    Parameters. ParamByName('sUserName'). Value: = self. cxEditUserName. Text ;
    Parameters. ParamByName('sPassword'). Value: = self. cxEditPassword. Text ;
    Parameters. ParamByName('sFTPPath'). Value: =   self. cxEditFTPFilesPath. Text ;
    Execute;
  end;
end;
```

### 3.3.5 组织结构管理

多元地学信息系统的组织结构管理模块可以定义整个集团公司的组织管理结构，组织结构管理与用户组管理、权限管理共同对用户进行角色分配，允许用户重新定义任意组织结构及其子项，对任意组织模块都可以添加、删除、更改等，组织结构、用户权限的修改与多元地学信息系统“B/S”结构中信息、权限的变化是实时、同步的，如图3-20所示。

组织结构管理表结构如图3-21所示。在矿产资源信息系统中组织结构的层次数没有限制，在OrgStruc表中PARENT字段存放上级机构的ID号，Name属性用来存放组织机构的名称。其他字段为辅助字段用来确定显示组织结构图时图形的大小形状等。

## 3.4 空间数据管理

空间数据管理的“SuperWorkspace”控件是SuperMap Objects的核心控件之一，主要管理空间数据、地图以及相关联的属性数据。“SuperWorkspace”控件提供的接口大多数用于工作空间、数据源、数据集的管理、显示和分析。

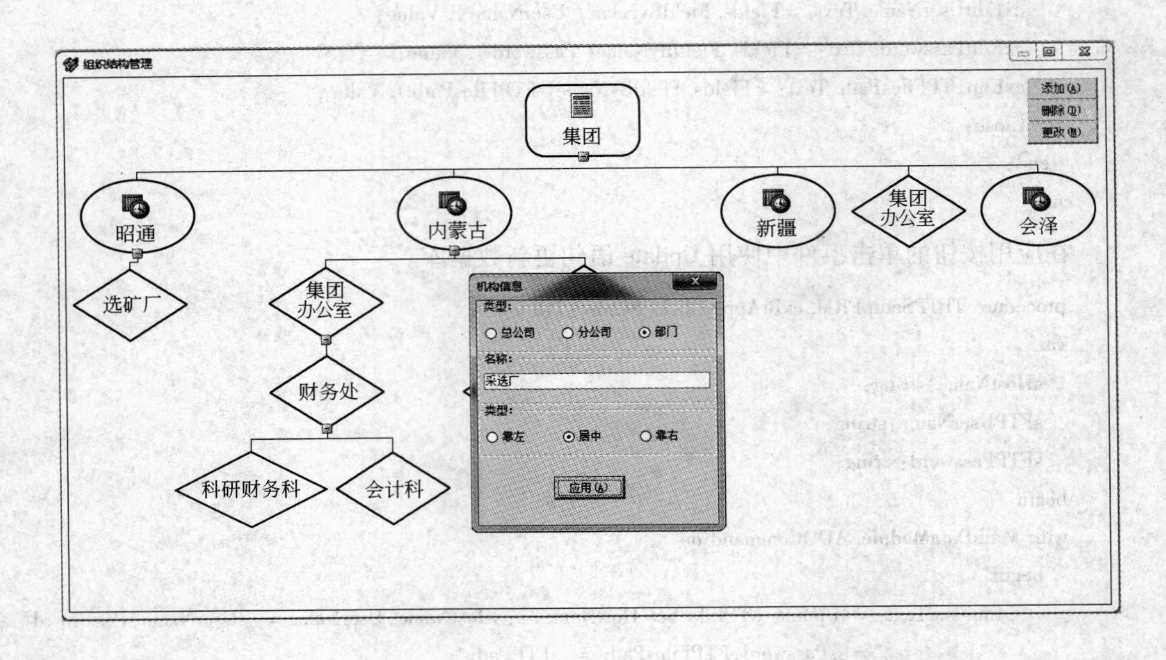


图 3-20　组织结构管理

表 - dbo.OrgStruc　摘要

| 列名 | 数据类型 | 允许空 |
|---|---|---|
| ID | int | ☐ |
| PARENT | int | ☑ |
| NAME | nvarchar(100) | ☑ |
| CDATE | datetime | ☑ |
| CBY | nvarchar(100) | ☑ |
| WIDTH | int | ☑ |
| HEIGHT | int | ☑ |
| TYPE | int | ☑ |
| COLOR | int | ☑ |
| IMAGE | int | ☑ |
| IMAGEALIGN | int | ☑ |
| [ORDER] | int | ☑ |
| ALIGN | int | ☑ |

图 3-21　组织结构表结构

### 3.4.1　工作空间管理

多元地学信息系统的工作空间在逻辑上是一个树形结构，以树状层次结构保存和维护工作环境信息文件，工作空间有二进制格式（SMW）和 XML（SXW）两种。工作空间保存用户当前的工作环境信息，包括数据源的位置和别名、图层、专题地图、页面布局等。任何时候只能存在一个工作空间，因此不能同时打开多个工作空间。一般来说，一个工作空间保存着一个日常工作的任务。多元地学信息系统的用户可以使用两种类型的工作空间，即：以文件形式存储的文档型工作空间和数据库中存储的工作空间。用户可以打开数据库中当前用户创建的工作空间，也可将保存在数据库中的工作空间授权给其他用户使用，并且数据库中的工作空间与文档型的工作空间可以相互转换，如图3-22所示。

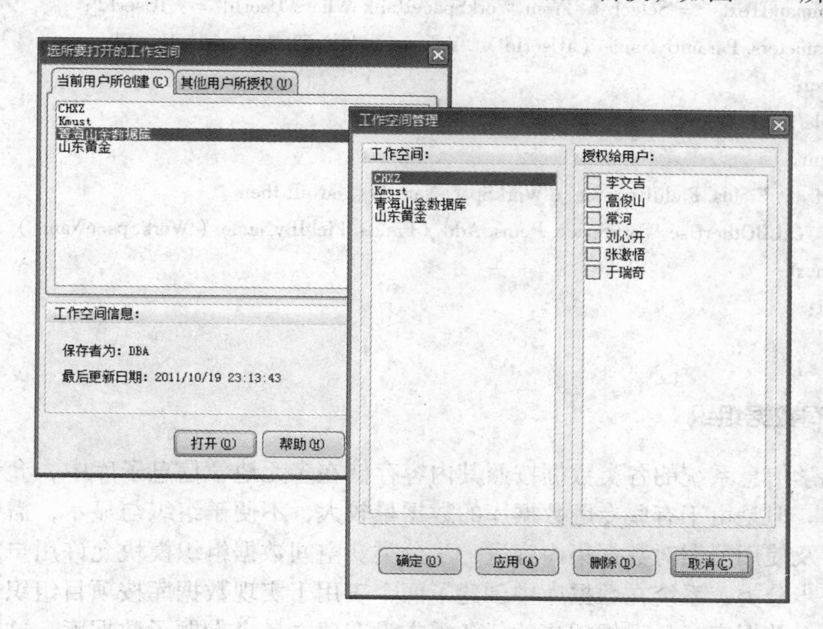


图3-22 工作空间管理模块

在SelectWorkSpaceFRM窗口的Show事件中加入如下代码：

```
procedure TSelectWorkSpaceFRM. FormShow(Sender:TObject);
//当前用户所创建的工作空间
  cxLBWorkSpace. Clear;
 with MainDataModule. adsUser_WorkSpace do
 begin
   Close;
   CommandText: ='Select * From User_WorkSpace Where UserId =: iUserId';
   Parameters. ParamByName ('iUserId') . Value: =MainFRM. iCurrentUserId;
   Open;
   while not Eof do
   begin
     if not Fields. FieldByName ('WorkspaceName') . IsNull then
       cxLBWorkSpace. Items. Add (Fields. FieldByName ('WorkspaceName') . Value);
     next;
   end;
 end;
```

```
//其他用户授权使用的工作空间
cxLBOtherUserWorkSpace. Clear;
with MainDataModule. adsUser_WorkSpace do
begin
  Close;
  CommandText: ='Select * From WorkSpaceRank Where UserId =: iUserId';
  Parameters. ParamByName ('iUserId') . Value: = MainFRM. iCurrentUserId;
  Open;
  while not Eof do
  begin
    if not Fields. FieldByName ('WorkSpaceName') . IsNull then
      cxLBOtherUserWorkSpace. Items. Add (Fields. FieldByName ('WorkSpaceName') . Value);
    next;
  end;
end;
```

### 3.4.2 空间数据组织

多元地学信息系统的各类数据按照其内容存储在多元地学信息子库中，允许用户创建新的数据库。但是由于有些专题数据库的数据量较大，不便于组织与显示，需要根据用户的任务需要及使用习惯对数据集内容进一步分类。空间数据组织模块允许用户对数据库中的图件进一步分类，系统在数据库中创建了两个表用于实现数据库按项目组织数据。例如建立青海山金数据库，且根据用户的任务需求没有建立各个专题子数据库，这时就允许用户在使用过程中根据需要对此数据库中的数据进一步分类。如创建“遥感数据”子类用于存放所有的遥感图件；创建“基础地理数据”子类用于存放所有与地形图相关的图件；其他物探、化探、勘查工程等数据也按照分类，重新组织。空间数据组织功能的实现如图3-23所示。

多元地学信息系统允许在数据库中创建新的项目以方便用户对数据的管理，数据组织模块实现了项目的新建、删除、重命名等功能。由于 SuperMap Objects 中自带的控件无法实现对数据的再次组织，而且考虑到系统的安全管理，在开发系统时采用“TcxTreeView”作为数据库中的数据显示控件。SQLServer 中不允许对数据库中的数据再次组织，因此，为了实现此功能创建了两张表用于生成虚拟目录，如图 3-24 所示。

代码如下：

```
procedure TOrganizeDataFRM. cxCbbDataBasesPropertiesChange(Sender:TObject);
begin
  cxCbbProjects. Properties. Items. Clear;
  cxCbbProjects. Text: = '';
  cxCLBOrganizedLayers. Items. Clear;

  with MainDataModule. adsProject do
```

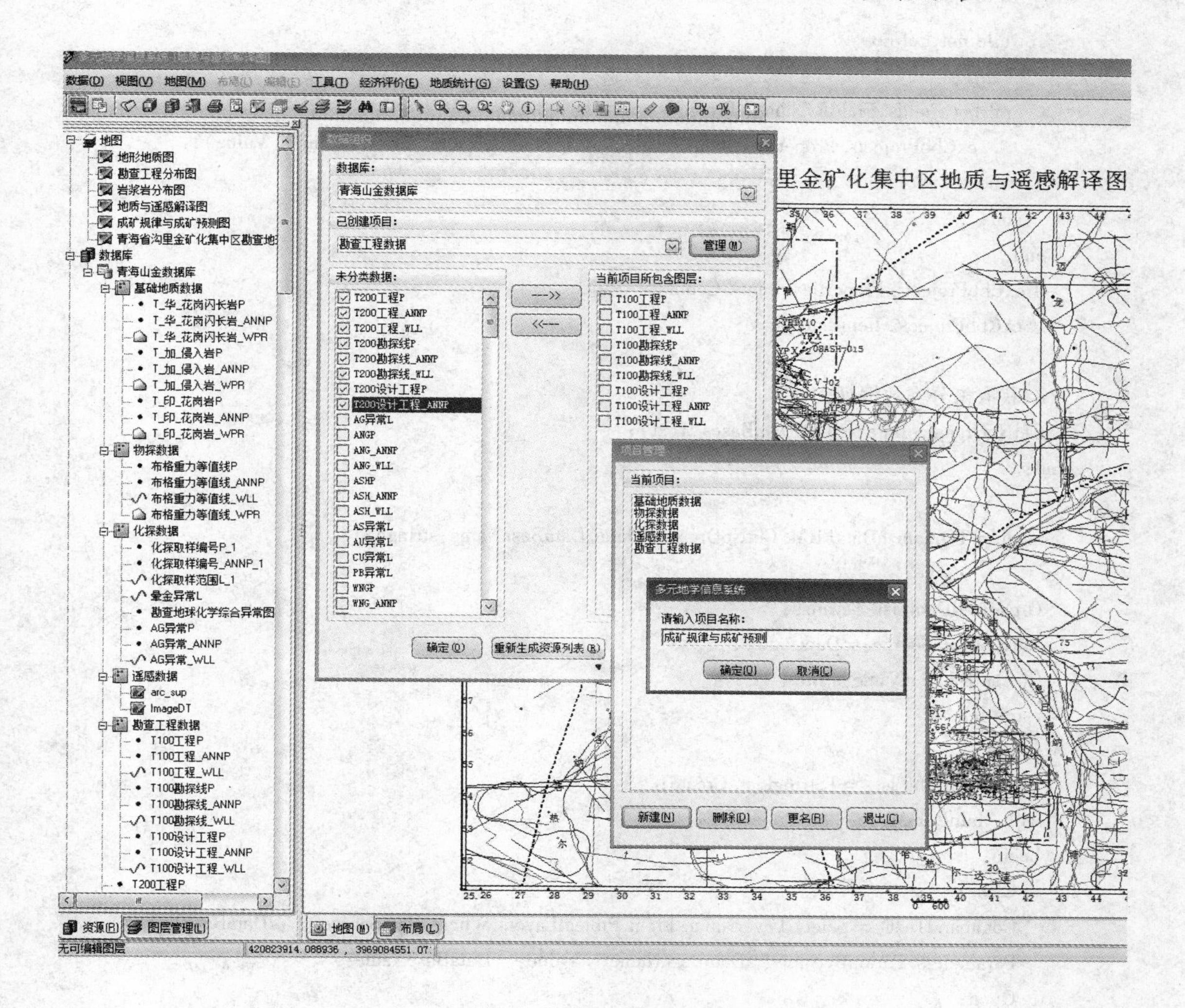


图 3-23 空间数据组织模块

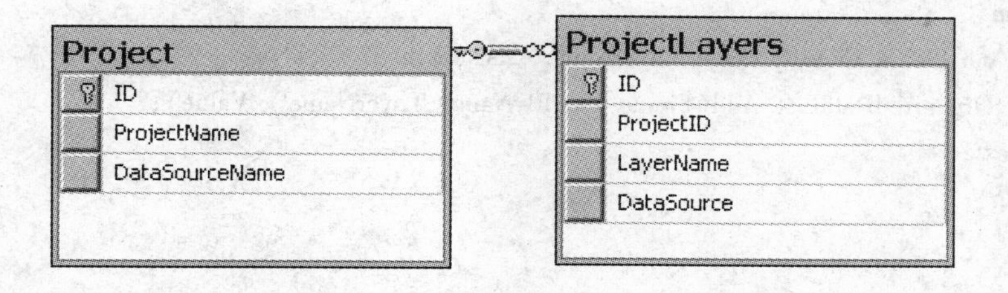


图 3-24 数据组织模块数据表关系图

```
begin
  Close;
  CommandText: = 'Select ProjectName From Project Where   DataSourceName  = :sDataBaseName';
  Parameters. ParamByName('sDataBaseName'). Value: = cxCbbDataBases. Text;
  Open;
```

```
      while not Eof do
      begin
        if not Fields. FieldByName('ProjectName'). IsNull then
          cxCbbProjects. Properties. Items. Add(Fields. FieldByName('ProjectName'). Value);
        next;
      end;
    end;
    if cxCbbProjects. Properties. Items. Count > 0 then
      cxCbbProjects. ItemIndex: =0;

    //获取未分类数据列表
    GetNoOrganizeData(cxCbbDataBases. Text);
end;

procedure TOrganizeDataFRM. GetNoOrganizeData(DataBaseName:string);
var
    OrganizedDataList:Tstrings;
    CurrentDataSource:soDatasource;
    CurrentDataSetName:string;
    i:integer;
begin
    OrganizedDataList: =TStringList. Create;
    with MainDataModule. adsProjectLayers do
    begin
      Close;
      CommandText: ='Select LayerName From ProjectLayers Where DataSource = :sDataBaseName';
      Parameters. ParamByName('sDataBaseName'). Value: =DataBaseName;
      Open;
      while not eof do
      begin
        if not Fields. FieldByName('LayerName'). IsNull then
          OrganizedDataList. Add(Fields. FieldByName('LayerName'). Value);
        next;
      end;
    end;

    CurrentDataSource: =MainFRM. MainSuperWorkspace. Datasources. Item[DataBaseName];
    cxclbNoOrganizeLayers. Items. BeginUpdate;
    cxclbNoOrganizeLayers. Items. Clear;
    for i: =1 to CurrentDataSource. Datasets. Count do
    begin
      CurrentDataSetName: =CurrentDataSource. Datasets. Item[i]. Name;
      if OrganizedDataList. IndexOf(CurrentDataSetName) < 0 then
```

```
          with cxclbNoOrganizeLayers. Items. Add do
          begin
            Text: = CurrentDataSetName;
          end;
      end;
      cxclbNoOrganizeLayers. Items. EndUpdate;
    end;
```

### 3.4.3 数据源与数据集管理

多元地学信息系统的空间数据访问对象由数据源、数据集和记录集构成，这些对象共同组成了一个抽象的接口。数据源分为文件型数据源和数据库型数据源，文件型数据源把空间数据和属性数据存储到文件中，不通过文件读写操作来访问空间数据，而是和数据库型数据源一样，使用统一接口来进行数据操作。

数据管理模块包括了数据源和数据集的创建、打开、复制、删除、合并等功能。打开、创建数据源，需要获得 SQL Server 服务器名称、SQL Server 的用户名、密码，如图3-25所示。

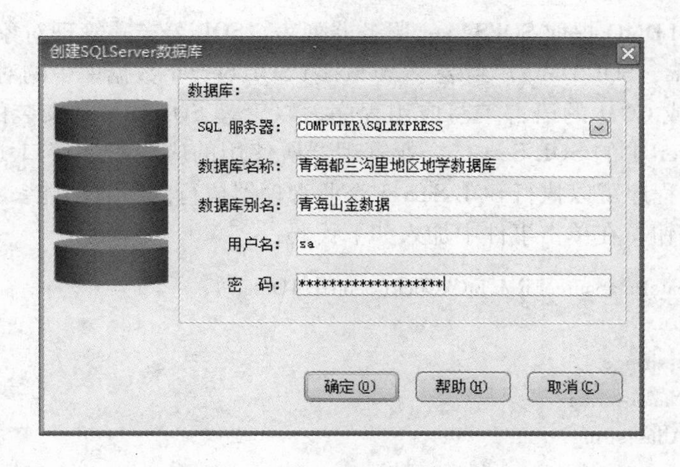


图 3-25 创建数据源

数据集是数据源的一个元素，数据集的创建是以数据源为单位，使用数据源对象的相应方法创建的。按照数据结构的不同，数据集分为矢量数据集和栅格数据集。多元地学信息系统也支持创建和显示 ECW 和 MrSID 数据。ECW 和 MrSID 是两种基于小波变换的影像压缩技术，具有压缩比高、还原速度快、影像损失小等优点。

数据集的合并功能是通过追加方法实现的。矢量数据集追加之后，追加数据集的属性表结构不变，非系统字段追加到被追加数据集中。栅格数据集的合并要求栅格数据集的像素格式保持一致，范围有重叠，被追加栅格数据集的空间范围、分辨率和像素格式等都不会发生变化。

在 CreateDataSourceFRM 窗体的 Show 事件中加入如下代码，在 Show 事件中实现提取当前网络环境中的所有 SQLServer 数据库服务器名称并填充列表框：

```
procedure TCreateDataSourceFRM.FormShow(Sender:TObject);
var
  i:integer;
  SQLServer:Variant;
  ServerList:Variant;
begin
  SQLServer:=CreateOleObject('SQLDMO.Application');
  ServerList:=SQLServer.ListAvailableSQLServers;
  cbbSQLServers.Clear;
  for i:=1 to Serverlist.Count do
    cbbSQLServers.Properties.Items.Add(Serverlist.item(i));
  if cbbSQLServers.Properties.Items.Count > 0 then
    cbbSQLServers.ItemIndex:=0
  else
    MessageBox(Handle,'无法获取 SQLServer 服务器列表,请确认网络是否连通。',PChar
              (MainFRM.sApplicationTitle),MB_OK+MB_ICONSTOP);
end;
```

代码通过 SQLDMO 提取 SQLServer 服务器列表。SQL 分布式管理对象（SQL distributed management objects，SQL DMO）封装了 Microsoft SQL Server 数据库中的对象。SQL DMO 允许用支持自动化或 COM 的语言编写应用程序，以管理 SQL Server 安装的所有部分。SQL DMO 是 SQL Server 中的 SQL Server 企业管理器所使用的应用程序接口（API）；因此使用 SQL DMO 的应用程序可以执行 SQL Server 企业管理器执行的所有功能。

双击 btOk 按钮，在单击事件中加入如下代码：

```
procedure TCreateDataSourceFRM.btOkClick(Sender:TObject);
var
  sServerName:string;
  sDataSourceName:string;
  sDataSourceAlias:string;
  i:integer;
  DataSource:soDataSource;
  strDSName:string;
  sPassword:string;
begin
  sServerName:=self.cbbSQLServers.Text;
  sDataSourceName:=Trim(self.edtDataSourceName.Text);
  sDataSourceAlias:=Trim(self.edtDataSourceAlise.Text);

  if sDataSourceName ='' then
  begin
  MessageBox(Handle,'请输入空间数据库的名称。',PChar(MainFRM.sApplicationTitle),MB_OK+
            MB_ICONINFORMATION);
```

```
    edtDataSourceName. SetFocus;
    exit;
  end;

  if sDataSourceAlias = '' then
  begin
  MessageBox(Handle,'请输入空间数据库的别名。',PChar(MainFRM. sApplicationTitle),MB_OK +
           MB_ICONINFORMATION);
    edtDataSourceAlise. SetFocus;
    exit;
  end;

  sPassword: = 'UID = ' + Trim(edtUserName. Text) + ';pwd = ' + Trim(edtPassword. Text);

  for i: = 1 to MainFRM. MainSuperWorkspace. Datasources. Count do
  begin
    if MainFRM. MainSuperWorkspace. Datasources. Item[i]. Name = sDataSourceName then
    begin
    MessageBox(Handle,'已存在相同名称的数据库,请输入一个不同的名称。',PChar(MainFRM.
             sApplicationTitle),MB_OK + MB_ICONINFORMATION);
      edtDataSourceName. Text: = '';
      edtDataSourceName. SetFocus;
      Exit;
    end;
  end;

  for i: = 1 to MainFRM. MainSuperWorkspace. Datasources. Count do
  begin
    if MainFRM. MainSuperWorkspace. Datasources. Item[i]. Alias = sDataSourceAlias then
    begin
    MessageBox(Handle,'已存在相同的数据库别名,请重新输入一个新的数据库别名。',PChar(Ma-
             inFRM. sApplicationTitle),MB_OK + MB_ICONINFORMATION);
      edtDataSourceAlise. Text: = '';
      edtDataSourceAlise. SetFocus;
      exit;
    end;
  end;

  strDSName: = 'Provider = SQLOLEDB;Driver = SQL Server' + ';
  server = ' + sServerName + ';database = ' + sDataSourceName;

  if OperatorType = 'Create' then
  begin
```

```
    DataSource: = MainFRM. MainSuperWorkspace. CreateDataSource ( strDSName, sDataSourceAlias,
                        sceSQLPlus,False,False,true,sPassword);

    if DataSource < > nil then
    begin
      MainFRM. MainSuperWorkspace. OpenDataSource(strDSName,sDataSourceAlias,sceSQLPlus,false);
      MainFRM. MainSuperWorkspace. Save;
      CreateDataSourceFRM. ModalResult: = mrOk;
      Close;
    end
    else
    begin
      MessageBox(Handle,'创建数据库失败! ',PChar(MainFRM. sApplicationTitle),MB_OK + MB_
                ICONINFORMATION);
      CreateDataSourceFRM. ModalResult: = mrCancel;
    end;

  end;

  if OperatorType ='Open' then
  begin
  strDSName: ='Provider = SQLOLEDB;Driver = SQL Server' + ';server = ' + sServerName + ';database =
  ' + sDataSourceName + ';' + sPassword;
  DataSource: = MainFRM. MainSuperWorkspace. OpenDataSource(strDSName,sDataSourceAlias,sceSQL-
              Plus,false);
  if DataSource = nil then
  MessageBox(Handle,PChar('打开数据库失败,请与系统管理员联系确认是否存在名为' + sData-
            SourceName + '的数据库。'),PChar(MainFRM. sApplicationTitle),MB_OK + MB_ICON-
            stOP)
    else
    begin
      MainFRM. MainSuperWorkspace. Save;
      CreateDataSourceFRM. ModalResult: = mrOk;
      MessageBox(Handle,'成功打开数据库。',PChar(MainFRM. sApplicationTitle),MB_OK + MB_
                ICONINFORMATION);
      Close;
    end;
  end;
end;
```

新建（SDX for SQL Server）数据源时，数据文件自动存储于安装 SQL Server 时指定的数据文件存放处，可以通过在 SQL Server EnterPrise Manager 中更改 Database Property 来更改数据文件大小及 log 文件大小，建议数据文件大小为大于您要导入的 SDB 数据文件大小的1/3，另外 log 文件的大小要开得大一些，至少应为几十兆，这对于 SDX 数据导入及数据应用的效率非常重要。

### 3.4.4 空间数据查询

空间数据包含两方面的重要信息：一是地学几何对象的位置信息；二是地学几何对象之间的空间关系。空间数据查询功能是通过属性和空间关系检索出目标地物，一般有三种查询方式：

（1）根据属性查询几何对象；

（2）利用几何对象之间的距离关系进行范围查询；

（3）指定空间关系查询模式。

空间数据查询模式和条件有许多种，如搜索具有相同的公共节点、公共边的几何对象，搜索完全相互包含的几何对象，搜索相切、相离、重叠的几何对象等。空间数据查询如图 3-26 所示。

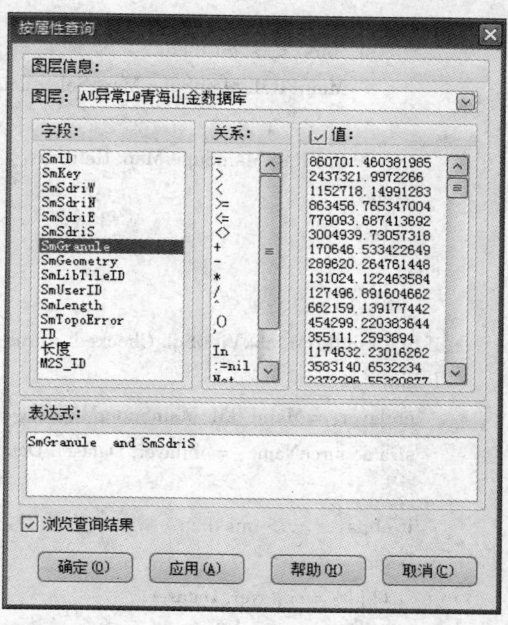


图 3-26 空间数据查询

代码如下：

```
procedure TSQLFindFRM. btApplyClick(Sender:TObject);
var
  objlayer:solayer;
  objdt:sodataset;
  objdtvector:sodatasetvector;
  string1:sostrings;
  string2:widestring;
  objrs:sorecordset;
  objds:sodatasource;
  sDataSourceName:string;
begin
  if SQLFindFRM. chkViewSql. Checked = false then //不浏览查询结果
  begin
    objlayer: = MainFRM. MainSuperMap. Layers. Item[SQLFindFRM. cmbLayerName. Text];
    if objlayer < > nil then
    begin
      objdt: = objlayer. Dataset;
      objdtvector: = objlayer. dataset as sodatasetvector;
      if objdtvector < > nil then
      begin
        objrs: = objdtvector. Query(SQLFindFRM. MemoSQL. text,false,string1,string2);
```

```
//查询出来的记录集

      if objrs < > nil then
        MainFRM. MainSuperMap. Selection. FromRecordset( objrs) ; //所查询出来的记录集添加到
                                                                    选择集中

      MainFRM. MainSuperMap. Refresh;
    end;
  end;
end;

if SQLFindFRM. chkViewSql. Checked = true then //浏览查询结果
begin
  objlayer: = MainFRM. MainSuperMap. Layers. Item[ SQLFindFRM. cmbLayerName. Text] ;
  sDataSourceName: = objlayer. Dataset. DataSourceAlias;

  if objlayer < > nil then
  begin
    objdt: = objlayer. Dataset;
    objdtvector: = objlayer. dataset as sodatasetvector;
    if objdtvector < > nil then
    begin
      if SQLFindFRM. chkSort. Checked = true then //有排序字段
      begin
      //升序
        if SQLFindFRM. optAsc. Checked = true then
            objrs: = objdtvector. Query ( SQLFindFRM. MemoSQL. text, true, string1, 'order by ' +
                     SQLFindFRM. cmbSort. Text + ' ASC') ;
        //降序
        if SQLFindFRM. optDesc. Checked = true then
            objrs: = objdtvector. Query ( SQLFindFRM. MemoSQL. text, true, string1, 'order by ' +
                     SQLFindFRM. cmbSort. text + ' Desc') ;
      end
      else //无排序字段
        objrs: = objdtvector. Query( SQLFindFRM. MemoSQL. text,true,string1,string2) ;
      if objrs < > nil then
      begin
        MainFRM. MainSuperMap. Selection. FromRecordset( objrs) ;
        objpublicdv: = objdtvector;
        if ( SQLFindFRM. txtDt. text < > '' ) and ( SQLFindFRM. cmbDs. text < > '' ) then
        begin
          objds: = MainFRM. MainSuperWorkspace. Datasources[ sDataSourceName] ;

          if objds = nil then exit;
```

```
objdt: = objds.RecordsetToDataset(objrs,trim(SQLFindFRM.txtDt.text),false) as sodataset;
if objdt < > nil then
begin
  MainFRM.MainSuperMap.Layers.AddDataset(objdt,true);
  //把新生成的数据集添加到图层中
  MainFRM.MainSuperMap.Refresh; //刷新 superMap
end;
end;
end;
end;
end;
end;
end;
```

### 3.4.5　数据格式交换

由于地学数据来源多种多样、数据结构复杂、数据格式众多，因此多元地学信息系统要求可以将不同格式的数据转换为特定的数据格式，达到数据资源的共享。

多元地学信息系统支持当前主流的矢量交换格式，如 AutoCAD 的 DXF 格式、ArcInfo 矢量交换格式 E00、MapInfo 交换格式 mif 等，同时还支持 GIS、CAD 软件的二进制格式，如 ArcInfo Coverage、MapInfo TAB。对于栅格数据，既支持通用影像格式，也支持 Erdas Image、GeoTiff 等专业遥感影像格式，具体见表 3-1。

**表 3-1　数据导入、导出支持格式**

| 矢量数据 | | 栅格数据 | |
|---|---|---|---|
| 支持导入的矢量文件格式 | 导出支持 | 支持导入的栅格文件格式 | 导出支持及位深 |
| AutoCAD Drawing(*.dwg) | 否 | Erdas Image(*.img) | 8,16,32 位 |
| AutoCAD DXF(*.dxf) | 是 | Idrisi Image(*.idr) | 否 |
| MapInfo 交换格式(*.e00) | 是 | BIL(*.bil) | 否 |
| ArcView Shape(*.shp) | 是 | MrSID(*.sid) | 否 |
| ArcInfo Coverage(*.adf) | 是 | TIFF(*.tif) | 1,4,8,16,24,32 位 |
| MicroStation DGN(*.dgn) | 否 | 位图(*.bmp) | 1,4,8,16,24,32 位 |
| MapInfo TAB(*.tab) | 否 | JPG(*.jpg) | 8,24 位 |
| Idrisi 矢量(*.vec) | 是 | ECW(*.ecw) | 1,4,8,16,24,32 位 |
| Windows WMF(*.wmf) | 否 | ArcInfo GRID(*.*) | 否 |
| OpenGIS GML(*.gml) | 是 | ArcInfo GRID(*.*) | 1,4,8,16,24,32 位 |
| SuperMap SML(*.sml) | 是 | USGS DEM(*.dem) | 否 |
| 中国标准矢量交换格式(*.vct) | 是 | FST(*.fst) | 否 |
| DBF 数据库(*.dbf) | 是 | RAW(*.raw) | 否 |
| Access 数据库(*.mdb) | 是 | BIP(*.bip) | 否 |

续表 3-1

| 矢量数据 | | 栅格数据 | |
|---|---|---|---|
| 支持导入的矢量文件格式 | 导出支持 | 支持导入的栅格文件格式 | 导出支持及位深 |
| MapGIS 交换格式( *. wat; *. wal; *. wap; *. wan) | 否 | BSQ( *. bsq) | 否 |
| 电信数据矢量文件 | 否 | E00 Grid(( *. e00)) | 否 |
| 属性表数据文件 | 否 | SIT( *. SIT) | 1,4,8,16,24 位 |
| | | 电信数据栅格文件 | 16 位 |

用户可以将多种格式的数据(矢量数据、栅格数据、属性表)导入数据源,以实现数据的集中统一管理(图 3-27)。导入数据库时有两种数据图层方式可供用户选择,分别是 GIS 图层方式与 CAD 图层方式(图 3-28)。

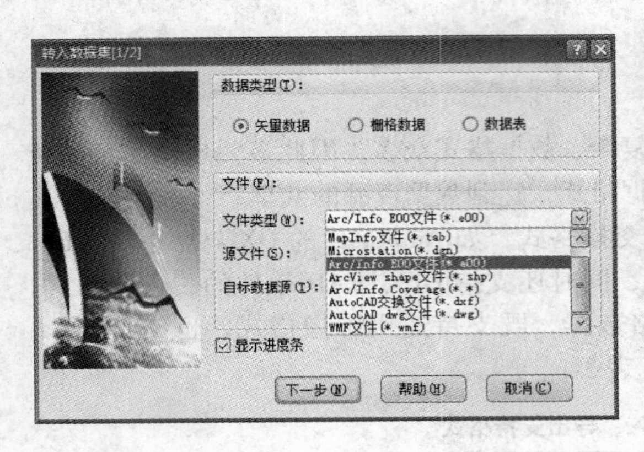


图 3-27　导入数据集

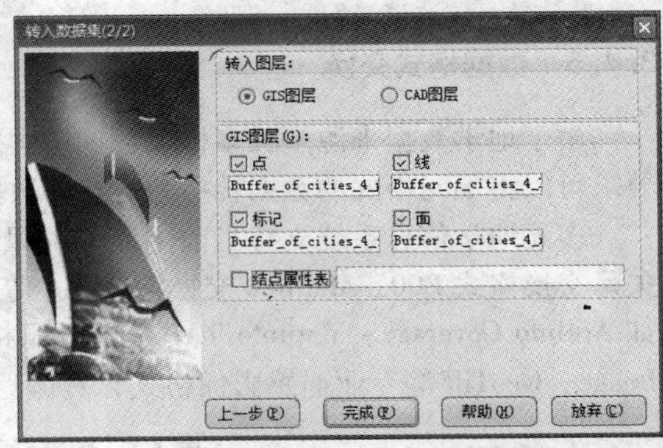


图 3-28　数据集图层方式选择

代码如下:

```
procedure TfrmImportDt2. btnOkClick(Sender:TObject); //转换数据源
var
  objDs:sodatasource;
  objdatapump:sodatapump;
  strdsname:string;
begin
  strdsname: = frmimportdt. ComboBox2. Text;
  objDs: = MainFRM. Mainsuperworkspace. datasources[strdsname];
  if (objDs  =nil) then exit;
  objdatapump: = objDs. datapump;
  objdatapump. FileName: = frmImportDt. txtFile. Text;
  //矢量数据
  if frmImportDt. ComboBox1. Text  ='MapInfo 交换文件( *. mif)' then
    objdatapump. FileType: = scfMIF;
```

```
  if frmImportDt. ComboBox1. Text  ='MapInfo 文件( *. tab)' then
    objdatapump. FileType: = scftab;
  if frmImportDt. ComboBox1. Text  ='Microstation( *. dgn)' then
    objdatapump. FileType: = scfDGN;
  if frmImportDt. ComboBox1. Text  ='Arc/Info Eoo 文件( *. e00)' then
    objdatapump. FileType: = scfE00;
  if frmImportDt. ComboBox1. Text  ='ArcView shape 文件( *. shp)' then
    objdatapump. FileType: = scfshp;
  if frmImportDt. ComboBox1. Text  ='Arc/Info Coverage( *. *)' then
    objdatapump. FileType: = scfCoverage;
  if frmImportDt. ComboBox1. Text  ='AutoCAD dwg 文件( *. dwg)' then
    objdatapump. FileType: = scfDWG;
  if frmImportDt. ComboBox1. Text  ='AutoCAD 交换文件( *. dxf)' then
    objdatapump. FileType: = scfDXF;
  if frmImportDt. ComboBox1. Text  ='WMF 文件( *. wmf)' then
    objdatapump. FileType: = scfWMF;

  if frmImportDt2. optGis. Checked  = true then
  begin
    objdatapump. ShowProgress: = true;
    objdatapump. DatasetPoint: = frmImportDt2. txtPoint. Text;
    objdatapump. DatasetLine: = frmImportDt2. txtLine. Text;
    objdatapump. DatasetText: = frmImportDt2. txtText. Text;
    objdatapump. DatasetRegion: = frmImportDt2. txtRegion. Text;
    objdatapump. Compressed: = false;
    objdatapump. ImportAsCADDataset: = false;
  end
  else
  begin
    objdatapump. ImportAsCADDataset: = true;
    objdatapump. DatasetCAD: = frmImportDt2. txtLayerName. Text;
  end;

  if not (objdatapump. import) then
  begin
    showmessage('文件转入失败! ');
    objdatapump: = nil;
    exit;
  end ;

  MainFRM. GetMapResource;
  frmImportDt2. Close;
end;
```

## 3.5 空间分析

### 3.5.1 拓扑分析

拓扑关系是地理对象在空间位置上的相互关系，空间实体之间的拓扑关系是空间分析和决策的基础。空间数据在采集和处理的过程中，经常会出现一些错误，例如，线重复、自相交，面重叠或者出现裂隙、多边形不封闭等。这些错误通常会产生悬线、重复线、假节点、冗余节点等拓扑错误，导致空间数据的拓扑关系和实际地物之间的拓扑关系不符合，影响数据的精度、质量和可用性。这些数据错误具有量大、隐蔽和不易识别等特点，通过手工方法难以去除，需要进行拓扑分析来消除这些冗余和错误。

多元地学信息系统的拓扑分析模块可以处理的拓扑错误有：合并假节点；去除冗余点；去除重复线；长悬线延伸；删除短悬线；弧段求交；临近节点合并。另外，拓扑分析模块还包括了生成拓扑错误信息、规定拓扑容限、创建面数据、创建网络数据等功能，如图 3-29 所示。

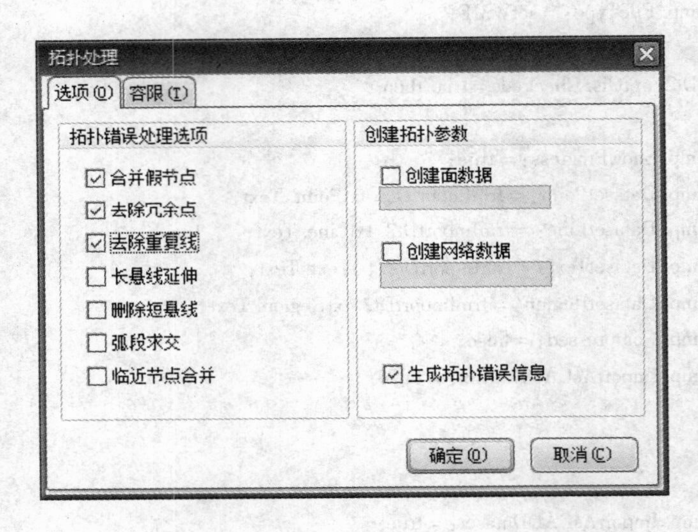


图 3-29 拓扑分析与创建网络数据模块

代码如下：

```
procedure TTopoFRM. Button1Click(Sender:TObject);
var
  strRegionName,strNetName:string;
  objDs:soDataSource;
begin
  //根据设置的选项进行拓扑分析
  MainFRM. SuperTopo1. CleanIdenticalVertices: = chkCleanIdenticalVertices. Checked;
  MainFRM. SuperTopo1. CleanOvershootDangles: = chkCleanOvershootDangles. Checked;
  MainFRM. SuperTopo1. CleanRepeatedLines: = chkCleanRepeatedLines. Checked;
  MainFRM. SuperTopo1. ExtendDangleLines: = chkExtendDangleLines. Checked;
```

```
    MainFRM. SuperTopo1. IntersectLines: = chkIntersectLines. Checked;
    MainFRM. SuperTopo1. MergePseudoNodes: = chkMergePseudoNodes. Checked;
    MainFRM. SuperTopo1. MergeRedundantNodes: = chkMergeRedundantNodes. Checked;
    MainFRM. SuperTopo1. Clean(m_Dataset);

    if (chkCheckError. Checked = true) then
      MainFRM. SuperTopo1. CheckErrors(m_Dataset);

    if (chkRegion. Checked = true) then
    begin
      strRegionName: = txtRegionName. Text;
      if (m_DataSource. IsAvailableDatasetName(strRegionName) = false) then
        ShowMessage('面数据集的名称非法')
      else
        MainFRM. SuperTopo1. BuildPolygons(m_Dataset,m_DataSource,strRegionName);
    end;

    if (chkNetwork. Checked = true) then
    begin
      strNetName: = txtNetworkName. Text;
      if (m_DataSource. IsAvailableDatasetName(strNetName) = false) then
        ShowMessage('网络数据集的名称非法')
      else
        MainFRM. SuperTopo1. BuildNetwork(m_Dataset,m_DataSource,strNetName);
    end;
    self. Close();
  end;
```

#### 3.5.1.1 弧段求交

建立拓扑关系，首先要进行弧段求交计算，根据节点把线对象分解成多个线对象，如图 3-30 所示。

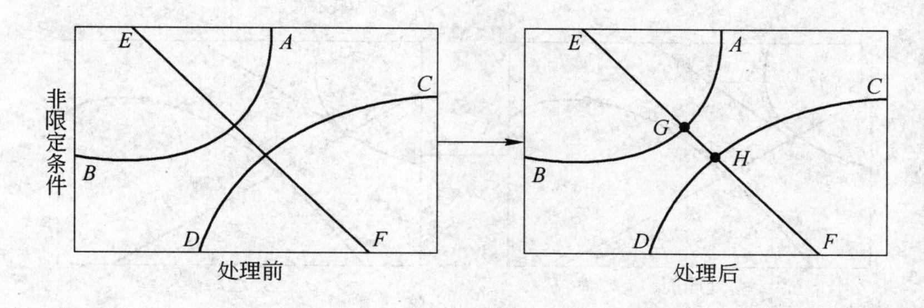


图 3-30 非限定弧段求交

弧段求交另外一种情况要求根据条件求交点。设置一个非打断线的记录字段，对于满足一定条件（如字段值大于 0）的线都不予以打断。例如图 3-30 中的原始弧段 *AB*、*CD*、

*EF*，假设弧段 *CD* 为铁路线路，则其与弧段 *EF*（假设代表公路）相交处（*H* 交点处）不应该被打断，如图 3-31 所示。

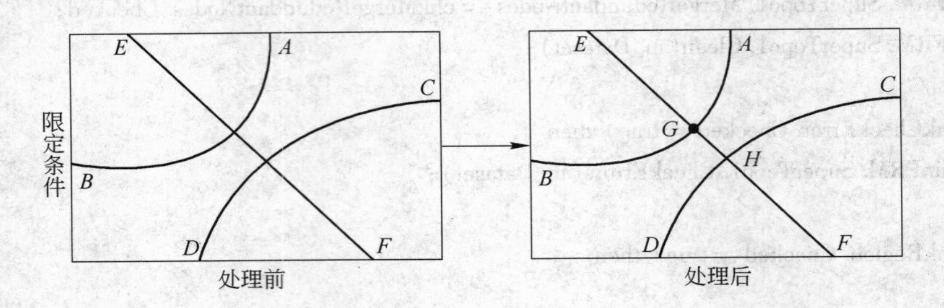


图 3-31 限定条件弧段求交

### 3.5.1.2 去除假节点

在假节点没有实际意义的时候可以执行去除假节点操作，把与该假节点相连的两个弧段合并为一。当假节点是为了标识在不同部分具有不同属性的一个线对象时，它在构建拓扑关系时，就需要通过设置非打断线参数将假节点保留下来。如图 3-32 所示，节点 *D* 就是没有实际意义的假节点，而节点 *B* 是有地理意义的，所以需要通过设置非打断线参数过滤进行保留。

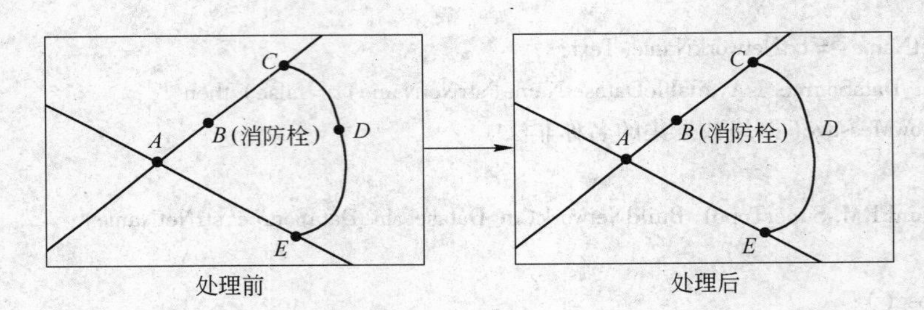


图 3-32 去除假节点

### 3.5.1.3 去除冗余点

如果弧段上两个节点之间的距离小于或等于指定的节点容限时，其中一个即被认为是冗余点，可以被去除。识别并去掉冗余点的操作被称为去除冗余点，如图 3-33 所示。

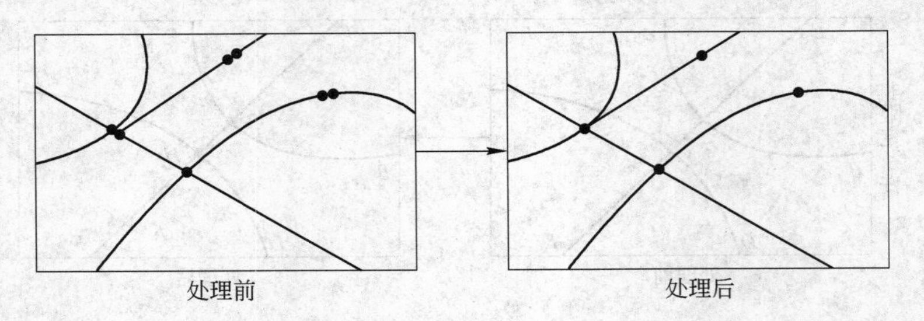


图 3-33 去除冗余点

### 3.5.1.4 去除重复线

如果两个线对象的所有节点两两重合（坐标相同），则称为重复线对象。重复线的判断不考虑方向。为避免建立拓扑多边形时产生面积为零的多边形对象，重复的线对象只应保留其中一个，多余的应删除，如图 3-34 所示。一般重复线的产生多是由于弧段求交引起的。

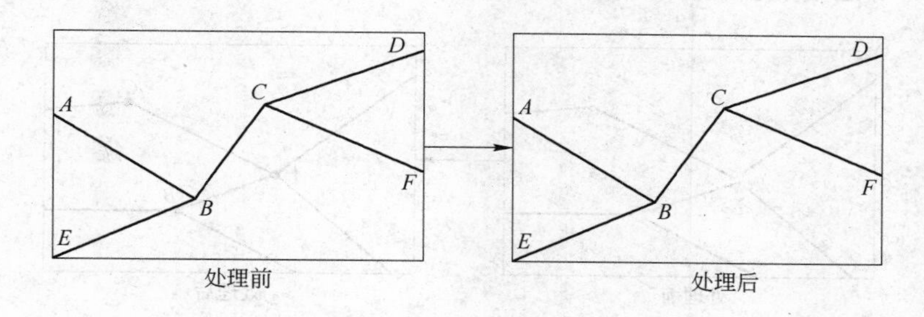


图 3-34 去除重复线

### 3.5.1.5 去除短悬线

如果一条弧段的端点没有与其他任意一条弧段的端点相连，则这个端点称之为悬点。具有悬点的弧段称为悬线，短悬线是指悬挂部分较短的悬线。如果悬线的长度小于一定的值（设置的短悬线容限），那么在拓扑处理后该悬线就会被删除，该操作称为去除短悬线，如图 3-35 所示。

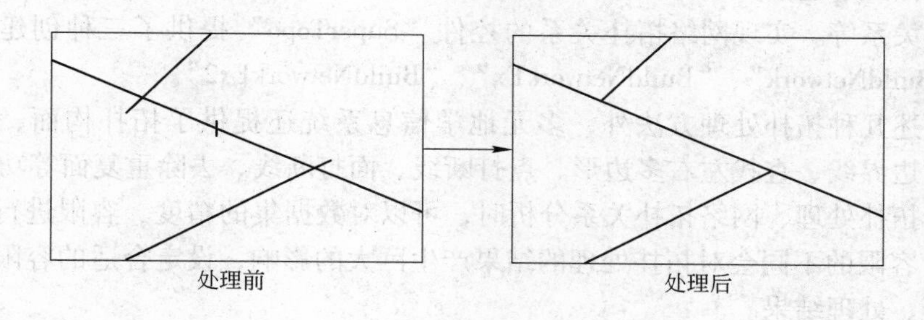


图 3-35 去除短悬线

### 3.5.1.6 长悬线延伸

如果一条悬线按其行进方向延伸了一定长度后与其他某弧段相交，并且该长度在设置的长悬线容限内，则拓扑处理后系统会将该悬线延伸至某弧段，此操作称为长悬线延伸，如图 3-36 所示。

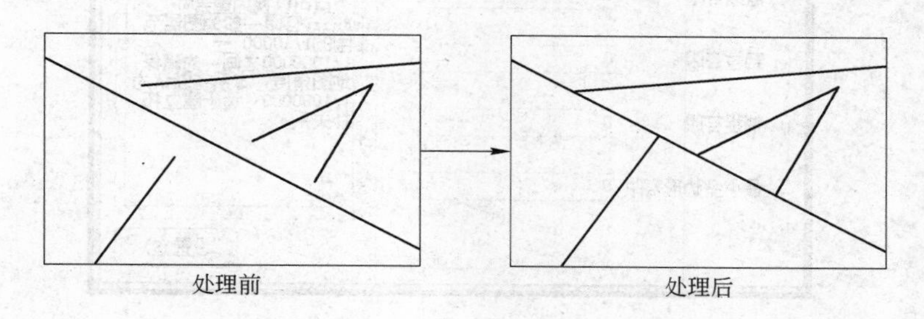


图 3-36 长悬线延伸

#### 3.5.1.7　邻近端点合并

如果多条弧段端点之间的距离小于设置的节点容限，那么这些端点被称为邻近端点。拓扑处理后，邻近端点会被合并为一个节点，如图3-37所示。

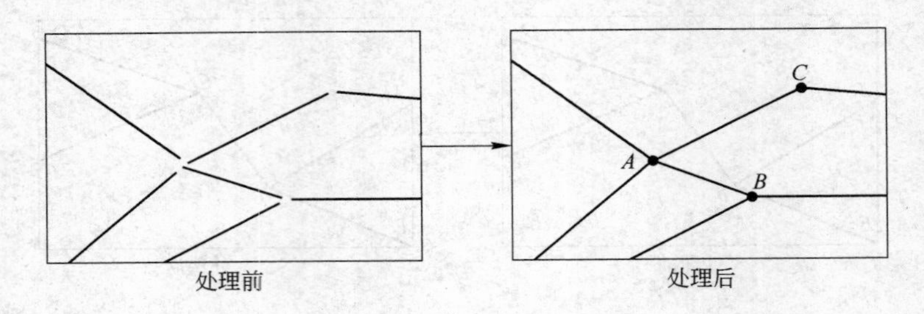


图3-37　邻近端点合并

### 3.5.2　网络拓扑关系

多元地学信息系统对地学空间数据分析的过程中，会涉及由点和线组成的、相互间具有复杂拓扑关系的网状数据，这些网状数据需要通过构建网络拓扑关系来进行分析。

网络拓扑关系包括：弧段和节点间的拓扑关系、节点与节点间的拓扑关系、弧段与弧段间的拓扑关系等。实现网络拓扑关系的控件“SuperTopo”提供了三种创建网络数据集的方法：“BuildNetwork”、“BuildNetworkEx”、“BuildNetworkEx2”。

除了上述几种拓扑处理方法外，多元地学信息系统还提供了拓扑构面、拓扑错误检查、提取面边界线、查找左右多边形、点打断线、面打断线、去除重复面等功能。

在进行拓扑处理、网络拓扑关系分析时，可以对数据集的精度、容限进行设定，如图3-38所示。容限的不同会对拓扑处理的结果产生巨大的影响，设定合适的容限才可以得到想要的分析、处理结果。

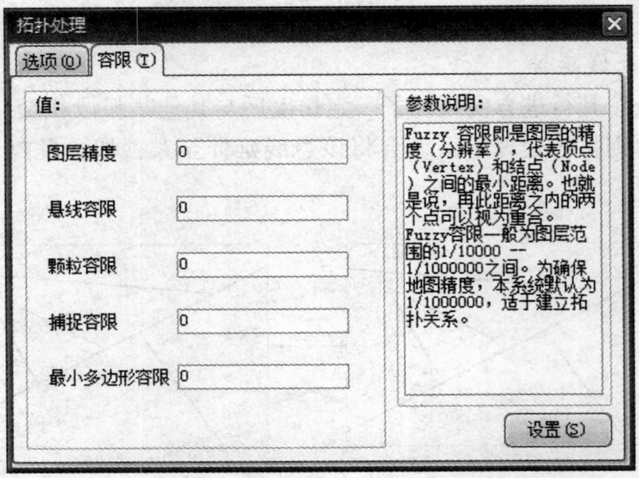

图3-38　拓扑容限设置

#### 3.5.2.1 节点容限

节点容限（图层精度，fuzzy tolerance）是最常用的容限，表示数据集中任意两个节点之间的最小距离，在此距离之内的两个点可以视为重合。节点容限一般为图层范围的1/10000～1/1000000之间。为确保地图精度，系统默认为1/1000000，单位与数据集的单位相同。

#### 3.5.2.2 悬线容限

悬线容限（dangle tolerance）用于指定建立拓扑关系时可以删除的短悬线的最大长度。系统默认为图层范围的1/10000，单位与数据集的单位相同。

#### 3.5.2.3 颗粒容限

颗粒容限（grain tolerance）用于控制圆、弧线、曲线上节点之间的距离。系统默认为图层范围的1/10000，单位与数据集的单位相同。

#### 3.5.2.4 捕捉容限

捕捉容限（snapping tolerance）用于指定拓扑关系或者制图时捕捉环境的范围，影响着捕捉的效果，包括节点捕捉、边缘捕捉等。该容限对于封闭一个多边形以及去掉过头线（overshoots）和不及（undershoots）非常重要。

#### 3.5.2.5 最小多边形容限

最小多边形容限（small polygon tolerance）用于指定建立拓扑关系时可以删除的最大碎多边形，容限使用面积单位。

### 3.5.3 缓冲区分析

多元地学信息系统提取地学信息的过程中，对于矿体数据、矿点数据或构造数据等地学数据，常常会想知道其一定范围内的其他地学信息，或者将一定范围内的地学信息相互关联，赋予一定范围内数据确定的权重值，这就需要使用到缓冲区分析的方法。

缓冲区分析是以点、线、面实体为基础，自动建立其周围一定宽度范围内的缓冲区多边形，然后将缓冲区多边形与目标图层叠加，进而分析得到所需结果。缓冲区分析是用来解决临近度问题的空间分析方法之一。

通过SQL查询或鼠标选择获得点、线或面对象，根据“soSpatialOperator. Buffer（）”方法获得缓冲区对象，如想要对缓冲区范围进行空间分析，可以使用“soDatasetVector. QueryEx（）”方法，最后通过“soTrackingLayer. AddEvent（）”将结果显示在图层上。除了简单的缓冲区分析，系统还提供了单侧缓冲区、分级缓冲区、合并缓冲区等较复杂的缓冲区分析功能。

### 3.5.4 叠加分析

多元地学信息系统提供了许多空间分析方法来处理数据，如点、线、面数据之间的转换；重建空间索引；重新计算范围；矢量、栅格数据的裁剪；根据节点精确编辑；对象合并和异或；叠加分析等功能。

叠加分析是在统一的空间参考系统下，对两个数据进行一系列的几何运算，是一项非常重要的空间分析功能。叠加分析涉及两个资料集，其中一个数据集为源数据集，另一个数据集为叠加数据集，除合并运算和对称差运算必须是面资料集外，其他运算可以是点、线、面、复合数据集或者路由数据集。叠加分析的分析方法有：求交、合并、同一、裁剪、擦除、合并属性。叠加分析功能如图3-39所示。叠加分析方法说明见表3-2。

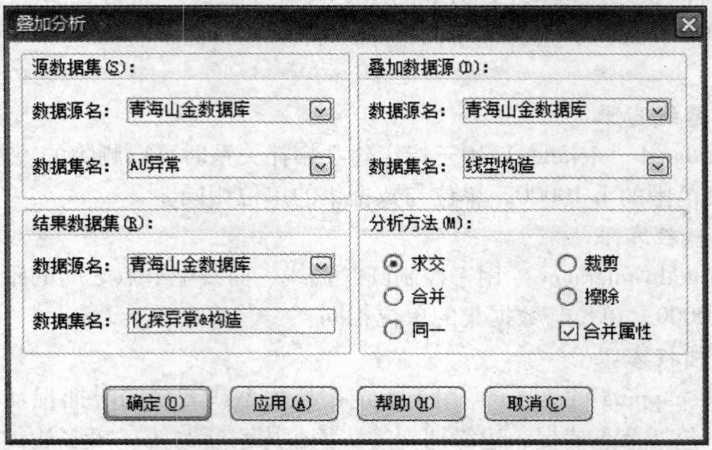

图3-39 叠加分析功能

**表3-2 叠加分析方法说明**

| 运算类型 | 运 算 说 明 | 分析结果 |
|---|---|---|
| 求交运算 | 求交运算是求两个数据集的交集的操作，两个数据集中共同的部分将被输出到结果数据集中，其余部分将被排除。结果属性表除了包括自己的属性字段，还包括源数据集和叠加数据集的所有属性字段 |  |
| 合并运算 | 合并运算是求两个数据集的并集的操作，只限于两个面数据集之间进行。具体执行时，两个面数据集内的所有多边形都被输出到结果数据集中，在相交处多边形将被分裂。从右图可以看到，结果数据集被分成了三部分，即：两个数据集相交部分、叠加数据集除去相交的部分、源数据集除去相交的部分 |  |
| 同一运算 | 同一运算类似于合并运算，要对两个数据集进行相交计算。不同之处在于，合并运算保留了两个数据集的所有部分，而经过同一运算后，结果数据集保留源数据集所有的部分，去掉叠加数据集（称为同一资料）中与第一个数据集不相交的部分。从右图可以看到，结果数据集被分成了两个部分，即：两个数据集共有的部分、源数据集中除去相交而剩下的一部分 |  |
| 裁剪运算 | 裁剪运算是用一个叠加资料集从一个源数据集中抽取部分特征（点、线、面）集合的运算。结果数据集来自于被剪取数据集，因此其类型与源数据集是相同的 |  |
| 擦除运算 | 擦除运算是用来擦除掉源数据集中与叠加数据集中多边形（集合）相重叠部分的操作。结果数据集来自于源数据集，而属性表也来自于源数据集的属性表，是其部分子集 |  |
| 合并属性 | 合并属性数据结果为两张表中字段之和 | |

注：源数据集★，叠加数据集○。

代码如下：

```
procedure TOverlayFRM. btApplyClick( Sender:TObject) ;
var
  objOverlayAnalyst:soOverlayAnalyst; //定义一个叠加分析的对象变量
  objdtA:sodatasetvector; //定义叠加分析的第一数据集
  objdtB:sodatasetvector; //定义叠加分析的第二数据集
  objdtC:sodatasetvector; //定义叠加分析的结果数据集
  type1:integer;
  objrect:sorect;
  result:boolean;
  joint:boolean;
  objds:sodatasource;
begin
  objds: = MainFRM. MainSuperWorkspace. Datasources[ cmbResultds. Text] ;
  if objds  = nil then
  begin
    showmessage('打开数据源出错！') ;
    exit;
  end;
  objOverlayAnalyst: = cosoOverlayAnalyst. Create;

  objdtA: = objds. Datasets[ OverlayFRM. cmbSourcedt. Text]  as sodatasetvector;
  objdtB: = objds. Datasets[ OverlayFRM. cmbOverlaydt. Text]  as sodatasetvector;

  if not ( objds. IsAvailableDatasetName( OverlayFRM. txtResultdt. text) ) then
  begin
    MessageBox( Handle,PChar( MainFRM. sApplicationTitle) ,'结果数据集名非法',MB_ICONERROR +
    MB_OK) ;
    txtResultdt. Text: = '' ;
    txtResultdt. SetFocus;
    exit;
  end
  else
  begin
    type1: = objdtA. Type_;
    object: = objdtA. Bounds;
    objdtC: = objds. CreateDataset( trim( OverlayFRM. txtResultdt. text) ,type1,0,object)  as sodatasetvec-
          tor;
    if objdtc  = nil then
    begin
      MessageBox( Handle,PChar( MainFRM. sApplicationTitle) ,'生成结果数据集失败',MB_ICONER-
      ROR + MB_OK) ;
```

```
    exit;
  end
  else
  begin
    if OverlayFRM.chkUnionPre.Checked =true then
      joint:=true
    else
      joint:=false;
    if OverlayFRM.optIntersect.Checked =true then
      result:=objOverlayAnalyst.Intersect(objdtA,objdtB,objdtC,joint);
    if OverlayFRM.optUnion.Checked =true then
      result:=objOverlayAnalyst.Union(objdtA,objdtB,objdtC,joint);
    if OverlayFRM.optIdentity.Checked =true then
      result:=objOverlayAnalyst.Identity(objdtA,objdtB,objdtC,joint);
    if OverlayFRM.optClip.Checked =true then
      result:=objOverlayAnalyst.Clip(objdtA,objdtB,objdtC);
    if OverlayFRM.optErase.Checked =true then
      result:=objOverlayAnalyst.Erase(objdtA,objdtB,objdtC);
  end;
 end;
end;
```

## 3.6 空间数据表达

空间数据表达是多元地学信息系统的重要功能之一，是通过图层风格设置、制作专题图等表达方式配置地图，让用户直观地了解数据情况，展现数据内容，充分利用数据资源，制作好的地图可以输出为 TIFF 文件。空间数据表达的主要对象为图层，图层集合对象用于管理和操作图层元素，提供了丰富的接口，各类之间的关系如图 3-40 所示。

### 3.6.1 专题图制作

专题图是指使用各种图形风格来制作显示数据某方面特征的一类地图，专题图制作是根据专题变量对地图进行渲染的过程，可以表示现象的状态和分布规律及其联系。

多元地学信息系统提供的专题图制作向导可以帮助用户根据空间数据的属性，空间数据的分布制作专题图，包含了单值专题图、范围分段专题图、等级符号专题图、点密度专题图、统计专题图、标签专题图、自定义专题图，如图 3-41 所示。

除了矢量格式数据，也可以按照栅格数据的值制作栅格单值、分段专题图。地质统计模块的插值结果生成的单值或者分段栅格专题图是多元地学数据融合的重要手段。

（1）单值专题图。强调数据中的类别差异，根据单一的数据值来渲染地图对象的显示风格，用不同的颜色表示属性表中指定字段的每一个不同的值。

（2）范围分段专题图。显示数值和地理位置之间的关系，根据提供的分段方法对字段的属性值进行分段，并按照属性值所在的分段范围来赋予对象相应的显示风格。

（3）等级符号专题图。使用符号的大小来反映专题变量的每条记录，符号的大小与数

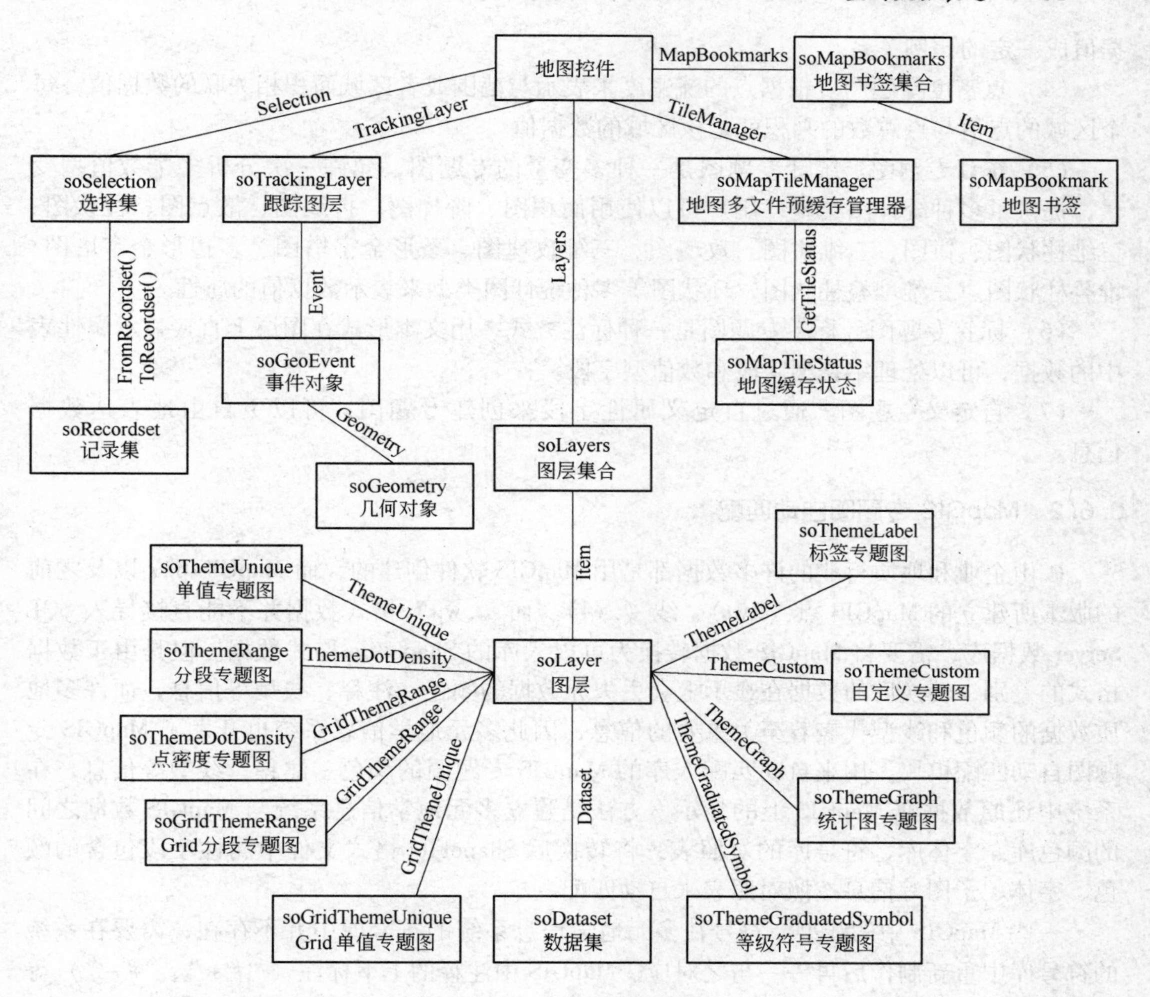


图 3-40 各类之间的关系

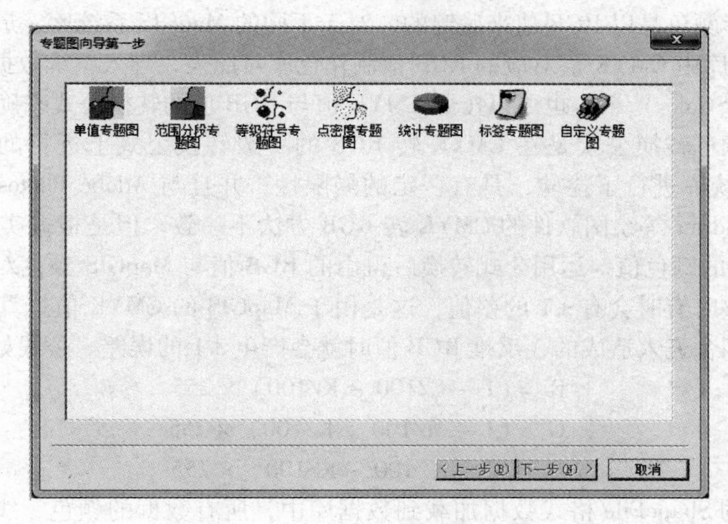


图 3-41 专题图设置向导

据值成一定的比例关系。

(4) 点密度专题图。根据点的疏密度来表示与范围或者区域面积相关联的数据值，每个区域的点值与点总数的乘积就是该区域的数据值。

(5) 统计专题图。统计专题图是一种多变量的专题图，允许一次分析多个数值型变量，提供了多种统计图类型，用户可以使用面积图、阶梯图、折线图、散点图、柱状图、三维柱状图、饼图、三维饼图、玫瑰图、三维玫瑰图、条形金字塔图、多边形金字塔图、堆叠柱状图、三维堆叠柱状图、环状图等多种统计图类型来表示数据值的属性。

(6) 标签专题图。标签专题图是一种标注方式，用文本形式在图层上直接显示属性表中的数据，可以处理字符型字段和数值型字段。

(7) 自定义专题图。通过自定义属性字段来创建专题图，可以更自由地表达数据信息。

### 3.6.2 MapGIS 专题图自动匹配

矿山企业和地质行业的许多数据都是用 MapGIS 软件创建的，而 MapGIS 6.7 以及之前的版本所建立的 MapGIS 点（.wt）、线（.wl）、面（.wp）格式数据并不能直接导入 SQL Server 数据库，需要将 MapGIS 数据转换为可以入库的 ShapeFile 格式数据。但是由于数据格式的差别，转换后的数据在显示上会丢失原数据的颜色、注释、线型等信息，而许多地质数据的颜色和线型代表着至关重要的信息，因此多元地学信息系统也开发了 MapGIS 专题图自动匹配模块，用来自动匹配入库的 MapGIS 专题图的颜色、注释、线型等信息，在系统中还原数据在 MapGIS 上的显示。方法是建立多元地学信息系统与 MapGIS 数据之间的颜色库、字体库、符号库的对照表，将转换后 ShapeFile 格式文件中属性字段包含的颜色、字体、子图等信息按照对照表来自动匹配。

一些 MapGIS 中的线型、符号在多元地学信息系统的符号库中并不存在，需要在系统的符号库中重新制作后再一一与之对应。MapGIS 中注释的上下标注（“#+”、“#-”）等表示方法在系统中也是以同样方式表示。MapGIS 数据图形的颜色是用 CMYK 值来确定的，但是系统中图形颜色是以 RGB 值来确定的，对于不同的 MapGIS 系统库，最好的方法是根据 MapGIS 系统库中 CMYK 值对应的 RGB 值制作色库对照表，导入系统数据库的颜色对照表（dbo.MapGISColor）中，也可以按照 CMYK 值与 RGB 值的转换公式来确定。

系统中的颜色转换公式是在 CMYK 转 RGB 的一般转换公式上进行的推算，仅针对 MapGIS 自带系统库进行了检验，具有一定的局限性，并且与 Adobe Photoshop、Adobe Illustrator 和 Coreldraw 等绘图软件的 CMYK 转 RGB 方法不一致。但是根据实验，对于 MapGIS 自带系统库的颜色值，运用公式转换后得出的 RGB 值与 MapGIS 颜色对照表的值几乎一致，仅在取整时有时会有 ±1 的差值，这是由于 MapGIS 的 CMYK 值推算的过程中 RGB 值除以 255 后四舍五入造成的，反推 RGB 值时就会产生 ±1 的误差。公式如下：

$$R = (1 - C/100 - K/100) \times 255$$

$$G = (1 - M/100 - K/100) \times 255$$

$$B = (1 - Y/100 - K/100) \times 255$$

将转换后的 ShapeFile 格式数据加载到数据库中，所有数据的颜色、线型都不会相互区分，而注释则以点的形式显示（图 3-42），使用 MapGIS 自动匹配功能后，地图以专题图的形式生成的，对应的颜色、线型、注释分别显示在 MapGIS Color、MapGIS Style、MapGIS Annotation 中，如图 3-43 所示。

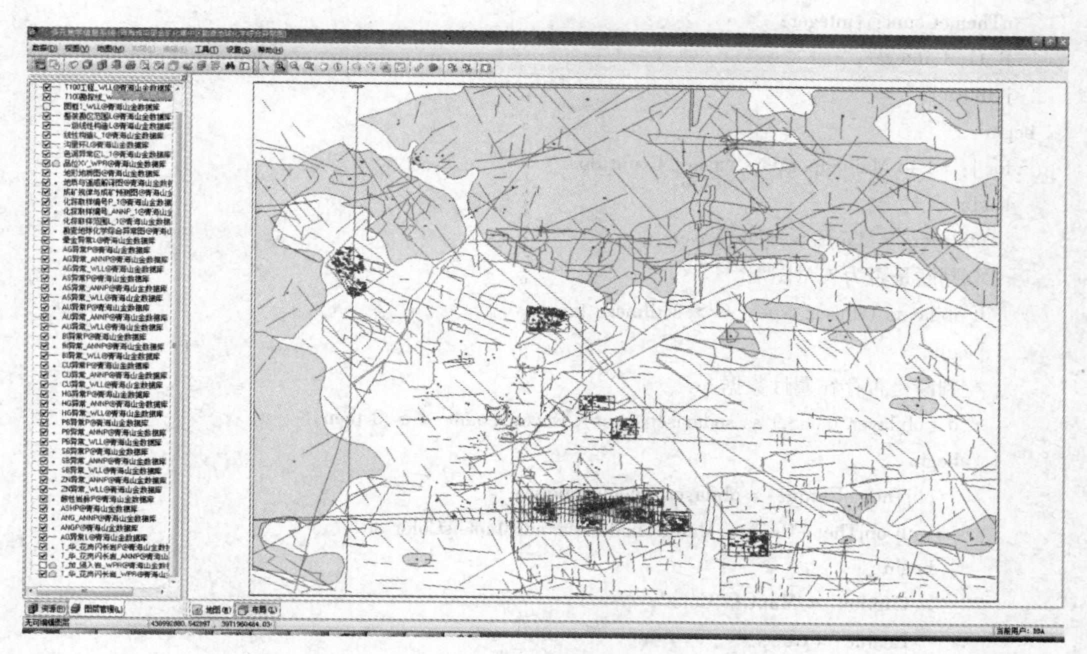

图 3-42 ShapeFile 格式数据导入数据库

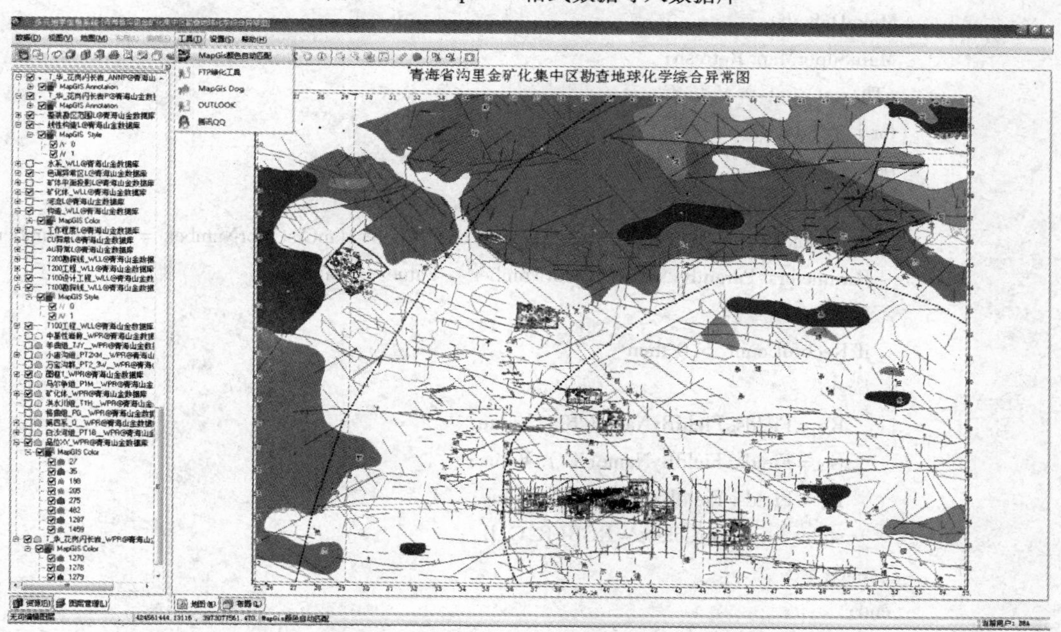


图 3-43 MapGIS 自动匹配颜色、线型、注释

代码如下：

```
procedure TMainFRM. actSetMapGisColorExecute(Sender:TObject);
var
```

```
    objThemeUnique:soThemeUnique;
    objLayer:soLayer;
    nThemeCount,i:integer;
    R,G,B:integer;
    j:integer;
  begin
    for j: =1 to MainSuperMap. Layers. Count do
    begin
      objlayer: = MainSuperMap. Layers[j];
      //判断是否为矢量图层
      if objlayer. Dataset. type_ < > scdImage then
      begin
      //判断是否存在属性数据
        if (objlayer. dataSet as sodatasetvector). RecordCount < > 0 then
        begin
          objThemeUnique: = objlayer. ThemeUnique;
          with objThemeUnique,MainDataModule. adsMapGisColor do
          begin
            Caption: = 'MapGIS Color';
            Enable: = true;
            Field: = 'M2s_ID';
            MakeDefault;
            MainSuperMap. Refresh;
            nThemeCount: = ValueCount;
            for i: =1 to nThemecount do
            begin
              Close;
              CommandText: = 'Select * From MapGisColor Where MapGisColorNumber = :iColorNumber';
              Parameters. ParamByName('iColorNumber'). Value: = Value[i];
              Open;
              if RecordCount > 0 then
              begin
                R: = Fields. FieldByName('R'). Value;
                G: = Fields. FieldByName('G'). Value;
                B: = Fields. FieldByName('B'). Value;
                style[i]. BrushColor: = RGB(R,G,B);
              end;
            end;
          end;
        end;
      end;
      MainSuperMap. Refresh;
      ResouseListFRM. MainSuperLegend. Refresh;
```

```
    end;

    objThemeUnique: = nil;
    objlayer: = nil;
  end;
```

### 3.6.3 布局排版

布局排版，是对地图进行整饰，是将所需要的布局元素添加到布局窗口中加以整理和修饰，达到地图所要表示的用途，是地图（包括专题图）与图框、图例、比例尺、方向标、注释等各种辅助制图元素的混合排版与布置，符合排版出图的要求，主要用于电子地图和打印地图。

用户可以自定义布局，也可以使用系统提供布局模版。布局模版是一个只有固定框架信息的布局，把一些图式如图名、图框、图幅注记、图例、比例尺等按照一定的要求和格式保存在布局模版中，具有一般的专业通用性和规范性。用户也可以将制作的布局保存为布局模版文件，方便在以后相似的任务中加载使用，如图 3-44 所示。

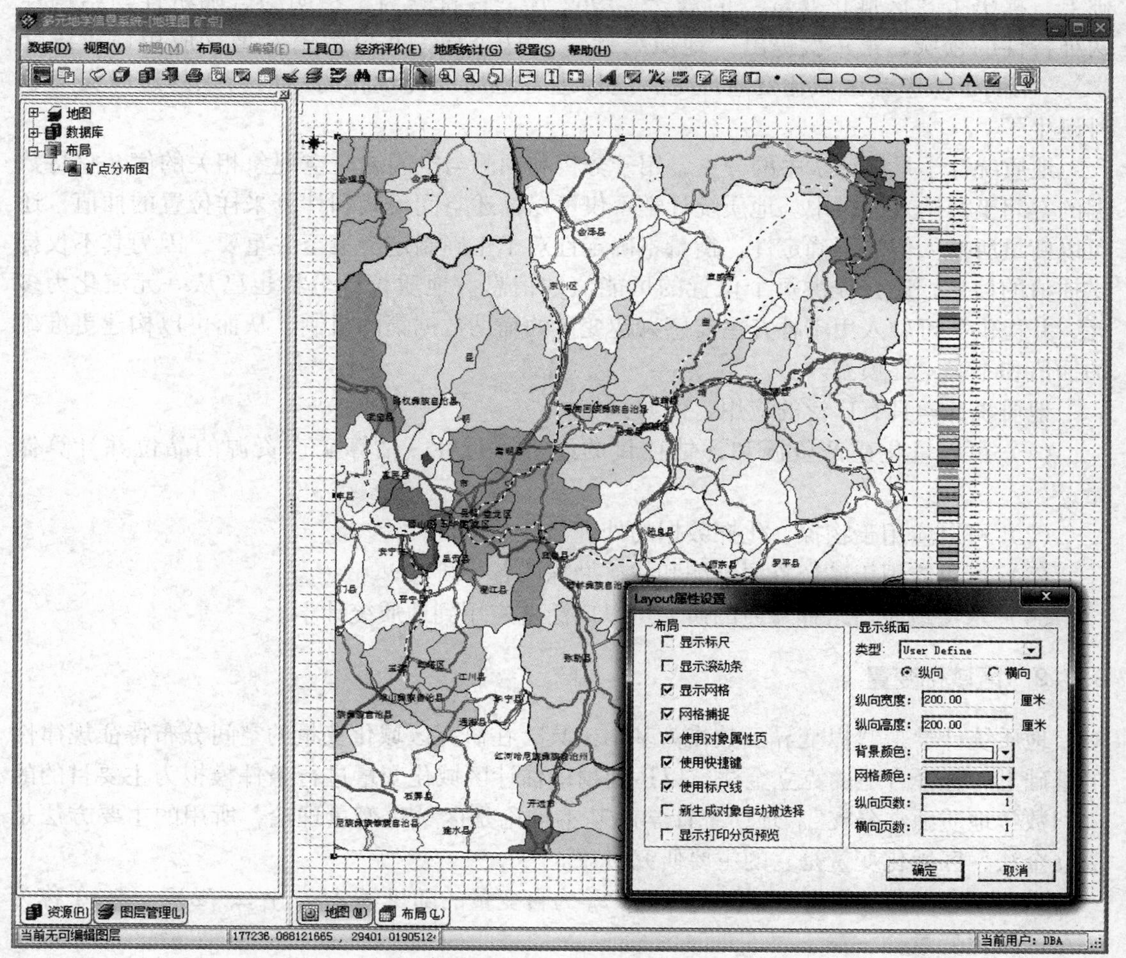


图 3-44 布局窗口

布局排版的使用接口主要包括：“SuperLayout. Connect（）”、“SuperLayout. disconnect（）”、“SuperLayout. LoadTemplate（）”、“SuperLayout. Elements”、“SuperLayout. OutputToBMP（）”、“SuperLayout. OutputToFile（）”、“SuperLayout. PrintLayout（）”。

## 3.7 地质统计学分析及地质统计模块的实现

### 3.7.1 地质统计学的产生

为了解决在地质变量具有随机性和结构性的条件下仍能使用统计学方法的问题，20世纪40年代末出现了变异函数，由于它能够同时描述地质变量的随机性和结构性变化，这就为在地质中使用统计学方法铺平了道路。

南非的矿山地质工程师克立格和统计学家西舍尔等人提出了根据样品空间位置和之间相关程度的不同对每个样品品位赋予一定的权，进行滑动加权平均，估计中心块平均品位的方法，称为克立格法，也称“克立金”（Kriging）法。

20世纪50年代后期，法国的概率统计学家马特隆在克立格和西舍尔等人工作的基础上，提出了“区域化变量”的概念。1962年，马特隆为了指明综合随机性与结构性两种特性的领域，第一次提出“地质统计学”这个词，并出版了专著《应用地质统计学》，阐明了一整套区域化变量理论，这标志着地质统计学作为一门新兴的边缘交叉学科诞生了。

地质统计学是统计学中的分支，用于分析和预测与空间或时空现象相关的值，它将数据的空间坐标纳入分析中。地质统计学不仅可以描述空间模式和计算采样位置的插值，还可以衡量所插入值的不确定性。衡量不确定性对于正确制定决策至关重要，因为其不仅提供插值的信息，还会提供每个位置的可能值的信息。地质统计分析也已从一元演化为多元，并提供了可融入用于补充主要感兴趣变量的辅助数据集的机制，从而可以构建更准确的插值和不确定性模型。

地质统计学具有广泛的应用，例如：

（1）可以量化矿产资源和评估项目的经济可行性，估算矿产资源的品位并计算储量；

（2）可以应用于物探、化探数据的处理与异常评价；

（3）可以应用于矿产资源预测和找矿勘探的各个阶段；

（4）水文地质与工程地质的研究可以广泛地应用到地质统计学。

### 3.7.2 区域化变量

地质统计学是“以变异函数作为基本工具，在研究区域化变量的空间分布特征规律性的基础上，选择合适的克立金法，以达到精确估计区域化变量进行条件模拟为主要目的的一门数学地质独立分支”。地质统计学的基本理论是区域化变量理论，所用的主要方法是克立金法，区域化变量是它的主要研究对象。

以空间点 $x$ 的三个直角坐标 $x_u$，$y_v$，$z_w$ 为自变量的随机场 $Z(z_u, y_v, z_w; \omega) = Z(x)$ 称为一个区域化变量。

区域化变量 $Z(x)$ 在观测前，可以看作是随机场；观测后就得到 $Z(x)$ 的一个实现。

每一个实现 $Z(x)$ 就是一个普通的三元函数。在地质、采矿领域中，许多变量可以看成是区域化变量，例如矿体的厚度、顶底板标高、矿石品位等。

区域化变量同时能够反映地质变量的结构性和随机性。假设 $Z(x)$ 表示金矿的品位。一方面当空间一点确定后，金的品位 $Z(x)$ 是不确定的，可以看成是一个随机变量，这就体现了其随机性；另一方面，在空间两个不同点 $x$ 及 $x+h$（此处 $\boldsymbol{h}$ 为向量）处的金品位 $Z(x)$ 与 $Z(x+h)$ 具有某种程度的自相关性，一般而言，$|h|$ 越小，相关性越好。这种自相关性反映了地质变量的某种连续性和关联性，体现了其结构性的一面。正如马特隆在研究金属矿的品位时指出的那样："一个矿床中的矿石品位的分布具有混杂的特征，其中一部分是结构性的，而另一部分则是随机性的……。因此，对任一矿床进行科学的（至少是符合实际的）估计时，必须要考虑到矿床固有的结构性，又要考虑到矿床固有的随机性。"

从地质学的观点看，区域化变量可以反映地质变量的以下特征：

（1）局部性。区域化变量只限于一定的空间内（例如矿体或煤层范围内），这一空间称为区域化变量的几何域。而区域化变量一般是按几何承载来定义的，承载变了就会得到不同的区域化变量。

（2）连续性。不同的区域化变量具有不同的连续性。有些变量的空间变化具有良好的连续性（如煤层的厚度），而有些变量则具有平均的连续性（如矿石的品位）。

（3）异向性。区域化变量在各个方向上如果性质相同，则称为各向同性；若在各个方向上性质不同，则称为各向异性。

（4）可迁性。区域化变量在一定范围内具有明显的空间相关，但是超过这一范围之后，相关关系变得很弱，甚至消失，这一性质称为可迁性。

由于区域化变量具有上述特殊性质，经典统计方法不能处理这类问题，而地质统计学中的一个基本工具——变异函数，就能较好地研究区域化变量的这种特殊性质。

### 3.7.3 变异函数

为了表征一个矿床或矿体的地质变量的变化特征，经典统计学通常采用均值、方差等参数，但这些量只能概括地质体某一特性的全貌，却无法反映其局部变化特征。就以方差而言，它是随机变量与其均值之差的平方的数学期望。方差大，表示所研究的变量在整个矿床（矿体）上的变化大；方差小，则反映其变化小。但方差却无法回答局部范围和特定方向上地质变量的变化特征，而这种特征对于矿产的储量计算是极为重要的。

在地质统计学中引入了变异函数这一有力的工具，它能够反映地质变量的空间变化特征——相关性和随机性，弥补了经典统计学的不足。它的特点是通过随机性反映区域化变量的结构性，所以变异函数也称为结构函数。

#### 3.7.3.1 变异函数的定义

变异函数既能描述区域化变量的空间结构性，也能描述其随机性，它是地质统计学所特有的基本工具，同时也是进行地质统计学计算的基础。

假设空间点 $x$ 只在一维轴上变化，把区域化变量 $Z(x)$ 在 $x$ 和 $x+h$ 两点处的值之差的方差之半定义为 $Z(x)$ 在 $x$ 方向的变异函数，记为 $\gamma(x,h)$，即

$$\gamma(x,h)=\frac{1}{2}var[Z(x)-Z(x+h)]$$

$$=\frac{1}{2}E[Z(x)-Z(x+h)]^2-\frac{1}{2}\{E[Z(x)-Z(x+h)]\}^2 \tag{3-1}$$

### 3.7.3.2　平稳性假设与本征假设

式（3-1）是一个理论数学表达式，而在实际应用中，则往往是通过观察值对 $\gamma(x,h)$ 做出估计。要想得到式（3-1）的估计值，就要估计数学期望 $E[Z(x)-Z(x+h)]^2$ 与 $E[Z(x)-Z(x+h)]$ 的值。这可以通过求 $E[Z(x)-Z(x+h)]^2$ 与 $E[Z(x)-Z(x+h)]$ 的平均数来估计上述的数学期望，因此必须要有 $Z(x)$ 和 $Z(x+h)$ 的若干实现（或观测值），但在地质实际中在点 $x$ 和 $x+h$ 上只能有一对数据 $Z(x)$ 和 $Z(x+h)$，因为不可能在空间一点上取得第二个样品。为了克服这个困难，提出了二阶平稳假设和本征假设。

A　二阶平稳假设

当区域化变量 $Z(x)$ 满足下列两个条件时，则称 $Z(x)$ 满足二阶平稳（或弱平稳）：

（1）整个研究区域内，区域化变量 $Z(x)$ 的数学期望存在且等于常数，即

$$E[Z(x)]=m(\text{常数})\qquad \forall x \tag{3-2}$$

（2）整个研究区域内，区域化变量 $Z(x)$ 的协方差存在且为常数（即只依赖于滞后 $h$ 而 $x$ 与无关），即

$$cov\{Z(x),Z(x+h)\}=E[Z(x)\cdot Z(x+h)]-E[Z(x)]\cdot E[Z(x+h)]$$

$$=E[Z(x)\cdot Z(x+h)]-m^2\qquad \forall x,\forall h \tag{3-3}$$

但是在实际工作中连二阶平稳假设也不能满足，故提出本征假设。

B　本征假设

当区域化变量 $Z(x)$ 的增量 $[Z(x)-Z(x+h)]$ 满足下列两个条件时，则称 $Z(x)$ 满足本征假设，或说 $Z(x)$ 是本征的：

（1）在整个研究区域内有

$$E[Z(x)-Z(x+h)]=0\qquad \forall x,\forall h \tag{3-4}$$

（2）增量 $[Z(x)-Z(x+h)]$ 的方差函数存在且平稳（不依赖于 $x$），即

$$var[Z(x)-Z(x+h)]=E[Z(x)-Z(x+h)]^2-\{E[Z(x)-Z(x+h)]\}^2$$

$$=E[Z(x)-Z(x+h)]^2\qquad \forall x,\forall h \tag{3-5}$$

由此可见，在地质统计学的实际研究中，区域化变量 $Z(x)$ 通常作平稳假设（stationarity assumption）或本征假设，此时有 $E[Z(x)-Z(x+h)]=0,\forall h$，且与 $x$ 无关，则变异函数公式变为：

$$\gamma(h)=\frac{1}{2}E[Z(x)-Z(x+h)]^2 \tag{3-6}$$

根据式（3-6），对变异函数也可以这样理解：在以向量 $\boldsymbol{h}$ 相隔的两点 $x$，$x+h$ 处区域化变量的两值 $Z(x),Z(x+h)$ 的变异程度，可以用它的增量平方的数学期望来表示。

参照式（3-5）、式（3-6），可以得到

$$var[Z(x) - Z(x+h)] = 2\gamma(h) \tag{3-7}$$

这样，本征假设条件也可以说成是区域化变量 $Z(x)$ 的变异函数存在且平稳。

C　二阶平稳假设与本征假设的比较

简单说来，二阶平稳假设是讨论区域化变量 $Z(x)$ 本身的特征；本征假设是研究区域化变量增量 $[Z(x) - Z(x+h)]$ 的特征的。总的说来，二阶平稳假设要求强，本征假设要求弱。即如果某个区域化变量 $Z(x)$ 是二阶平稳的，那么它一定是本征的；反之若已知 $Z(x)$ 是本征的，则不一定是二阶平稳的。

事实上，在二阶平稳假设的条件下，可以推出本征假设的第二个条件，且变异函数 $\gamma(h)$，验前方差 $C(0)$ 及协方差函数 $C(h)$ 三者之间存在如下的关系

$$\gamma(h) = C(0) - C(h) \tag{3-8}$$

如果区域化变量只在有限大小的邻域（例如以 $a$ 为半径）内是二阶平稳（或本征）的，则称此区域化变量是准二阶平稳（或准本征）的。

准二阶平稳（或准本征）是一种折中方案，它既要考虑到平稳的范围大小，又要顾及有效数据的多少。如果范围确定大了，往往不易满足二阶平稳（或本征）的条件；若范围确定太小，则区域内的数据点就太少了。故确定范围的大小应兼顾上述两个方面。

由于准平稳性在实际中能够得到满足，而且这种假设已能满足地质统计学的要求，后面的讨论都假定 $Z(x)$ 满足（准）二阶平稳假设条件，或至少满足（准）本征假设条件。

#### 3.7.3.3　实验变异函数的计算公式

实验变异函数就是根据观测数据构造变异函数 $\gamma(h)$ 的估计值 $\gamma^*(h)$。

有了二阶平稳假设或本征假设，$Z(x)$ 的增量 $[Z(x) - Z(x+h)]$ 只依赖于分隔它们的 $\boldsymbol{h}$（模和方向），而不依赖于具体位置 $x$。这样，被向量 $\boldsymbol{h}$ 所分割的每一对数据 $\{Z(x_i), Z(x_i+h)\}(i = 1,2,3,\cdots,N(h))$ 可以看作是 $\{Z(x), Z(x+h)\}$ 一次不同实现（此处 $N(h)$ 是被向量 $\boldsymbol{h}$ 相隔的数据对的对数）。此时可以根据在 $x$ 轴上相隔为 $h$ 的点对 $x_i$ 和 $x_i + h$ 上的观测值 $\{Z(x_i), Z(x_i+h)\}(i = 1,2,3,\cdots,N(h))$，用求 $[Z(x_i) - Z(x_i+h)]^2$ 的算术平均值的方法来计算 $\gamma^*(h)$，于是就得到：

$$\gamma^*(h) = \frac{1}{2N(h)}\sum_{i=1}^{N(h)}[Z(x_i) - Z(x_i+h)]^2 \tag{3-9}$$

这就是实验变异函数的基本计算公式。

对不同的滞后距，式（3-9）可以计算出相应的 $\gamma^*(h)$ 值来。对于每一个滞后距 $h$，把诸点 $[h_i, \gamma^*(h_i)]$ 在 $h - \gamma^*(h)$ 图上标出，再将相邻的点用线段连接起来所得到的图形，即为实验变异函数图。

#### 3.7.3.4　变异函数的性质

要了解变异函数的性质，首先给出协方差函数 $C(h)$ 的性质（以下的讨论假定 $Z(x)$ 是二阶平稳的）。

A　协方差函数 $C(h)$ 的性质

（1）$|C(h)| \geqslant 0$，即验前方差不小于零。

(2) $|C(h)| = |C(-h)|$，即 $|C(h)|$ 以 $h=0$ 的直线对称。

(3) $|C(h)| \leqslant C(0)$。

(4) 当 $|h| \to \infty$ 时，$|C(h)| \to 0$，或写成 $C(\infty)=0$。事实上，$C(h)$ 是反映 $Z(x)$ 与 $Z(x+h)$ 之间的相关程度，当两点 $x$ 与 $x+h$ 之间的距离 $|h|$ 变得太大时，这种相关性就不存在了，故当 $|h| \to \infty$ 时，$C(h) \to 0$，记为 $C(\infty)=0$。

(5) $C(h)$ 是非负定的函数（或者说 $C(x_i - x_j)=0$ 构成的协方差矩阵是非负定矩阵）。这条性质说明了并不是任何函数都可以作为一个平稳区域化变量的协方差函数，起码它必须是非负定的。

B　变异函数 $\gamma(h)$ 的性质

(1) $\gamma(h) = 0$。

(2) $\gamma(h) \geqslant 0$。

(3) $\gamma(h) = \gamma(-h)$。

(4) $[-\gamma(h)]$ 必须是条件非负定的。具体地说，若条件 $\sum_{i=1}^{n} \lambda_i = 0$ 成立，则由 $-\gamma(x_i - x_j)$ 构成的矩阵是非负定的。由这条性质可知，只有具有条件非负定的函数才能作为变异函数 $\gamma(h)$。

(5) $\gamma(\infty) = C(0)$，即当 $|h| \to \infty$ 时，变异差函数 $\gamma(h) \to C(0)$（验前方差）。

C　协方差函数 $C(h)$ 与变异函数 $\gamma(h)$ 关系

协方差函数 $C(h)$ 是反映区域化变量 $Z(x)$ 与 $Z(x+h)$ 相关程度的量，变异函数 $\gamma(h)$ 是反映区域化变量 $Z(x)$ 与 $Z(x+h)$ 变异程度的量，它们的关系由式（3-8）确定，它们是从两个不同的侧面对区域化变量进行研究的。

由于 $\gamma(h)$ 和 $C(h)$ 均对称于直线 $h=0$，因此只需讨论图形的右半边（$h \geqslant 0$）即可。

另外，由 $C(h)$ 的性质可知，当 $h \to \infty$ 时 $C(h) \to 0$。实际上，只要 $|h|$ 相当大（即存在 $a>0$，使 $|h| \geqslant a$）时，就可使 $C(h)=0$。此处 $a$ 称为“变程”，表示区域化变量从存在空间相关状态（$h<a$）转向不存在空间相关状态（$|h| \geqslant a$）的转折点。于是，$C(a)=0$。再根据关系式 $\gamma(h) = C(0) - C(h)$ 得到 $\gamma(a) = C(0)$。$\gamma(h)$ 与 $C(h)$ 的关系图如图 3-45 所示。

#### 3.7.3.5　变异函数的功能

变异函数在地质统计学中之所以占有非常重要的地位，不仅因为它是许多地质统计学计算（如估计方差、离散方差、正规则化变量的变异函数）的基础，更重要的是由于它能反映区域化变量的许多重要的性质，也就是说它有许多功能。

(1) 通过“变程” $a$ 反映变量的影响范围。通常变异函数在 $0 \sim a$（变程）范围内是从原点开始，随 $|h|$ 的增大而增加，但当 $|h| \geqslant a$ 时，变异函数 $\gamma(h)$ 就不再单调增加了，而是或多或少地稳定在一个极限值 $\gamma(\infty)$ 附近，这种现象称为“跃迁现象”（图 3-45）。

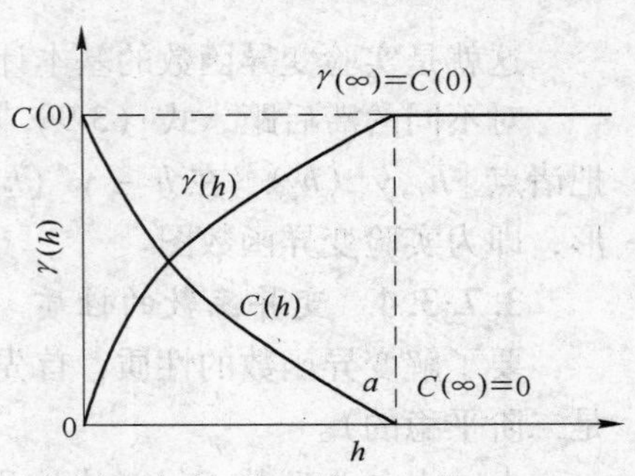


图 3-45　$C(h)$ 与 $\gamma(h)$ 的关系

此处 $\gamma(\infty)$ 称为“基台值”。在满足二阶平稳

假设的条件下，且 $C(\infty)=0$ 时有

$$\gamma(\infty)=C(0)=var[Z(x)]$$

这表示基台值等于 $Z(x)$ 的验前方差。当然，如果不满足二阶平稳假设的条件或 $C(\infty)\neq 0$ 的情况下，这个关系式就不一定成立。也就是说，基台值和验前方差不一定相等。

凡具有一个“变程” $a$ 和一个“基台值”的变异函数，都称为“可迁型”的。在这种“可迁型”的现象中，落在以 $x$ 为中心，以 $a$ 为半径的邻域内的任何数据都与 $Z(x)$ 空间相关。或者说在以 $a$ 为半径的邻域内，任何两点的数据都是空间相关的，其相关程度一般随两点间的距离增大而减弱。当两点间的距离 $|h|>a$ 时，$Z(x)$ 与 $Z(x+h)$ 就不存在空间相关了，或者说两者就相互没有影响了。因此，变程 $a$ 的确很好地反映了变量的影响范围。

（2）变异函数在原点处的性状反映了变量的空间连续性。按变异函数在原点处的性状可分为抛物线型、线性型、间断型、随机型及有拱型。每种类型反映了变量在空间的不同连续程度，如图 3-46 所示。

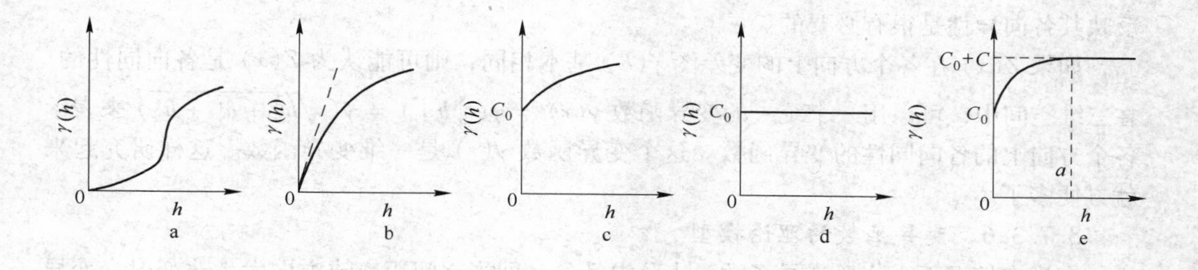


图 3-46　变异函数在原点处的性状

1）抛物线型（或连续型），如图 3-46a 所示。当 $|h|\to 0$ 时，$\gamma(h)\to A|h|^2$（$A$ 为常数），即变异函数曲线在原点处趋向于一条抛物线。这反映区域化变量是有高度连续性的，如矿体厚度等。

2）线性型（平均的连续型），如图 3-46b 所示。当 $|h|\to 0$ 时，$\gamma(h)\to A|h|$（$A$ 为常数），即变异函数在原点处趋于一条直线。它反映区域化变量有平均的连续性，如金属矿床的各种金属品位多属于这种类型。

3）间断型（或“有块金效应型”），如图 3-46c 所示。$\gamma(h)$ 在原点处间断，即虽有 $\gamma(0)=0$，但是其极限值不为 0，即 $\lim\limits_{h\to 0}\gamma(h)=C(0)>0$。这里 $C_0$ 称“块金常数”，变异函数在原点处的间断性叫做“块金效应”。它反映了变量的连续性很差，甚至平均的连续性也没有了。即使在很短的距离内，变量的差异也可能很大。金的品位主属于这种类型。“块金效应”这个名词正是由于金的颗粒分布不均匀而造成在很短距离内样品品位差异很大而得名的。当 $|h|$ 变大时，$\gamma(h)$ 慢慢变得比较连续了。顺便指出变量的连续性可以用 $C_0/C$ 来衡量：$C_0/C$ 越小，连续性越好。

4）随机型（或“纯块金效应型”），如图 3-46d 所示。这种类型的数学模型为：

$$\gamma(h) = \begin{cases} 0 & |h| = 0 \\ C_0(>0) & |h| > 0 \end{cases} \tag{3-10}$$

这种变异函数可以看成是具有基台值 $C_0$ 和无穷小变程 $a$ 的可迁型变异函数。无论 $|h|$ 多么小，$Z(x)$ 与 $Z(x+h)$ 总是互不相关。它反映变量完全不存在空间相关的情况，或说变量是纯随机变量。在地质领域内除了某些杂质和稀散元素外，这种类型的变量极少。

5）有拱型，如图3-46e所示。变异函数既有块金常数 $C_0$ 又有基台值 $C_0+C$（$C$ 称为“拱高”，当 $C_0=0$ 时，基台值就等于拱高 $C$）和变程 $a$。地质统计学所研究的大多数区域化变量是这种类型。

(3) 变异函数如果是跃迁型的，其基台值的大小可以反映区域化变量在该方向上变化幅度的大小。

(4) 不同方向上的变差图可反映区域化变量的各向异性。通过做出不同方向上的变差图，可以确定区域化变量的各向异性（包括有无各向异性以及各向异性的类型等）。例如，煤层的厚度沿走向方向的变异函数 $\gamma_1(h)$ 有较大变程 $a_1$，而在倾向方向上的变异函数 $\gamma_2(h)$ 的变程 $a_2$ 较小。做出不同方向上的变差图，对于掌握区域化变量的空间结构特征，反映其各向异性是很有必要的。

如果 $Z(x)$ 在各个方向上的变差图 $\gamma(h)$ 基本相同，则可能认为 $Z(x)$ 是各向同性的。在三维空间中，可以用一个统一的变异函数 $\gamma(r)=\gamma(|h|)=\gamma(\sqrt{h_u^2+h_v^2+h_w^2})$ 来表示各个方向上的各向同性的变异函数。这个变异函数 $\gamma(r)$ 是一维变异函数。这样研究起来就方便多了。

#### 3.7.3.6 变异函数的理论模型

在许多情况下，实验变异函数是十分混乱的，即当空间距离或方向发生改变时，变异函数值将发生很大的变化，这种现象使得掌握区域化变量的属性和利用变异函数进行结构分析变得困难。为了根据实验变异函数获取区域化现象的主要空间结构，建立和拟合理论模型是必需的。这与线性回归分析相似，根据一组随机实现，用线性函数拟合两个随机变量平均的线性相关性。需要构造理论模型的另一主要原因是要对变差值按距离采用内插法。例如在估计网格结点处的变量值时，必须知道样品点和估计点之间的空间相关性，这无法通过实验变异函数来求得，因为样品点和估计点的距离可能是任何数而不是距离间隔，这类似于回归分析中的预测问题，拟合线用来预测与任何自变量值（不一定是观测值）相应的因变量的值。

为了讨论的方便，假设区域化变量是各向同性的，或者认为它的变异函数是一维区域化变量的变异函数，即 $\gamma(h)=\gamma(|h|)=\gamma(r)$。

前面讨论了根据观测值，计算实验变异函数的方法，为了对区域化变量的未知值做出估计，还需要将实验变异函数拟合成相应的理论变异函数模型，这些模型将直接参与克立金法的储量估算以及其他估值。

变异函数的理论模型可分为有基台值型和无基台值型两大类。

A 有基台值的模型

a 球状模型

球状模型也称为马特隆模型，在原点处为线性型，其一般公式为

$$\gamma(r) = \begin{cases} 0 & r = 0 \\ C_0 + C\left(\dfrac{3}{2} \cdot \dfrac{r}{a} - \dfrac{1}{2} \cdot \dfrac{r^3}{a^3}\right) & 0 < r \leqslant a \\ C_0 + C & r > a \end{cases} \tag{3-11}$$

式中，$C_0$ 为块金常数；$C_0 + C$ 为基台值；$C$ 为拱高；$a$ 为变程。当 $C_0 = 0$，$C = 1$ 时，称为标准球状模型（图 3-47）。

$$\gamma(r) = \begin{cases} 0 & r = 0 \\ \dfrac{3}{2} \cdot \dfrac{r}{a} - \dfrac{1}{2} \cdot \dfrac{r^3}{a^3} & 0 < r \leqslant a \\ 1 & r > a \end{cases} \tag{3-12}$$

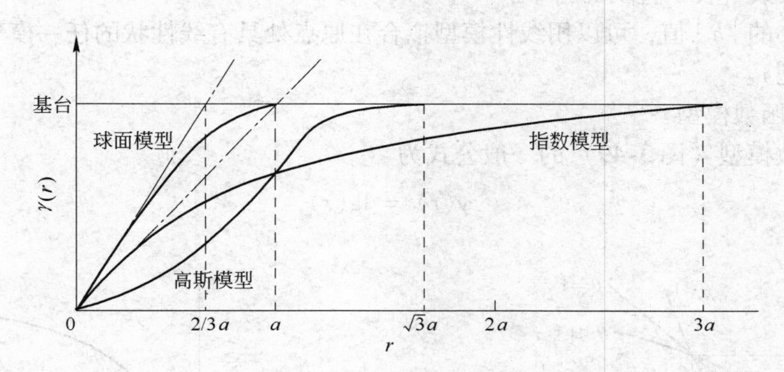


图 3-47 有基台值的变异函数模型

b 指数函数模型

指数函数模型（在原点处为线性型）的一般公式为

$$\gamma(r) = C_0 + C(1 - e^{-\frac{r}{a}}) \tag{3-13}$$

注意，此处 $a$ 不是变程。因为当 $r = 3a$ 时，有 $1 - e^{-\frac{3a}{a}} = 1 - e^{-3} \approx 0.95 \approx 1$，所以得到 $r = 3a$，$\gamma(r) = C_0 + C$，故其变程为 $3a$。当 $C_0 = 0$，$C = 1$ 时称为标准指数函数模型，如图 3-47所示。

c 高斯模型

高斯模型（在原点处为抛物线型）的一般公式为

$$\gamma(r) = C_0 + C(1 - e^{-\frac{r^2}{a^2}}) \tag{3-14}$$

由式（3-14）知，当 $r = \sqrt{3}a$ 时，有 $1 - e^{-\frac{r^2}{a^2}} = 1 - e^{-\frac{3a^2}{a^2}} = 1 - e^{-3} \approx 0.95 \approx 1$，$\gamma(r) = C_0 + C$，故高斯模型的变程约为$\sqrt{3}a$。当 $C_0 = 0$，$C = 1$ 时，称为标准高斯模型，如图 3-47 所示。图 3-47 还说明了这三种有基台的模型，通过原点的切线与基台值线相交点的横坐

标各不相同。球状模型为$\frac{2}{3}a$，指数模型为$a$，高斯模型无交点。显然，高斯模型在原点处的连续性最好。

B 无基台值的模型

如果区域化变量$Z(x)$只满足本征假设，而不满足二阶平稳假设，则$Z(x)$的变异函数就是无基台值的模型。因为，此时$Z(x)$既无协方差函数，又无验前方差，只有变异函数存在。

a 幂函数模型

幂函数模型（图3-48）的一般公式为

$$\gamma(r) = \omega r^{\theta} \qquad 0 < \theta < 2 \tag{3-15a}$$

实际上常用的是（$\theta=1$）线性模型

$$\gamma(r) = \omega r \tag{3-15b}$$

式中，$\omega$为常数，表示直线的斜率。

对于很小的$|h|$值，可以用线性模型拟合在原点处具有线性状的任一模型（如球状模型或指数模型）。

b 对数函数模型

对数函数模型（图3-49）的一般公式为

$$\gamma(r) = \lg(r) \tag{3-16}$$

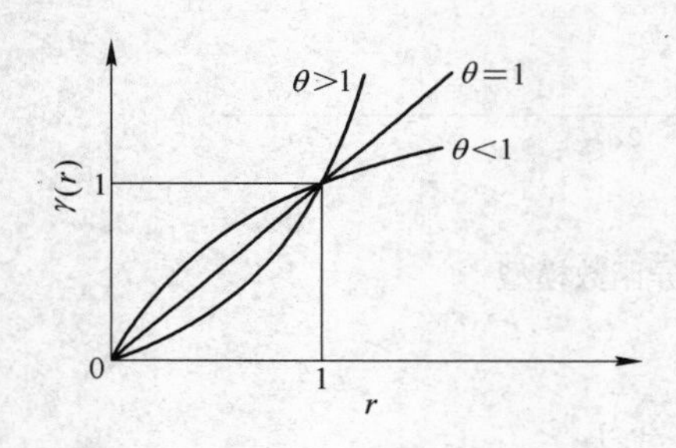

图3-48 幂函数模型

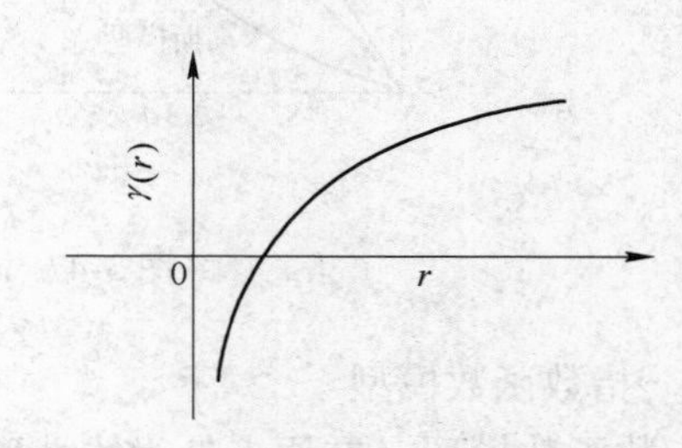

图3-49 对数函数模型

由于当$r \to 0$时，$\lg(r) \to -\infty$，这与变异函数的性质不合，因此对数函数模型不能用来描述点承载的区域化变量。但可以用来作为正则化变量的变异函数$\gamma_v(r)$的模型。

c 纯块金效应模型

纯块金效应模型的公式为

$$\gamma(r) = \begin{cases} 0 & r = 0 \\ C_0(>0) & r > 0 \end{cases} \tag{3-17}$$

它可以看成是变程$a$为无穷小量，拱高$C=0$，对任何$r>0$，$\gamma(r)$就能达到基台值$C_0$（块金值）。这种模型只对纯随机变量才适用。

d 空穴效应模型

当变异函数$\gamma(h)$并非单调递增，而显示出有一定周期的波动时，就称为空穴效应

（或称为孔穴效应）。

常用的一维空穴效应模型的公式为

$$\gamma(r) = C_0 + C\left[1 - e^{-\frac{r}{a}} \cdot \cos\left(2\pi \frac{r}{b}\right)\right] \tag{3-18}$$

一个区域化变量的拟周期变化成分，可以作为一种空穴效应出现在实验变异函数上。在地质、采矿中，常见有富矿层和贫矿层交互出现的情况，这时，沿垂直方向就会显示出一种空穴效应。又如，当矿脉与废矿石在某一方向上，以一定周期相间出现时，沿这个方向的变异函数也会显示出一种空穴效应。

### 3.7.4 各向异性

正如变异函数定义中所表示的那样，通常变异函数值的改变不仅表现在不同的距离上，而且表现在不同的方向上，这就是区域化变量的各向异性。若 $Z(x)$ 为三维区域化变量，其三维变异函数能表示为 $\gamma(h) = \gamma(h_u, h_v, h_w) = \gamma(\sqrt{h_u^2 + h_v^2 + h_w^2}) = \gamma(r)$，则称 $Z(x)$ 为各向同性的区域化变量；反之，若 $\gamma(h_u, h_v, h_w)$ 不能表示为 $\gamma(r)$ 的形式，则称 $Z(x)$ 为各向异性的区域化变量。

各向异性是绝对的，各向同性是相对的。在地质、采矿中，各向同性往往只是在平均意义上讲的。各向异性则相应于所研究的现象生成的同时，存在一些优先的方向。

在地质统计学中，定义了两种主要的各向异性：几何的和带状的。几何各向异性是指在各个不同的方向上有不同的变程，但在所有的方向上基台值不变；带状各向异性是指基台值随方向变化，变程可以相同，也可以不相同。

前面所讨论变异函数的理论模型均是各向同性的，即 $\gamma(h)$ 只依赖于向量 $\boldsymbol{h}$ 的模 $|h|$。对于几何各向异性的情况，可以通过向量 $\boldsymbol{h}$ 的直角坐标 $(h_u, h_v, h_w)$ 的线性变换，将各向异性转换为各向同性的方法来表示各向异性。而对于带状各向异性的情况，可以通过将每一个方向的变异分开表示的办法，来表示各向异性。

事实上，很难严格地区分是纯几何的还是纯带状的各向异性。许多试验变差随方向改变基台值和变程均发生变化，然而几何的各向异性在三维变差模型中因为便利而常被考虑。

在所有的建立变异函数模型的过程中，面临着一项任务，从前面讨论过的基本的变差模型中选择适当的类型。确定变异函数是跃迁型还是非跃迁型通常并不困难。在多数情况下，实验变差出现或多或少的跃迁行为。在这种情况下，仍然要确定哪一种跃迁模型能更好地拟合实验变异函数。这种选择通常依靠实验变差在原点附近的性质。如果实验变差在原点附近具有线性行为，则球状模型或者指数模型将是适合的；如果变异函数在原点附近的连续性好，高斯模型将会是最佳的选择。

在实验变异函数建模过程中，第一步需要判断的是被考虑的空间连续性（比如矿床）是各向同性还是各向异性。如果是各向同性，在变差模型中仅用全向变差就可以了；如果是各向异性，模型将变得非常复杂，需要用多个步骤来完成这个过程。在各向异性变差模型中的第一步就是判别各向异性的轴，这通过结合定性和定量信息能够做到，例如，主要的轴可以通过地质的特征，比如矿体的延伸方向、倾向、层理面等来确定。第二步就是构造一个模型，能够描绘整个变异函数在距离和方向上的改变。第三步，就是变异函数的标准化，以使各向异性的问题可以采用各向同性变异函数同样的方法来对待。

三维的各向异性变异函数需要结合不同方向的模型，这个组合模型按基台值和变程来说在所有的方向上将是一致的，这个过程称为变异函数标准化。它通过一个转换，即把各个方向变异函数简化成一个具有统一的标准化变程的公用模型来实现。其关键是确定转化间距，以使标准化模型在相同间距条件下在所有方向上具有相同的变差值。

如上所述，假设已沿着三个各向异性轴拟合了方向变异函数变程为 $\{a_x, a_y, a_z\}$。指定对角矩阵 $\boldsymbol{R} = \mathrm{diag}(1/a_x, 1/a_y, 1/a_z)$ 和间距向量 $\boldsymbol{h} = (h_x, h_y, h_z)^{\mathrm{T}}$（T 代表向量的转置）。那么，间距转换可以定义如下

$$\bar{\boldsymbol{h}} = \boldsymbol{Rh}$$

$\bar{\boldsymbol{h}}$ 的模为 $|\bar{h}| = \sqrt{(h_x/a_x)^2 + (h_y/a_y)^2 + (h_z/a_z)^2}$，它是一个与方向无关的标准化间距。单一空间结构的标准化变差由下式给出

$$\gamma(h) = C\gamma(|\bar{h}|)$$

式中 $C$——基台值。

在具有两种结构（如块金效应和空间结构性）的情况下，标准化的套合变差模型为

$$\gamma(h) = C_0 + C_1\gamma(|\bar{h}|)$$

这里 $C = C_0 + C_1$ 是基台值，在上述模型中，块金效应可以看成为一种具有零变程的空间结构。一般地，一个变异函数模型由块金效应和 $m$ 个空间结构组成，其定义如下

$$\gamma(h) = C_0 + \sum_{k=1}^{m} C_k\gamma(|\bar{h}_k|) \tag{3-19}$$

这里 $C = \sum_{k=0}^{m} C_k$ 是基台值，从式（3-19）不难看出，标准化变差总是具有相同的单位变程。

要注意到构造套合的标准化三维变差模型的先决条件是各方向的实验变差模型。换言之，每个套合结构必须由每个方向的变差所确定。对于每一个套合结构，方向模型必须类型相同，这意味着它们必须都是前部分描述过的基本模型之一，或者是本书没有述及的其他函数。不管怎样，不同套合结构的类型可以彼此不同，即：球状模型作为所有方向上第一个结构，而指数模型作为第二种结构。更进一步，几何各向异性要求所有方向上的变差具有相同的基台值，某一方向模型中的一个套合结构，在其他方向模型中出现时必须具有相同的系数。

### 3.7.5 估计方差

在地质统计学估计问题中，一个最基本的数量指标是估计方差。它用来度量估计值 $Z^*$ 与真实值 $Z$ 之间的误差 $Z - Z^*$。为了定量刻划这个误差，引入它的概率分布函数是必要的。设有一垂直钻孔穿过块段 $V$ 的中部，当用此钻孔的平均品位 $Z(x_i)$ 来估算块段的真正平均品位 $Z_V(x_i)$ 时，所包含的误差是：$r(x_i) = z_V(x_i) - z(x_i)$。如果区域化变量 $Z(x)$ 是二阶平稳的，则误差 $R(x) = Z_V(x) - Z(x)$ 也同样是平稳的，并且任何一个误差 $R(x_i)$ 可

以看作是随机函数 $R(x) = Z_V(x) - Z(x)$ 的一个实现。如果在控制区实验误差的直方图是可以得到的，在二阶平稳条件下，可以推出随机函数 $R(x)$ 的完全分布。即使这样的直方图得不到，也可能算出误差分布函数的平稳数学期望值 $m_E = E[R(x)]$ 和方差 $\sigma_E^2 = var[R(x)]$。

对于正待估算的块段 $V(x_i)$，它的具体误差 $r(x_i) = z_V(x_i) - z(x_i)$ 仍然未知，但误差的均值和方差会提供对估算的一些定性了解。误差的数学期望刻划了误差的平均值，而误差的方差则量化了误差的离散程度。地质统计学中把估计误差的方差称为估计方差，记为 $\sigma_E^2$。

对任何随机变量，估计误差 $R(x)$ 可以用完全概论分布函数来表示

$$F(\omega) = P[R(x) < \omega]$$

依据上述函数，从理论上可以对任何给定的误差范围建立一个置信区间，事实上由于已知信息的局限性，没有关于变量性质的一些假定，这一点是很难做到的。假如随机函数 $R(x)$ 是二阶平稳的，误差落在任意区间 $[a,b]$ 中的概率 $P[a \leqslant R(x) < b] = F(b) - F(a)$ 是能够计算的。类似地，误差的均值和方差也容易计算。所要求的估计值应该满足下列两个条件：（1）平均误差接近于零；（2）误差的方差尽可能小。

第一条性质称为无偏性，第二条称为最小估计方差。尽管估计时误差的分布函数不知道，但因为它的两个最重要的特征量——期望值（$m_E$）和方差（$\sigma_E^2$）可以算出，可查出两个参量（$m_E$ 和 $\sigma_E^2$）的标准分布，这为待求的置信区间提供一个数量级的参考。

在所有两个参量的分布函数中，通常用来表示误差分布的是正态分布。在地质和采矿实践中，许多变量的误差分布显现出与正态分布曲线类似的对称性。但和一个与它有相同期望值和方差的正态分布相比，它有一个更明显的众数和尾部。因此，相对于标准正态分布，在 $m_E = 0$ 的附近，误差较小，在分布曲线尾部，误差较大。采用经典的准则，置信区间 $[m_E \pm 2\sigma_E]$ 包括了实验误差的95%。这一95%的标准置信区间对于判别地质统计学的估计好坏是一个好标准，图3-50表明了估计误差曲线与标准正态分布曲线的关系。由图3-50可以看出，标准正态分布曲线过低估计了误差值小的部分和误差值大的部分。

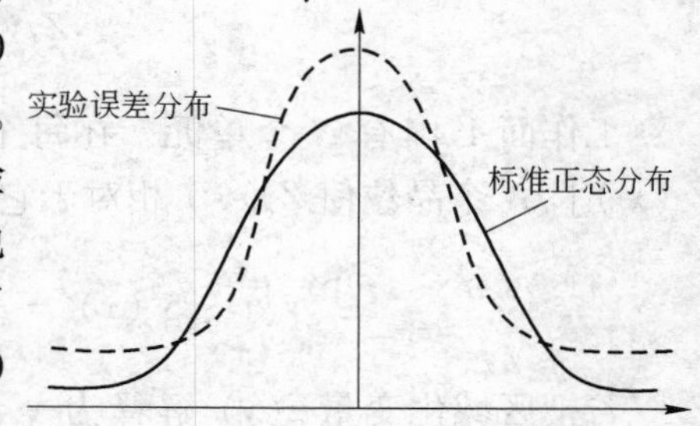


图3-50　实验误差分布曲线和标准正态分布曲线对比

事实上，变异函数可以看作是一个估计方差，即当用点 $x+h$ 的品位估计点 $x$ 的品位时所产生的误差的方差，按照这个基本的估计方差 $2\gamma(h) = E\{[Z(x) - Z(x+h)]^2\}$，地质统计方法就可以推出用平均品位 $Z_v$ 估计另一个平均品位 $Z_V$ 时的估计方差，该估计方差可以表示为

$$\sigma_E^2 = E\{[Z_V - Z_v]^2\} = 2\bar{\gamma}(V,v) - \bar{\gamma}(V,V) - \bar{\gamma}(v,v) \tag{3-20}$$

平均品位 $Z_v$ 和 $Z_V$ 可以定义于任意支集上，例如，$V$ 可以是中心在点 $y$ 的采矿块段，而 $v$ 可以是中心在点 $\{x_i, i = 1,2,\cdots,N\}$ 上的一组 $N$ 个钻孔岩芯，这样，平均品位可以定义为

$$Z_V = \frac{1}{V(y)}\int_{V(y)} Z(x)\,\mathrm{d}x \quad 和 \quad Z_v = \frac{1}{N}\sum_{i=1}^{N} Z(x_i)$$

$\overline{\gamma}(V,v)$ 表示当向量 $\boldsymbol{h} = x - x'$ 的一端 $x$ 描述支集 $V$ 而另一端 $x'$独立地描述 $v$ 时的基本变异函数 $\gamma(h)$ 的平均值，即

$$\overline{\gamma}(V,v) = \frac{1}{NV}\sum_{i=1}^{N}\int_{V(y)}\gamma(x_i - x)\,\mathrm{d}x$$

估计方差 $\sigma_E^2$ 的大小可以衡量估计量的优劣，$\sigma_E^2$ 越小，估计量越好。从式（3-20）可以看出，影响 $\sigma_E^2$ 的大小因素有以下四方面：

（1）待估块段 $V$ 与信息样品 $v$ 间的距离。因为这种距离越大，一般 $\overline{\gamma}(V,v)$ 也越大，所以 $\sigma_E^2$ 也越大。

（2）待估块段 $V$ 的几何特征，如大小、形状等。一般 $V$ 越大，$\overline{\gamma}(V,V)$ 也越大，于是 $\sigma_E^2$ 就越小。

（3）信息样品 $v$ 的几何特征、数量和空间排布。一般 $v$ 越大，样品越多，且相距越远，则 $\overline{\gamma}(v,v)$ 也越大，于是 $\sigma_E^2$ 就越小。

（4）变异函数 $\gamma(h)$ 的数学模型，它反映了区域化变量的结构特征和空间连续性。

由此可见，要计算估计方差，就要先求出变异函数，再求出变异函数的平均值，所以，如何确定好变异函数，是地质统计学中十分重要的课题。

### 3.7.6 离散方差

假设 $V$ 表示以点 $x$ 为中心的矩形开采面，将 $V$ 分成 $N$ 个大小相等，分别以 $x_i$ 为中心的生产单元 $v(x_i)$。$Z_v(x_i)$ 表示每个以 $x_i$ 为中心的单元 $v(x_i)$ 的平均品位，$Z_V(x)$ 表示以 $x$ 为中心的工作面 $V$ 上的平均品位，可以推出如下关系式

$$Z_V(x) = \frac{1}{N}\sum_{i=1}^{N}Z_v(x_i)$$

工作面 $V$ 内有 $N$ 个单元，在每个单元 $v(x_i)$ 的中心点 $x_i$，有对应的离差 $[Z_V(x) - Z_v(x_i)]$。$N$ 个品位值 $Z_v(x_i)$ 相对于它们的平均值 $Z_V(x)$ 的离散程度可用均方离差表示

$$S^2(x) = \frac{1}{N}\sum_{i=1}^{N}[Z_V(x) - Z_v(x_i)]^2 \tag{3-21}$$

若把区域化变量 $z(y)$ 解释为一个随机函数 $Z(y)$ 的具体实现，则上述的均方离差 $S^2(x)$ 就可以解释为在点 $x$（对应于以 $x$ 为中心的工作面 $V$）确定的一个随机变量 $S^2(x)$ 的具体实现。

$$S^2(x) = \frac{1}{N}\sum_{i=1}^{N}[Z_V(x) - Z_v(x_i)]^2 \tag{3-22}$$

在区域化变量 $Z(x)$ 满足二阶平稳假设的条件下，将随机变量 $S^2(x)$ 的数学期望定义为在工作面 $V$ 内 $N$ 个生产单元 $v$ 的离散方差，记作

$$D^2(v \mid V) = E[S^2(x)] = E\left\{\frac{1}{N}\sum_{i=1}^{N}[Z_V(x) - Z_v(x_i)]^2\right\} \tag{3-23}$$

简称 $v$ 对 $V$ 的离散方差。

应当强调指出，在二阶平稳假设的条件下，离散方差 $D^2(v \mid V)$ 不再依赖于点 $x$，而依

赖于 $v$、$V$ 的几何形态和协方差 $C(h)$。有 $K$ 个形状和大小均相同的工作面 $\{V(x_k), k = 1, 2, \cdots, K\}$，用式（3-21）可以算出一个实验的均方差 $s^2(x_k)$，当 $k \to \infty$ 时，这 $k$ 个实验离差的算术平均值趋于 $S^2(x)$ 的稳定期望值，即离散方差 $D^2(v \mid V)$。

当 $v$ 与 $V$ 相比非常小时，在 $V$ 内每个以 $y$ 为中心的单元 $v$ 可以看成是全部落在 $V$ 内，这就是说边界效应（单元 $v$ 重叠在 $V$ 的边界上）可以忽略，均方离差 $s^2(x)$ 就是在离散区域 $V$ 上的一个积分

$$s^2(x) = \frac{1}{V}\int_{V(x)} [z_V(x) - z_v(y)]^2 \mathrm{d}y$$

在平稳假设条件下，在 $V$ 内 $v$ 的离散方差定义为 $S^2(x)$ 的数学期望值

$$D^2(v \mid V) = E\left\{\frac{1}{V}\int_{V(x)} [Z_V(x) - Z_v(y)]^2 \mathrm{d}y\right\} \qquad v \ll V \tag{3-24}$$

可以看出交换积分号和求期望值记号的次序，得

$$D^2(v \mid V) = \frac{1}{V}\int_{V(x)} E[Z_V(x) - Z_v(y)]^2 \mathrm{d}y = \frac{1}{V}\int_{V(x)} \sigma_E^2[V(x), v(y)] \mathrm{d}y \qquad v \ll V \tag{3-25}$$

上述关系式表明，离散方差 $D^2(v \mid V)$ 可以看作是用 $V$ 内的每个单元 $v$ 的品位 $z_V(x)$ 估计整个 $z_V(x)$ 的估计方差的平均值。根据估计方差（$\sigma_E^2$）和变异函数之间的关系式（3-20），不难得到如下计算离散方差的公式

$$D^2(v \mid V) = \bar{\gamma}(V, V) - \bar{\gamma}(v, V) \tag{3-26}$$

注意到变异函数总是增加的特点，可以看出，离散方差 $D^2(v \mid V)$ 随 $V$ 的增大而增加，随着 $v$ 的增大而减小。

### 3.7.7 克立金法及其解

克立金法（Kriging），用矿业上的术语来说，就是根据一个块（或盘区）内外的若干信息样品的某种特征数据，对该块段（盘区）的同类特征的未知数据作一种线性无偏、最小方差估计的方法；从数学角度抽象地说，它是一种求最优、无偏内插估计量（best linear unbiased estimator，BLUE）的方法。如果更具体些说，克立金法是在考虑了信息样品的形状、大小及其与待估块段相互之间的空间分布位置等几何特征，以及变量（如矿石品位、煤层厚度）的空间结构信息后，为了达到线性、无偏和最小估计方差的估计，而对每个样品值分别赋予一定的权系数，最后用加权平均法来对待估块段（或盘区）的未知量进行估计的方法。也可说，克立金法是一种特定的滑动加权平均法。

#### 3.7.7.1 克立金法的种类

克立金法本身是在不断发展、完善的，对各种不同的情况及目的，可采用各种不同克立金法。目前所采的克立金法大致有如下几种：

（1）在满足二阶平稳（或本征）假设时可用普通克立金法；

（2）在非平稳（或说有漂移存在）现象中可用泛克立金法；

（3）在计算可采储量时，要用非线性估计量，就可用析取克立金法；

（4）当区域化变量服从对数正态分布时，可用对数克立金法；

(5) 当数据较少，分布不大规格，对估计精度要求不太高时，可用随机克立金法；

(6) 近年来，还有新发展起来的因子克立金法、指示克立金法等。

由于地质统计学主要是在结构分析的基础上采用各种克立金法来估值和解决实际问题的，因而通常人们也把地质统计学说成是克立金法。实际上，地质统计学还包含许多其他重要内容（如条件模拟等）。这就说明了克立金法在地质统计学中占有重要的地位。

#### 3.7.7.2 普通克立金方程组和普通克立金方差

设 $Z(x)$ 为所研究的区域化变量，$Z(x)$ 确定在一个点支集上，并且是二阶平稳的，其中：

期望值：$E\{Z(x)\} = m$，$m$ 为未知常数。

变异函数：$E\{[Z(x+h) - Z(x)]^2\} = \gamma(h)$。

要求对以 $x_0$ 为中心的域 $V(x_0)$ 的平均值 $Z_V(x_0) = \int_{V(x_0)} Z(x)\mathrm{d}x$ 进行估计。

所用的实验数据包括一组离散的品位值 $\{Z_\alpha, \alpha = 1,2,\cdots,n\}$，这些品位确定在点支集或准点支集上，或是在以点 $x_\alpha$ 为中心的支集 $V_\alpha$ 上的平均品位 $Z_{v_\alpha}(x_\alpha)$，且这 $n$ 个支集又可以各不相同。应当注意，在平稳性的假设下，各组数据的期望值是 $m = E\{Z_\alpha\}(\forall\alpha)$。

所用线性估计量 $Z_K^*$ 是 $n$ 个数值的线性组合

$$Z_K^* = \sum_{\alpha=1}^{n} \lambda_\alpha Z_\alpha \tag{3-27}$$

要求计算出 $n$ 个权系数 $\lambda_\alpha$，以保证估计量 $Z_K^*$ 是无偏的，其估计误差最小（这时的估计量被称为最佳线性无偏估计量）。

A 无偏条件

若要使 $Z_K^*$ 为 $Z_V$ 的无偏估计量，即 $E[Z_K^* - Z_v] = 0$

因为
$$E(Z_V) = \frac{1}{V}\int_V E[Z(x)]\mathrm{d}x = m$$

又因为
$$E(Z_K^*) = E[\sum_{\alpha=1}^{n}\lambda_\alpha Z_\alpha] = \sum_{\alpha}^{n}\lambda_\alpha E[Z_\alpha] = m\sum_{\alpha=1}^{n}\lambda_\alpha$$

故得无偏性条件

$$\sum_{\alpha=1}^{n}\lambda_\alpha = 1 \tag{3-28}$$

B 最小估计方差

估计方差 $E\{[Z_V - Z_K^*]^2\}$ 可按下式展开

$$E\{[Z_V - Z_K^*]^2\} = E\{Z_V^2\} - 2E\{Z_V Z_K^*\} + E\{Z_K^{*2}\}$$

其中：$E\{Z_V^2\} = \frac{1}{V^2}\int_V \mathrm{d}x\int_V E\{Z(x)Z(x')\}\mathrm{d}x' = \overline{C}(V,V) + m^2$

$$E\{Z_V Z_K^*\} = \sum_{\alpha=1}^{n}\lambda_\alpha \frac{1}{Vv_\alpha}\int_V \mathrm{d}x\int_{v_\alpha} E\{Z(x)Z(x')\}\mathrm{d}x' = \sum_{\alpha=1}^{n}\lambda_\alpha\overline{C}(V,v_\alpha) + m^2$$

$$E\{Z_K^{*2}\} = \sum_{\alpha=1}^{n}\sum_{\beta=1}^{n}\lambda_\alpha\lambda_\beta\frac{1}{v_\alpha v_\beta}\int_{V_\alpha}\mathrm{d}x\int_{v_\beta} E\{Z(x)Z(x')\}\mathrm{d}x' = \sum_{\alpha=1}^{n}\sum_{\beta=1}^{n}\lambda_\alpha\lambda_\beta\overline{C}(v_\alpha,v_\beta) + m^2$$

$m^2$ 消去后便得到：

$$E\{[Z_V - Z_K^*]^2\} = \overline{C}(V,V) - 2\sum_{\alpha=1}^{n}\lambda_\alpha \overline{C}(V,v_\alpha) + \sum_{\alpha=1}^{n}\sum_{\beta=1}^{n}\lambda_\alpha\lambda_\beta \overline{C}(v_\alpha,v_\beta) \tag{3-29}$$

这里标准符号 $\overline{C}(V,v_\alpha)$ 表示当向量 $\boldsymbol{h}$ 的两个端点分别独立地扫描区域 $V$ 和 $v_\alpha$ 时协方差 $C(h)$ 的平均值。

这样就可以将估计方差表示为 $\lambda_\alpha$ 和 $\lambda_\beta$ 的二次型，并使之在无偏条件下变为最小。这是一个求条件极值问题，可用拉格朗日乘数法，令

$$F = \sigma_k^{*2} - 2\mu\sum_{\alpha=1}^{n}(\lambda_\alpha - 1)$$

这里 $F$ 是 $n$ 个权系数 $\lambda_\alpha$ 和 $\mu$ 的（$n+1$）元函数，$-2\mu$ 是拉格朗日乘数。求出 $F$ 对 $\lambda_\alpha(\alpha = 1,2,\cdots,n)$ 以及 $F$ 对 $\mu$ 的偏导数，并令它们为0，便得到下列普通克立金方程组

$$\begin{cases}\sum_{\beta=1}^{n}\lambda_\beta \overline{C}(v_\alpha,v_\beta) - \mu = \overline{C}(v_\alpha,V), \alpha = 1,2,\cdots,n \\ \sum_{\beta=1}^{n}\lambda_\beta = 1\end{cases} \tag{3-30}$$

最小估计方差（克立金方差）则可写为

$$\sigma_K^2 = E\{[Z_V - Z_K^*]^2\} = \overline{C}(V,V) + \mu - \sum_{\alpha=1}^{n}\lambda_\alpha \overline{C}(v_\alpha,V) \tag{3-31}$$

若 $Z(x)$ 只满足本征假设，而不满足二阶平稳假设时，则利用协方差函数与变异函数的关系：$C(h) = C(0) - \gamma(h)$，可得用变异函数 $\gamma(h)$ 表示的普通克立金方程组和普通克立金方差

$$\begin{cases}\sum_{\beta=1}^{n}\lambda_\beta \overline{\gamma}(v_\alpha,v_\beta) + \mu = \overline{\gamma}(v_\alpha,V), \alpha = 1,2,\cdots,n \\ \sum_{\beta=1}^{n}\lambda_\beta = 1\end{cases} \tag{3-32}$$

$$\sigma_K^2 = \sum_{\alpha=1}^{n}\lambda_\alpha \overline{\gamma}(v_\alpha,V) + \mu - \overline{\gamma}(V,V) \tag{3-33}$$

#### 3.7.7.3 普通克立金方程组及方差的矩阵表示法

以上两种克立金方程组都可用矩阵形式表示，式（3-30）的矩阵表示形式为：

$$\boldsymbol{K}\cdot\boldsymbol{\lambda} = \boldsymbol{M} \tag{3-34}$$

$$\boldsymbol{K} = \begin{bmatrix} \overline{C}(v_1,v_1) & \cdots & \overline{C}(v_1,v_\beta) & \cdots & \overline{C}(v_1,v_n) & 1 \\ \vdots & & \vdots & & \vdots & \vdots \\ \overline{C}(v_\beta,v_1) & \cdots & \overline{C}(v_\beta,v_\beta) & \cdots & \overline{C}(v_\beta,v_n) & 1 \\ \vdots & & \vdots & & \vdots & \vdots \\ \overline{C}(v_n,v_1) & \cdots & \overline{C}(v_n,v_\beta) & \cdots & \overline{C}(v_n,v_n) & 1 \\ 1 & & 1 & & 1 & 1 \end{bmatrix}$$

$$\boldsymbol{\lambda} = \begin{bmatrix} \lambda_1 \\ \lambda_2 \\ \vdots \\ \lambda_\alpha \\ \vdots \\ \lambda_n \\ -\mu \end{bmatrix}$$

$$\boldsymbol{M} = \begin{bmatrix} \bar{C}(v_1, V) \\ \bar{C}(v_2, V) \\ \vdots \\ \bar{C}(v_\alpha, V) \\ \vdots \\ \bar{C}(v_n, V) \\ 1 \end{bmatrix}$$

**K** 称为普通克立金矩阵，它是个对称矩阵，因为有

$$\bar{C}(v_\alpha, v_\beta) = \bar{C}(v_\beta, v_\alpha) \quad \forall \alpha, \beta$$

式（3-31）的矩阵表示式为

$$\sigma_K^2 = \bar{C}(V,V) - \boldsymbol{\lambda}^{\mathrm{T}} \cdot \boldsymbol{M} \tag{3-35}$$

式中　$\boldsymbol{\lambda}^{\mathrm{T}}$——矩阵 $\boldsymbol{\lambda}$ 的转置。

式（3-32）的矩阵表示式为

$$\boldsymbol{K}' \cdot \boldsymbol{\lambda}' = \boldsymbol{M}' \tag{3-36}$$

$$\boldsymbol{K}' = \begin{bmatrix} \bar{\gamma}(v_1,v_1) & \cdots & \bar{\gamma}(v_1,v_\beta) & \cdots & \bar{\gamma}(v_1,v_n) & 1 \\ \vdots & & \vdots & & \vdots & \vdots \\ \bar{\gamma}(v_\beta,v_1) & \cdots & \bar{\gamma}(v_\beta,v_\beta) & \cdots & \bar{\gamma}(v_\beta,v_n) & 1 \\ \vdots & & \vdots & & \vdots & \vdots \\ \bar{\gamma}(v_n,v_1) & \cdots & \bar{\gamma}(v_n,v_\beta) & \cdots & \bar{\gamma}(v_n,v_n) & 1 \\ 1 & & 1 & & 1 & 1 \end{bmatrix}$$

$$\boldsymbol{\lambda}' = \begin{bmatrix} \lambda_1 \\ \lambda_2 \\ \vdots \\ \lambda_\alpha \\ \vdots \\ \lambda_n \\ \mu \end{bmatrix}$$

$$M' = \begin{bmatrix} \bar{\gamma}(v_1, V) \\ \bar{\gamma}(v_2, V) \\ \vdots \\ \bar{\gamma}(v_\alpha, V) \\ \vdots \\ \bar{\gamma}(v_n, V) \\ 1 \end{bmatrix}$$

类似地可以写出式（3-33）的矩阵形式

$$\sigma_K^2 = \boldsymbol{\lambda}'^{\mathrm{T}} \cdot \boldsymbol{M}' - \bar{\gamma}(V,V) \tag{3-37}$$

其中 $\boldsymbol{\lambda}'^{\mathrm{T}}$ 为 $\boldsymbol{\lambda}'$的转置。

#### 3.7.7.4 关于克立金方程组和克立金方差的说明

（1）解的存在和唯一性。当且仅当协方差矩阵 $[\bar{C}(v_\alpha, v_\beta)]_{n\times n}$ 是严格正定的，因而它的行列式严格大于零，那么克立金方程组（3-30）才有唯一解。为此，要求所用的点协方差函数 $C(h)$ 是正定的，且数据承载 $v_\alpha$ 不与另一支集完全重合。

因此，克立金方程组解的存在和唯一性的这个条件，要求克立金方差为非负的。

（2）克立金估值是一种无偏的内插估值，即若待估块段 $V$ 与有效数据的任一承载 $v_\alpha$ 重合，则由克立金方程组给出 $Z_K^* = Z(v_\alpha)$ 及 $\sigma_K^2 = 0$。在制图学中称之为“克立金估值曲面通过实验点”。并不是所有的估计方法都具有这种性质，这也说明了克立金估值优于其他的估值方法。

（3）不论 $\bar{C}$ 和 $\bar{\gamma}$ 所表征的基本结构如何，它们可以是各向同性，也可以是各向异性；既可以是单一结构，也可以是套合结构，用符号 $\bar{C}$ 和 $\bar{\gamma}$ 表示的方程组和克立金方差完全是通用的。

（4）克立金方程组和克立金方差取决于结构模型 $C(h)$ 或 $\gamma(h)$，以及各承载 $v_\alpha$、$v_\beta$、$V$ 的相对几何特征，而不依赖于数据 $Z_\alpha$ 的具体数值。因此，只要知道结构函数 $\gamma(h)$ 以及样品的空间位置（数据构形），在开钻之前就可得到克立金方程组和克立金方差。这样，就可以根据钻孔的空间位置不同，得出不同的克立金方差，从而选择较小的克立金方差所对应的外孔位置构形，在已知结构函数前提下确定最优布孔方案。

（5）克立金矩阵 $\boldsymbol{K}$ 取决于样品承载 $v_\alpha$，$v_\beta$ 的相对几何特征（空间位置），而完全不依赖于待估块段承载 $V$。

所以，只要所用信息样品的数据构形相同，其克立金矩阵 $\boldsymbol{K}$ 也相同，因此，只需求一次逆矩阵 $\boldsymbol{K}^{-1}$。这相当于用一个程序去解两个或更多的常数项矩阵 $\boldsymbol{M}$（或 $\boldsymbol{M}'$）不同的线性方程组。

除了数据构形相同，若估计构形也相同，则矩阵 $\boldsymbol{M}$（或 $\boldsymbol{M}'$）也不变。即只需解一次克立金方程组，就可得到线性估计量的权系数 $\lambda_\alpha(\alpha = 1,2,\cdots,n)$，这就大大地节省了计算时间。考虑到这一点，在实际工作中应尽量使每次估计的数据构形和估计构形均保持一致，这样就可以利用同一克立金方案进行整个矿区或整个井田的估值，从而节省计算时间。了解这一点对于计算机程序的编制和优化是十分有用的。

（6）克立金方程组和克立金方差考虑了以下四个方面的因素：

1）待估承载 $V$ 的几何特征（$\bar{\gamma}(V,V)$）；

2）数据构形的几何特征（$\bar{\gamma}(v_\alpha,v_\beta)$）；

3）信息样品承载 $v_\alpha$ 与待估承载 $V$ 之间的距离（$\bar{\gamma}(v_\alpha,V)$）；

4）反映区域化变量 $Z(x)$ 空间结构特征的变异函数模型 $\gamma(h)$。

（7）纯块金效应的影响。实际工作中往往出现部分的块金效应，也就是说往往遇到一种块金效应与宏观结构之和的套合结构：

$$C(h) = C_0(h) + C_1(h)$$

克立金方程组中的平均值（$\bar{C}(v_\alpha,v_\beta)$）可写作

$$\bar{C}(v_\alpha,v_\beta) = \bar{C}_1(v_\alpha,v_\beta) + \begin{cases} A/v_\alpha & v_\beta \subset v_\alpha \\ 0 & v_\alpha \text{ 与 } v_\beta \text{ 不相交} \end{cases}$$

式中，$A = \int C_0(h)\,\mathrm{d}h$。

如果当所有承载 $v_\alpha$、$v_\beta$ 和 $V$ 都不相交，且 $V$ 比 $v_\alpha$、$v_\beta$ 大很多（这些条件在实际工作中常能被满足）时，克立金方程组可写为

$$\begin{cases} \lambda_\alpha[A/v_\alpha + \bar{C}_1(v_\alpha,v_\beta)] + \sum\limits_{\beta\neq\alpha}^{n} \lambda_\beta \bar{C}_1(v_\alpha,v_\beta) - \mu = \bar{C}_1(v_\alpha,V) \\ \sum\limits_{\beta=1}^{n} \lambda_\beta = 1 \end{cases} \tag{3-38}$$

$$\sigma_K^2 = A/V + \bar{C}_1(V,V) + \mu - \sum_{\alpha=1}^{n} \lambda_\alpha \bar{C}_1(v_\alpha,V) \tag{3-39}$$

注意在方程组（3-38）中，具有块金常数 $C_{0,v} = A/V$ 的块金效应只影响克立金矩阵主对角线上的元素，其结果是给它们加上附加项 $A/v_\alpha$。

### 3.7.8　栅格数据分析

多元地学信息系统的核心内容除了要对数据重新组织，高效、实时的管理数据，还需要对所获取的各种地学信息进行综合分析、处理，从中提取所需的数据。地质统计模块设计的目的便是从地质、物探、化探、遥感等数据中，运用空间分析与地质统计学的方法，提取地质异常信息，挖掘地学信息的内在联系，进而圈定重点勘查区域。

栅格数据分析是地质统计模块的重要组成部分之一，主要是对含有地学信息的栅格数据进行分析处理，利用分带统计和插值功能生成栅格图，综合分析地学信息。

#### 3.7.8.1　分带统计

包含地学信息的数据中有许多栅格数据，而且很多矢量数据也需要转换或者插值成栅格数据来进行分析，多元地学信息融合中的很多方法也是针对栅格数据的，所以栅格数据的分析也是多元信息系统的核心内容之一。

栅格是将一个平面空间进行行和列的规则划分，形成有规律的网格，每个网格单元称为一个像元或像素。多元地学信息系统中的栅格数据分为离散数据、连续数据、影像图片三类。

（1）离散数据。离散数据即不连续的数据，通常用离散数据来表示离散对象，同一个

对象的像元具有相同的属性值，用栅格表示的点、线、面数据都是离散数据。

（2）连续数据。连续数据也称为表面数据，通常有两种类型：一种是栅格每个像元的值都是基于同一个基准或一个固定值的度量；另一种类型是表示现实世界中的扩散或渐变现象。连续数据都是由离散数据通过插值得来的，根据离散数据可以插值生成连续表面。

（3）影像和图片。影像和图片主要是扫描的地图、绘图和照片等，一般不作为栅格分析的数据源，主要用来配准或数字化地图。

多元地学信息系统的栅格分析功能主要包括表面分析和栅格统计，如离散点插值生成栅格数据，根据栅格数据提取等值线，对栅格数据进行分带统计等。

分带统计是把被统计栅格按照分带控制栅格指定的各分带区的值，根据一定的统计方法进行计算，得到一个新的栅格数据的过程。结果数据集是一种分带数据集，同一个带内的像元具有相同的输出值，为该带内像元的指定统计值。分带内像元可计算的统计值包括：

（1）众数：将像元指定邻域内出现次数最多的像元值赋给该像元。

（2）最少数：将像元指定邻域内出现次数最少的像元值赋给该像元。

（3）最大值：将像元指定邻域内像元值的最大值赋给该像元。

（4）平均数：将像元指定邻域内像元值的平均值赋给该像元。

（5）中位数：将像元指定邻域内像元值的中间值赋给该像元。

（6）最小值：将像元指定邻域内像元值的最小值赋给该像元。

（7）值域：将像元指定邻域内像元值的范围赋给该像元，范围即邻域内最大像元值与最小像元值的差。

（8）标准差：将像元指定邻域内像元值的标准差值赋给该像元。

（9）和：将像元指定邻域内像元值的和赋给该像元。

（10）种类：将像元指定邻域内像元值种类的总和值赋给该像元。

根据地学信息来预测重点勘查区域，需要对空间数据进行插值，插值方法根据生成表面、基本假定、数据要求和能力的不同而有所差异。多元地学信息系统提供的插值方法主要有反距离加权法、普通克立金法和泛克立金法。

#### 3.7.8.2 反距离加权法

反距离加权法认为相对距离较近的测量值要比距离较远的测量值更相似。当为任何未测量的位置预测值时，反距离加权法会采用预测位置周围的测量值。与距离预测位置较远的测量值相比，距离预测位置最近的测量值对预测值的影响更大。反距离加权法假定每个测量点都有一种局部影响，而这种影响会随着距离的增大而减小。由于这种方法为距离预测位置最近的点分配的权重较大，而权重却作为距离的函数而减小，因此称之为反距离加权。

假设空间预测值点为 $P(x_p, y_p, z_p)$，$P$ 点邻域内有已知测量值点 $Q_i(x_i, y_i, z_i)$，$(i = 1,2,\cdots,n)$，利用反距离加权法对 $P$ 点的属性值 $Z_p$ 进行插值，$Z_p$ 是其邻域内已知测量值属性值的加权平均，权的大小取决于预测值与已知测量值之间的距离，是距离 $d_i^k$ 的倒数。

$$Z_p = \frac{\sum_{i=0}^{n} \frac{z_i}{d_i^k}}{\sum_{i=0}^{n} \frac{1}{d_i^k}} \qquad (0 \leqslant k \leqslant 2) \tag{3-40}$$

权重与反距离的 $k$ 次幂成正比，随着距离的增加，权重将迅速降低。权重下降的速度取决于值 $k$，如果 $k=0$，则表示距离没有减小，每个权重均相同，预测值将是邻域内的所有数据值的平均值。随着 $k$ 值的增大，较远测量值的权重将迅速减小。一般将 $k=2$ 用作默认值，此时也称为反距离平方权重插值，如图 3-51 所示。

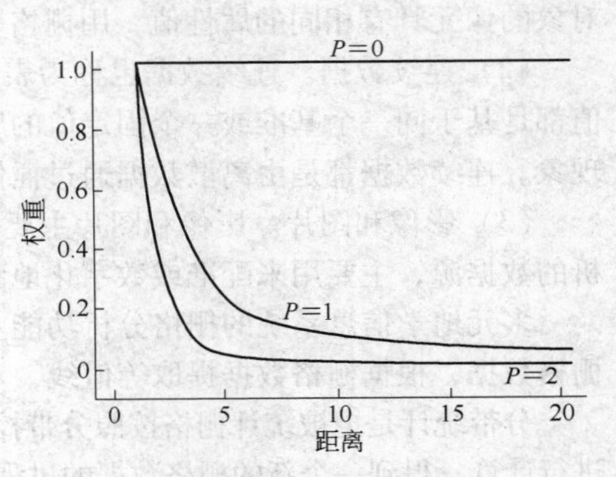


图 3-51　反距离加权法

## 3.7.9　地质统计模块的实现

多元地学信息系统的地质统计模块的开发采用基于组件技术的扩展方式。基于组件技术的扩展方式简化了空间分析模型及地质统计模型的开发难度，保证了系统开发与地质统计模块的独立性，同时又实现了系统与统计模块之间的无缝集成。

在多元地学信息系统的基础上，使用 Python 及其科学计算扩展模块，应用面向对象的方法来开发地质统计学模块。开发过程主要有两部分组成：第一部分是编写地质统计学计算组件库，使用 Python 语言来编程实现；第二部分是实现地质统计学计算组件库与多元地学信息系统的无缝集成。

### 3.7.9.1　Python 语言的特点

Python 是一种代表简单主义思想的语言，可以使开发人员能够专注于解决问题而不是去搞明白语言本身。Python 是 FLOSS（自由/开放源码软件）之一，可以自由地发布这个软件的拷贝、阅读它的源代码、对它做改动、把它的一部分用于新的自由软件中。由于 Python 的开源本质，它已经被移植在许多平台上，这些平台包括 Linux、Windows、FreeBSD、Macintosh、Solaris、OS/2、Amiga、AROS、AS/400、BeOS、OS/390、z/OS、Palm OS、QNX、VMS、Psion、Acom RISC OS、VxWorks、PlayStation、Sharp Zaurus、Windows CE、PocketPC。Python 语言写的程序不需要编译成二进制代码，可以直接从源代码运行程序。在计算机内部，Python 解释器把源代码转换成称为字节码的中间形式，然后再把它翻译成计算机使用的机器语言并运行。Python 既支持面向过程的编程，也支持面向对象的编程。在面向过程的语言中，程序是由过程或仅仅是可重用代码的函数构建起来的。在面向对象的语言中，程序是由数据和功能组合而成的对象构建起来的。与其他主要的语言如 C ++ 和 Java 相比，Python 以一种非常强大又简单的方式实现面向对象编程。Python 具有强大的标准库，包括正则表达式、文档生成、单元测试、线程、数据库、网页浏览器、CGI、FTP、电子邮件、XML、XML-RPC、HTML、WAV 文件、密码系统、GUI（图形用户界面）、Tk 和其他与系统有关的操作。除了标准库以外，Python 还有许多其他高质量的库，如 wxPython、Twisted 和 Python 图像库等。

### 3.7.9.2　地质统计模块

地质统计模块主要由三部分组成，即：数据的统计分析、变异函数模型及评价、栅格数据分析。将化探数据导入统计分析表中，可以计算出数据的分布情况和数据的直方图、累积频率图、正态 QQ 图（分位数-分位数图）和变异函数云图。根据数据的分布情况，用户可以判断是否需要对数据进行转换。用户输入变程、步长和方向值，并选择拟合函数后，系统生成变异函数的理论模型和预测误差统计数据。拟合函数有球面模型、指数模型和高斯模型，预测误差统计数据则计算了模型的预测平均值、均方根预测误差、标准平均值、标准均方根预测误差、平均标准误差、决定系数和空间相关性。用户可以进一步通过改变拟合函数、变程、步长、方向、块金值和基台值来得到新的变异函数的理论模型，通过预测误差统计来确定最优的参数和拟合函数。

A 数据的统计分析

地质统计学的克立金插值方法依赖于平稳性的假设，这种假设要求所有数据值在某种程度上都服从变异性相同的分布。多元地学信息系统的地质统计模块提供了数据分析功能，可以建立数据的直方图、累积频率图、正态 QQ 图、变异函数云图，让用户在建立克立金模型前，对数据进行检验，判断数据的分布特征。

将样品的地球化学数据导入数据库，通过数据库的字段选择，来计算某一元素的分布情况。用户在建立变异函数模型前，可以先对数据进行分析，生成数据的直方图、累积频率图和正态 QQ 图，统计数据的分布特征。

系统提供给用户的参考数据有：总数、最小值、最大值、平均值、标准差、偏度、峰度、1/4 分位数、中位数、3/4 分位数。用户根据参考数据判定是否需要对数据进行变换或选择何种克立金插值方法。如图 3-52 所示。

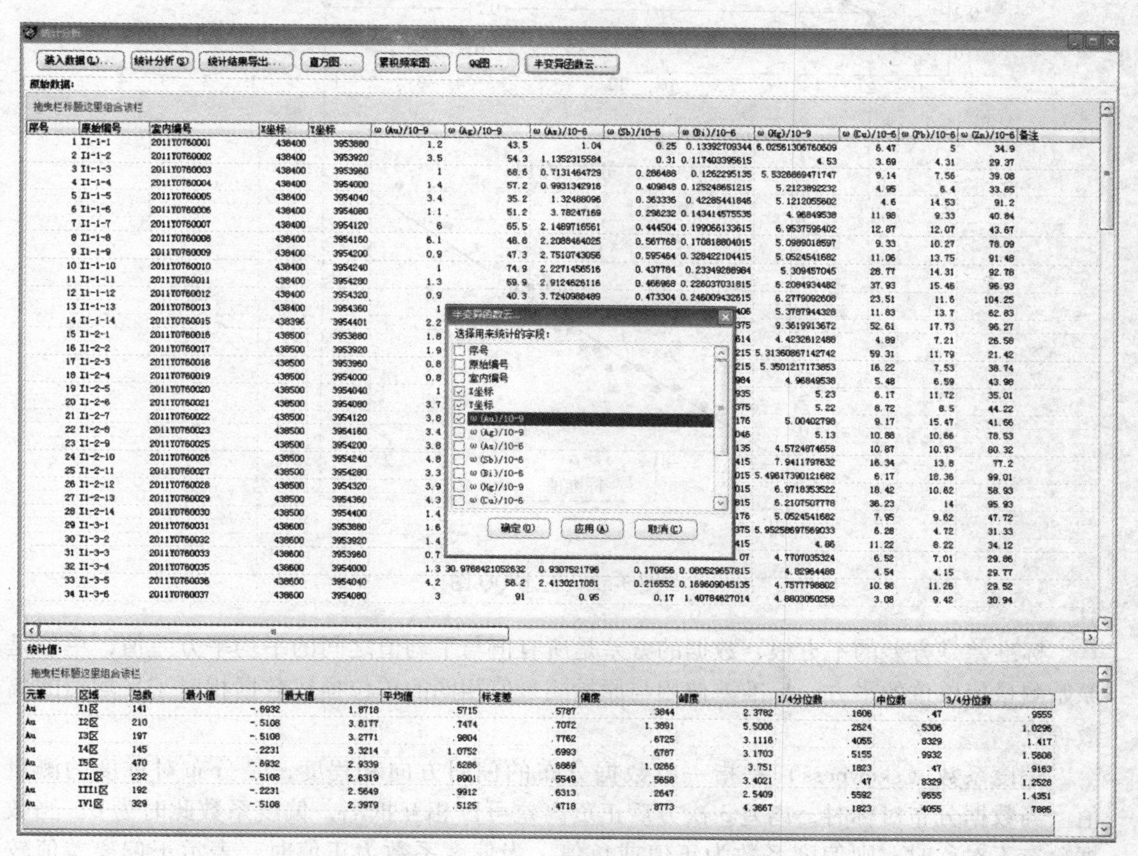


图 3-52 统计分析

直方图（histogram）是将一个变量的不同等级的相对频数用矩形块标绘的图表，每一矩形的面积对应于频数。

累积频率图（cumulative percentage）是把导入数据的值不大于某个数据值的频率累加，就得到不大于此数据值的累积频率。

正态 QQ 图上的点可指示数据集的单变量分布的正态性。如果数据是正态分布的，点将落在45°参考线上。如果数据不是正态分布的，点将会偏离参考线。数据值经过排序，且累积分布值按照公式$(i-0.5)/n$进行计算，表示总数为$n$的值中的第$i$个值（累积分布值给出了某个特定值以下的值所占的数据比例）。累积分布图通过以比较方式绘制有序数据和累积分布值得到，如图3-53a所示。标准正态分布（平均值为0，标准方差为1的高斯分布，如图3-53b所示）的绘制过程与此相同。生成这两个累积分布图后，对与指定分位数相对应的数据值进行配对并绘制在 QQ 图中，如图3-53c所示。

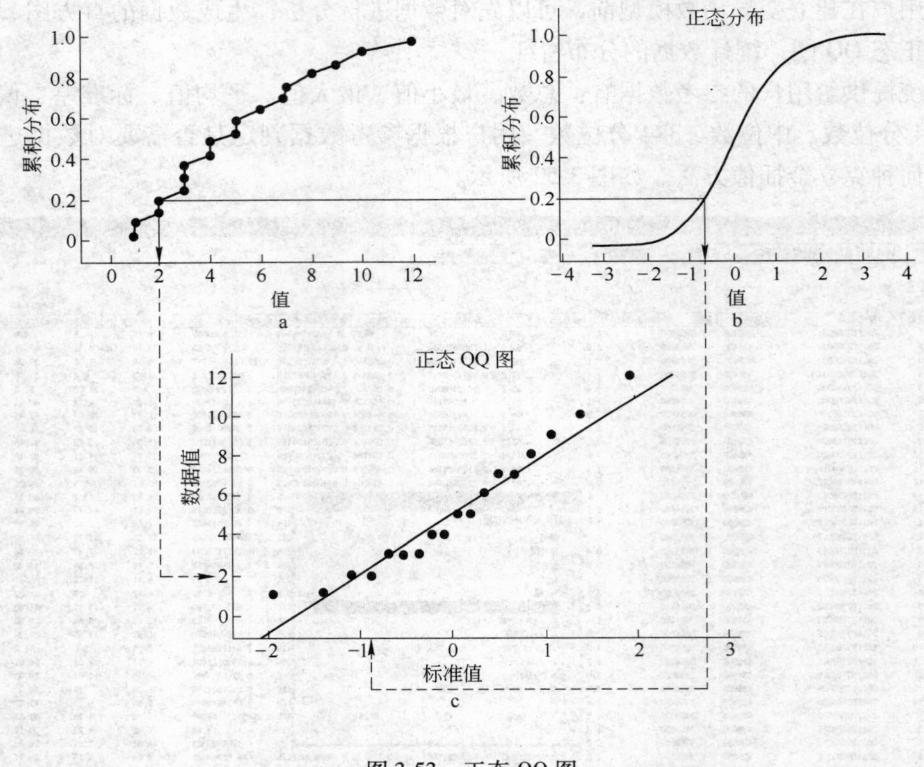


图3-53　正态 QQ 图

标准差是方差的平方根，数据的方差是所有值与平均值之间的平均平方差值，单位是原始测量值单位的平方。标准差使用与原始测量值相同的单位描述数据相对于平均值的离散程度。

偏度系数（skewness）是指一组数据分布的偏斜方向和程度，是分布对称度的测量值。当数据分布对称时，离差3次方后正负离差可以相互抵消，偏度系数此时为0。当数据分布不对称时，则偏度系数为正值或负值。当偏度系数为正值时，表示正偏离差值较大，偏度系数越大，向右偏斜的程度就越大，同时也表示大于平均数的标志值分布较分散，分布曲线右边拉长尾巴。当偏度系数为负值时，表示负离差数值较大，偏度系数越大，向左偏斜的程度就越大，小于平均数的标志值分布较分散，分布曲线左边拉长尾巴。

$$S_k = \frac{1}{n-1}\sum_{i=1}^{n}\frac{(x_i - \bar{x})^3}{s^3} \tag{3-41}$$

式中，$s$ 为标准差。

峰度（kurtosis）是指一组数据分布的陡缓程度，是与标准正态分布相比较而言的。用于描述数据分布高度的指标，取决于分布尾部的大小，也是提供分布产生异常值可能性的衡量指标。当数据分布与标准正态分布的陡缓程度相同时，则峰度值等于零。当数据分布的形状比标准正态分布更瘦更高时，则峰度值大于零，称为尖峰分布。尖峰分布表明集中趋势显著，离散程度低。当数据分布的形状比标准正态分布更矮更胖时，则峰度值小于零，称为平峰分布。平峰分布表明集中趋势不明显，离散程度大。

$$K_u = \frac{1}{n-1}\sum_{i=1}^{n}\frac{(x_i - \bar{x})^4}{s^4} - 3 \tag{3-42}$$

四分位数（quartile）是把 $N$ 个数值由小到大排列并分成四等份，处于三个分割点位置的得分就是四分位数。1/4 分位数（$Q_1$），等于该样本中所有数值由小到大排列后的第 $(N+1)/4$ 个数位置对应的数值。第二个四分位数（$Q_2$）是第 $(N+1)/2$ 位置对应的数值，也称为“中位数”。3/4 分位数（$Q_3$）是第 $3(N+1)/4$ 位置对应的数值。四分位距即为：$Q = Q_3 - Q_1$，是将极端的前 1/4 和后 1/4 去除，而利用第三个与第一个分位数的差距来表示分散情形，因此避免了极端值的影响。

用户还可以生成数据的变异函数云来判断数据的异常值，因为异常值对变异函数建模和相邻值的影响，会对预测表面产生不利影响，在地质统计学模型构建前必须对异常值进行处理。

B 变异函数模型的评价

用户可以导入数据来建立变异函数模型，通过调整模型的变程、搜索方向、步长、块金值、基台、拟合函数来判断最佳的参数，获得最优模型后，运用克立金插值方法建立数据的预测表面模型。

拟合函数包括球面模型、指数模型、高斯模型，数据的变异函数模型的评价引入了以下概念：预测平均值、均方根预测误差、标准平均值、标准均方根预测误差、平均标准误差、决定系数、空间相关性，如图 3-54 所示。

均方根预测误差（root-mean-square，RMS）是用来衡量预测值同测量值之间的偏差，是预测值与测量值偏差的平方和观测次数 $n$ 比值的平方根，$X_i$ 是预测值，$X_t$ 是测量值，$\overline{X}$ 是预测平均值，一般表示为：

$$RMS = \sqrt{\frac{\sum_{i=1}^{n}(X_i - X_t)}{n}} \tag{3-43}$$

标准均方根预测误差（root-mean-square-standardized，RMSS）则可以表示为：

$$RMSS = \frac{\sqrt{\dfrac{\sum\limits_{i=1}^{n}(X_i - X_t)}{n}}}{\dfrac{1}{n}\sum\limits_{i=1}^{n}X_t} \tag{3-44}$$

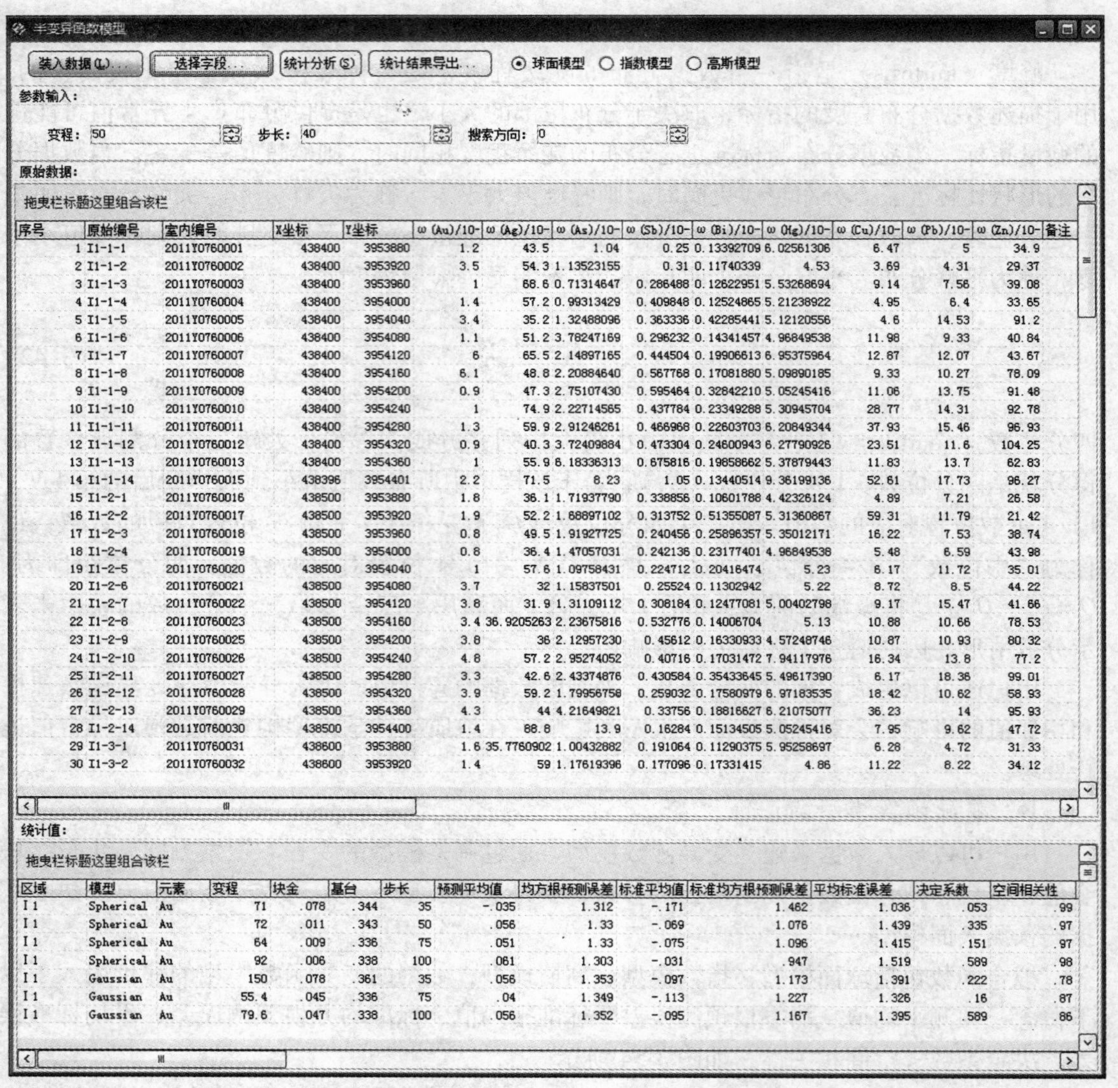


| 序号 | 原始编号 | 室内编号 | X坐标 | Y坐标 | ω (Au)/10- | ω (Ag)/10- | ω (As)/10- | ω (Sb)/10- | ω (Bi)/10- | ω (Hg)/10- | ω (Cu)/10- | ω (Pb)/10- | ω (Zn)/10- | 备注 |
|---|---|---|---|---|---|---|---|---|---|---|---|---|---|---|
| 1 | I1-1-1 | 2011Y0760001 | 438400 | 3953880 | 1.2 | 43.5 | 1.04 | 0.25 | 0.13392709 | 6.02561306 | 6.47 | 5 | 34.9 | |
| 2 | I1-1-2 | 2011Y0760002 | 438400 | 3953920 | 3.5 | 54.3 | 1.13523155 | 0.31 | 0.11740339 | 4.53 | 3.69 | 4.31 | 29.37 | |
| 3 | I1-1-3 | 2011Y0760003 | 438400 | 3953960 | 1 | 68.6 | 0.71314647 | 0.286488 | 0.12622951 | 5.53268694 | 9.14 | 7.56 | 39.08 | |
| 4 | I1-1-4 | 2011Y0760004 | 438400 | 3954000 | 1.4 | 57.2 | 0.99313429 | 0.409848 | 0.12524865 | 5.21238922 | 4.95 | 6.4 | 33.65 | |
| 5 | I1-1-5 | 2011Y0760005 | 438400 | 3954040 | 3.4 | 35.2 | 1.32488096 | 0.363336 | 0.42285441 | 5.12120556 | 4.6 | 14.53 | 91.2 | |
| 6 | I1-1-6 | 2011Y0760006 | 438400 | 3954080 | 1.1 | 51.2 | 3.78247169 | 0.296232 | 0.14341457 | 4.96849538 | 11.98 | 9.33 | 40.84 | |
| 7 | I1-1-7 | 2011Y0760007 | 438400 | 3954120 | 6 | 65.5 | 2.14897165 | 0.444504 | 0.19906613 | 6.95375964 | 12.67 | 12.07 | 43.67 | |
| 8 | I1-1-8 | 2011Y0760008 | 438400 | 3954160 | 6.1 | 48.8 | 2.20884640 | 0.567768 | 0.17081880 | 5.09890185 | 9.33 | 10.27 | 78.09 | |
| 9 | I1-1-9 | 2011Y0760009 | 438400 | 3954200 | 0.9 | 47.3 | 2.75107430 | 0.595464 | 0.32842210 | 5.05245416 | 11.06 | 13.75 | 91.48 | |
| 10 | I1-1-10 | 2011Y0760010 | 438400 | 3954240 | 1 | 74.9 | 2.22714565 | 0.437784 | 0.23349288 | 5.30945704 | 28.77 | 14.31 | 92.78 | |
| 11 | I1-1-11 | 2011Y0760011 | 438400 | 3954280 | 1.3 | 59.9 | 2.91246261 | 0.466968 | 0.22603703 | 6.20849344 | 37.93 | 15.46 | 96.93 | |
| 12 | I1-1-12 | 2011Y0760012 | 438400 | 3954320 | 0.9 | 40.3 | 3.72409884 | 0.473304 | 0.24600943 | 6.27790926 | 23.51 | 11.6 | 104.25 | |
| 13 | I1-1-13 | 2011Y0760013 | 438400 | 3954360 | 1 | 55.9 | 6.18336313 | 0.675816 | 0.19858662 | 5.37879443 | 11.83 | 13.7 | 62.83 | |
| 14 | I1-1-14 | 2011Y0760015 | 438396 | 3954401 | 2.2 | 71.5 | 8.23 | 1.05 | 0.13440514 | 9.36199136 | 52.61 | 17.73 | 96.27 | |
| 15 | I1-2-1 | 2011Y0760016 | 438500 | 3953880 | 1.8 | 36.1 | 1.71937790 | 0.338856 | 0.10601788 | 4.42326124 | 4.89 | 7.21 | 26.58 | |
| 16 | I1-2-2 | 2011Y0760017 | 438500 | 3953920 | 1.9 | 52.2 | 1.68897102 | 0.313752 | 0.51355087 | 5.31360867 | 59.31 | 11.79 | 21.42 | |
| 17 | I1-2-3 | 2011Y0760018 | 438500 | 3953960 | 0.8 | 49.5 | 1.91927725 | 0.240456 | 0.25896357 | 5.35012171 | 16.22 | 7.53 | 38.74 | |
| 18 | I1-2-4 | 2011Y0760019 | 438500 | 3954000 | 0.8 | 36.4 | 1.47057031 | 0.242136 | 0.23177401 | 4.96849538 | 5.48 | 6.59 | 43.98 | |
| 19 | I1-2-5 | 2011Y0760020 | 438500 | 3954040 | 1 | 57.6 | 1.09758431 | 0.224712 | 0.20416474 | 5.23 | 6.17 | 11.72 | 35.01 | |
| 20 | I1-2-6 | 2011Y0760021 | 438500 | 3954080 | 3.7 | 32 | 1.15837501 | 0.25524 | 0.11302942 | 5.22 | 8.72 | 8.5 | 44.22 | |
| 21 | I1-2-7 | 2011Y0760022 | 438500 | 3954120 | 3.8 | 31.9 | 1.31109112 | 0.308184 | 0.12477081 | 5.00402798 | 9.17 | 15.47 | 41.66 | |
| 22 | I1-2-8 | 2011Y0760023 | 438500 | 3954160 | 3.4 | 36.9205263 | 2.23675816 | 0.532776 | 0.14006704 | 5.13 | 10.88 | 10.66 | 78.53 | |
| 23 | I1-2-9 | 2011Y0760025 | 438500 | 3954200 | 3.8 | 36 | 2.12957230 | 0.45612 | 0.16330933 | 4.57248746 | 10.87 | 10.93 | 80.32 | |
| 24 | I1-2-10 | 2011Y0760026 | 438500 | 3954240 | 4.8 | 57.2 | 2.95274052 | 0.40716 | 0.17031472 | 7.94117976 | 16.34 | 13.8 | 77.2 | |
| 25 | I1-2-11 | 2011Y0760027 | 438500 | 3954280 | 3.3 | 42.6 | 2.43374876 | 0.430584 | 0.35433645 | 5.49617390 | 6.17 | 18.36 | 99.01 | |
| 26 | I1-2-12 | 2011Y0760028 | 438500 | 3954320 | 3.9 | 59.2 | 1.79956758 | 0.259032 | 0.17580979 | 6.97183535 | 18.42 | 10.62 | 58.93 | |
| 27 | I1-2-13 | 2011Y0760029 | 438500 | 3954360 | 4.3 | 44 | 4.21649821 | 0.33756 | 0.18816627 | 6.21075077 | 36.23 | 14 | 95.93 | |
| 28 | I1-2-14 | 2011Y0760030 | 438500 | 3954400 | 1.4 | 88.8 | 13.9 | 0.16284 | 0.15134505 | 5.05245416 | 7.95 | 9.62 | 47.72 | |
| 29 | I1-3-1 | 2011Y0760031 | 438600 | 3953880 | 1.6 | 35.7760902 | 1.00432882 | 0.191064 | 0.11290375 | 5.95258697 | 6.28 | 4.72 | 31.33 | |
| 30 | I1-3-2 | 2011Y0760032 | 438600 | 3953920 | 1.4 | 59 | 1.17619396 | 0.177096 | 0.17331415 | 4.86 | 11.22 | 8.22 | 34.12 | |

| 区域 | 模型 | 元素 | 变程 | 块金 | 基台 | 步长 | 预测平均值 | 均方根预测误差 | 标准平均值 | 标准均方根预测误差 | 平均标准误差 | 决定系数 | 空间相关性 |
|---|---|---|---|---|---|---|---|---|---|---|---|---|---|
| I1 | Spherical | Au | 71 | .078 | .344 | 35 | -.035 | 1.312 | -.171 | 1.462 | 1.036 | .053 | .99 |
| I1 | Spherical | Au | 72 | .011 | .343 | 50 | .056 | 1.33 | -.069 | 1.076 | 1.439 | .335 | .97 |
| I1 | Spherical | Au | 64 | .009 | .336 | 75 | .051 | 1.33 | -.075 | 1.096 | 1.415 | .151 | .97 |
| I1 | Spherical | Au | 92 | .006 | .338 | 100 | .061 | 1.303 | -.031 | .947 | 1.519 | .589 | .98 |
| I1 | Gaussian | Au | 150 | .078 | .361 | 35 | .056 | 1.353 | -.097 | 1.173 | 1.391 | .222 | .78 |
| I1 | Gaussian | Au | 55.4 | .045 | .336 | 75 | .04 | 1.349 | -.113 | 1.227 | 1.326 | .16 | .87 |
| I1 | Gaussian | Au | 79.6 | .047 | .338 | 100 | .056 | 1.352 | -.095 | 1.167 | 1.395 | .589 | .86 |

图 3-54　变异函数模型评价

平均标准误差（average-standard-error）是预测值与平均值误差平方和的平均值的平方根，一般表示为：

$$\sigma = \sqrt{\frac{\sum\limits_{i=1}^{n}(X_i - \overline{X})^2}{n}} \tag{3-45}$$

决定系数（coefficient of determination）是相关系数（$R$）的平方，是衡量变量之间相关程度的指标。决定系数与相关系数的区别在于除掉了$|R|=0$和$|R|=1$的两种情况，可以防止对相关系数所表示的相关度做夸张的解释。当$R^2$越接近于1时，表示相关的方程式参考价值越高；越接近于0时，表示参考价值越低。若$X$、$Y$为随机变量，则

$$R=\frac{\sum_{i=1}^{n}(X_i-\bar{X})(Y_i-\bar{Y})}{\sqrt{\sum_{i=1}^{n}(X_i-\bar{X})^2}\sqrt{\sum_{i=1}^{n}(Y_i-\bar{Y})^2}} \tag{3-46}$$

空间相关性是块金值与基台值之比（$C_0/C_1$），表示可度量空间自相关的变异所占的比例，是随机部分引起的空间变异性质占系统总变异的比例，描述了变量空间相关性的程度。当比值小于0.25时，具有强烈的空间相关性；比值介于0.25和0.75之间时，具有中等的空间相关性；比值大于0.75时，表示空间相关性很弱。

在建立变异函数模型的过程中，如果变异函数在原点附近表现为线性行为，则适用球面模型或指数模型。如果变异函数在原点附近的连续性好，高斯模型则是最佳的选择。如果平均标准误差大于均方根预测误差，则说明对预测中的变异性估计过高；如果平均标准误差小于均方根预测误差，则说明对预测中的变异性估计过低。查看变异性的另一种方式就是用每个预测误差除以其估计的预测标准误差。平均来看它们应具有相似性，因此在预测标准误差有效时，标准均方根预测误差应接近于1。如果标准均方根预测误差大于1，则说明对预测中的变异性估计过低；如果标准均方根预测误差小于1，则说明对预测中的变异性估计过高。预测误差统计的目标是具有接近0的标准平均值，较小的均方根预测误差，接近均方根预测误差的平均标准误差，接近于1的标准均方根预测误差，接近1的决定系数以及小于0.25的空间相关性。

C 栅格数据分析

反距离加权法和克立金法实现过程中查找半径的设置有两种方式：变长查找和定长查找，克立金插值方法参数说明见表3-3、表3-4。

**表3-3 参数设置**

| 参 数 | 类 型 | 说 明 | 参 数 | 类 型 | 说 明 |
|---|---|---|---|---|---|
| Geo_x | Double | 样本X轴坐标 | Geo_C1 | List | 基台值 |
| Geo_y | Double | 样本Y轴坐标 | Geo_Lag | Int | 步 长 |
| Geo_tm | List | 样本坐标数组 | Geo_Mean | Double | 预测平均值 |
| Geo_no | Int | 样本数量 | Geo_RMS | Double | 均方根预测误差 |
| Geo_Py | List | 样本含量 | Geo_MS | Double | 标准平均值 |
| Geo_Mode | Int | 拟合函数选择 | Geo_RMSS | Double | 标准均方根预测误差 |
| Geo_direction | Int | 搜索方向 | Geo_AME | Double | 平均标准误差 |
| Geo_Range | List | 变 程 | Geo_R2 | Double | 决定系数 |
| Geo_$C_0$ | List | 块金值 | Geo_S | Double | 空间相关性 |

**表 3-4　克立金插值方法参数**

| 参　数 | 选择 | 类　型 | 描　述 |
|---|---|---|---|
| objDatasetPoints | 必选 | soDatasetVector | 离散点数据集 |
| strZFieldName | 必选 | String | 离散点数据集中表示某一现象属性的字段名 |
| objSearchParam | 必选 | soSearchRadiusParam | 搜索参数设置，通常有两种方式：定长搜索或变长搜索 |
| [nVarMode] | 可选 | seVariogramMode | 变异函数模式，支持指数、高斯和球形函数模型 |
| [objOutputDataSource] | 可选 | soDataSource | 存储输出结果的数据源。如果不指定此参数，方法会把分析结果输出到栅格分析环境所设置的输出数据源中 |
| [strGridDatasetName] | 可选 | String | 结果栅格数据集名称。如果不指定此参数，方法会自动给结果数据指定一个名称 |

（1）变长查找接口为“soSearchRadiusParam. SetVaiant（）”，距离栅格单元最近的指定数目的采样点参与内插计算。对于每个栅格单元，参与内插运算的采样点数目是固定的，而用于查找的半径是变化的，查找半径取决于栅格单元周围采样点的密度。如果采样点超出最大查找范围，该部分采样点将不参与插值运算。

（2）定长查找接口为“soSearchRadiusParam. dDistance（）”，指定半径范围内所有的采样点都参与栅格单元的插值运算。如果在指定半径范围内参与内插运算的采样点个数小于指定的最小数目，将扩大查找半径，以包含更多的采样点，保证参与计算的采样点数目达到指定的最小数目。

## 3.8　经济评价

多元地学信息系统不但可以将当前主流矿体建模工具所建矿体模型管理起来，还可以使用建模工具产生的矿体相关数据对矿体进行经济评价。

### 3.8.1　矿体三维模型

当今，越来越多的矿山企业开始重视矿山的数字化，建立矿床的三维立体模型(图3-55)，

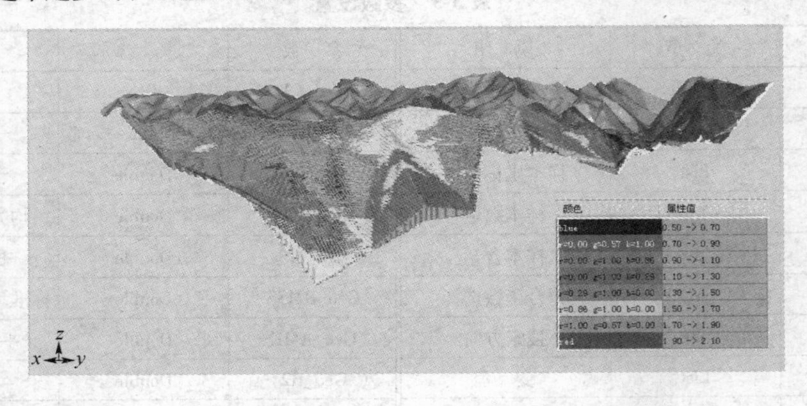


图 3-55　三维矿体模型（$V_2O_5$ 品位分布图）

用来指导生产管理、生产优化、矿山规划、资源合理开发利用等。矿山的数字化大大降低了勘查和开采成本，是未来矿山企业走集约型发展道路的重要手段。因此，多元地学信息系统也要求可以读取三维建模软件的地质数据库及其建立的三维矿床模型（如 Surpac 软件建立的数据库和三维矿体模型），并对其进行经济评价。

### 3.8.2 经济评价模块

经济评价模块可以计算三维矿体模型的一系列经济指标，包括矿体的金属量及矿石量、矿山生产能力、矿山服务年限、采矿回收率、选矿回收率、冶炼金属回收率、开采贫化率、探矿成本估算、采矿成本估算等。

为了实现经济评价功能定义了三个表："MineModel" 表用来存放建模工具所创建的模型名称；"Valuation" 表用来存放矿体估值数据；"EEParameters" 表存放与经济评价相关的参数。"MineModel" 与 "Valuation" 表、"MineModel" 与 "EEParameters" 表创建了级联删除的完整性关系，如图 3-56 所示。

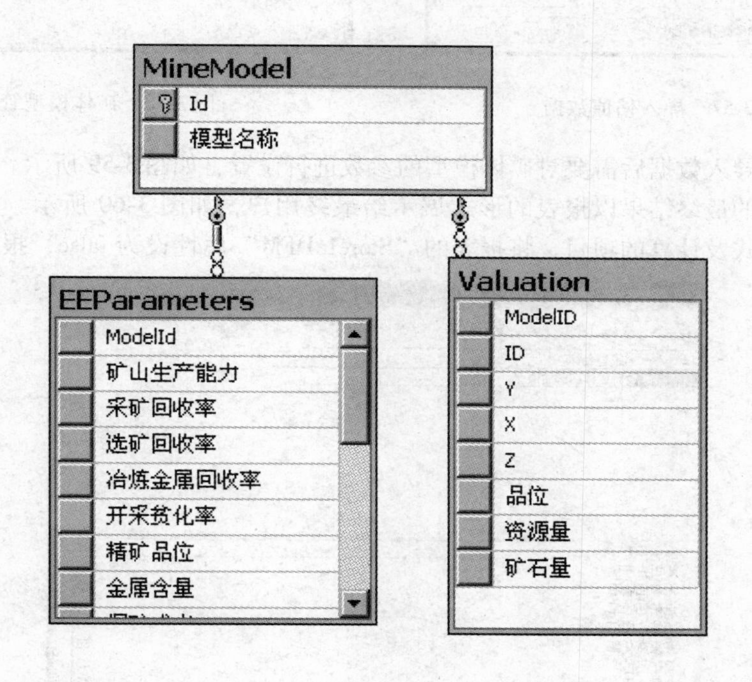


图 3-56 经济评价模块数据表关系

三维建模工具一般采用 Access 数据库作为数据存储工具，为了实现经济评价首先要完成数据的导入功能，将数据由 Access 数据库导入 "Valuation" 表中。由于数据存在于 Access 中，要想实现数据的导入功能必须解决跨数据库导入功能。在数据导入模块中加入了一个新的数据库连接组件，首先遍历 Access 数据库中的选中表的数据，然后用 "AdoCommand" 组件将记录插入到 SQLServer 数据库中。数据模型导入如图 3-57、图 3-58所示。

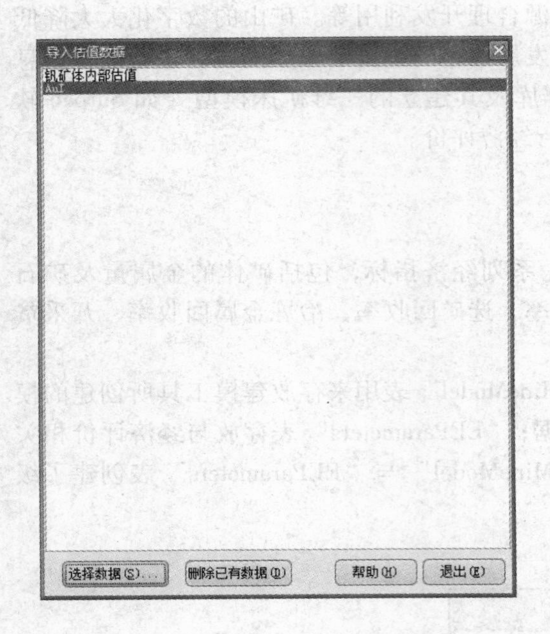


图 3-57　导入估值数据

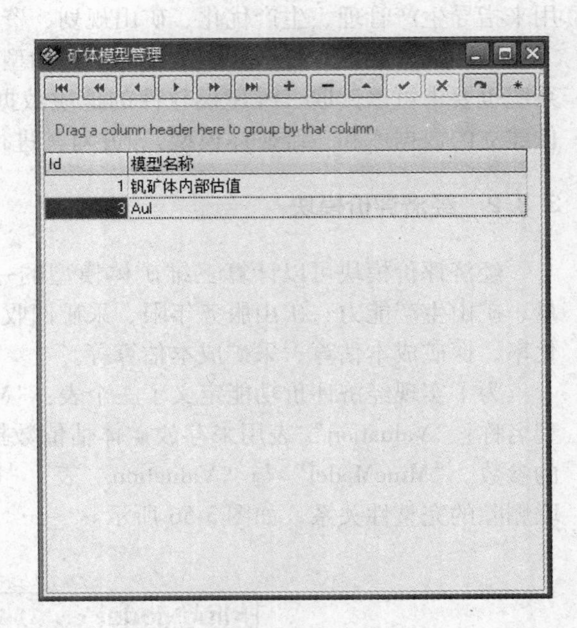


图 3-58　矿体模型管理

在正确地导入数据后需要对矿体模型的参数进行设置，如图 3-59 所示。

经济评价的最终结果以报表的形式展示给最终用户，如图 3-60 所示。为了方便以后更改报表的样式及计算的项目，将报表的“StoreInDFM”属性设为 false，报表将以一个文

矿体模型参数设定

Drag a column header here to group by that column

| Id | 模型名称 |
| --- | --- |
| 1 | 钒矿体内部估值 |
| 3 | AuI |

| ModelId | 1 |
| --- | --- |
| 矿山生产能力 | 1500000 |
| 采矿回收率 | 23 |
| 选矿回收率 | 45 |
| 冶炼金属回收率 | 45 |
| 开采贫化率 | 56 |
| 精矿品位 | 23 |
| 金属含量 | 45 |
| 探矿成本 | 6 |
| 采矿成本 | 6 |
| 选矿成本 | 8 |
| 冶炼成矿 | 9 |
| 运输等其它成本 | 45 |
| 年产矿石量 | 10000 |
| 矿石调拨价格 | 500 |
| 精矿调拨价格 | |
| 金属调拨价格 | |
| 基建投资额 | 20987643 |
| 流动资金 | 100000000 |

确定(O)　帮助(H)　退出(E)

图 3-59　矿体模型参数设置

件的方式存在硬盘上，如今后业务发生变化，可方便对报表进行修改而不必修改源程序，这样可以提高经济评价的适宜性。与经济评价的相关计算都在报表中完成，如计算方法发生变化，只需将报表文件打开修改其计算公式即可。

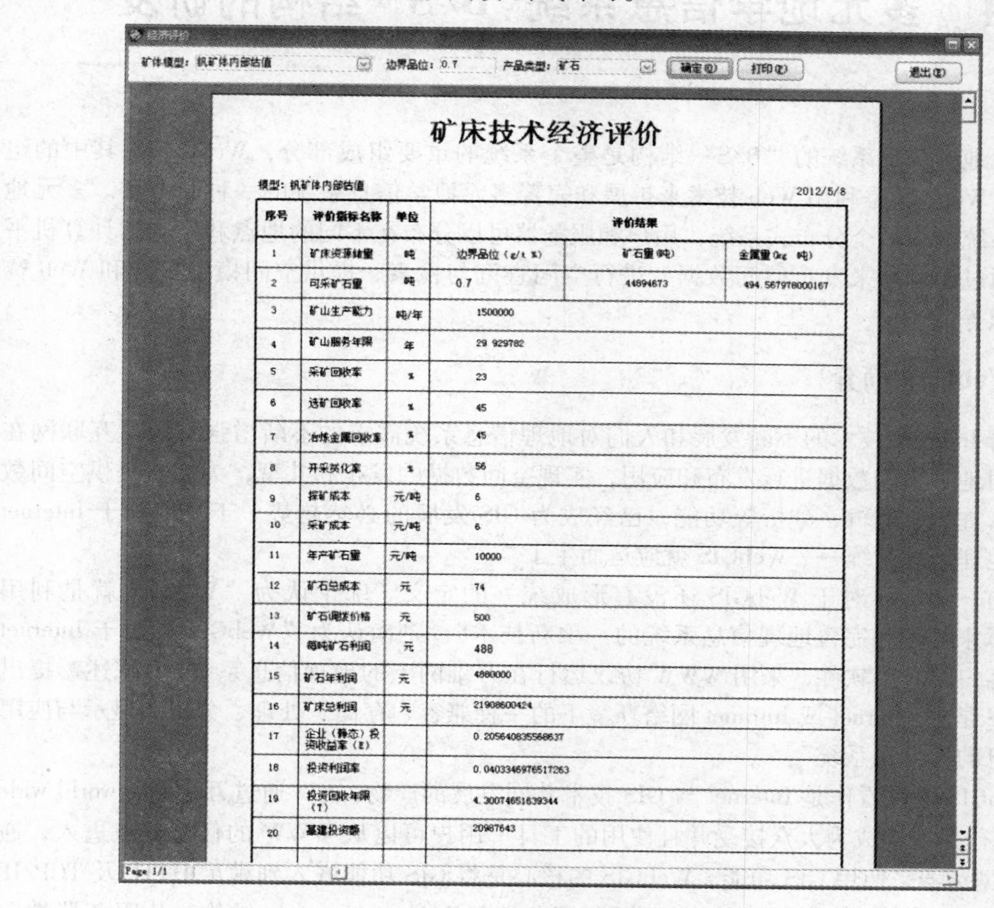

矿体模型：矿体内部估值　边界品位：0.7　产品类型：矿石　确定(O)　打印(P)　退出(E)

矿床技术经济评价

模型：矿体内部估值　　2012/5/8

| 序号 | 评价指标名称 | 单位 | 评价结果 | | |
|---|---|---|---|---|---|
| 1 | 矿床资源储量 | 吨 | 边界品位（g/t %） | 矿石量(吨) | 金属量(kg 吨) |
| 2 | 可采矿石量 | 吨 | 0.7 | 44894673 | 494.567978000167 |
| 3 | 矿山生产能力 | 吨/年 | 1500000 | | |
| 4 | 矿山服务年限 | 年 | 29.929782 | | |
| 5 | 采矿回收率 | % | 23 | | |
| 6 | 选矿回收率 | % | 45 | | |
| 7 | 冶炼金属回收率 | % | 45 | | |
| 8 | 开采贫化率 | % | 56 | | |
| 9 | 探矿成本 | 元/吨 | 6 | | |
| 10 | 采矿成本 | 元/吨 | 6 | | |
| 11 | 年产矿石量 | 元/吨 | 10000 | | |
| 12 | 矿石总成本 | 元 | 74 | | |
| 13 | 矿石调拨价格 | 元 | 500 | | |
| 14 | 每吨矿石利润 | 元 | 488 | | |
| 15 | 矿石年利润 | 元 | 4880000 | | |
| 16 | 矿床总利润 | 元 | 21908600424 | | |
| 17 | 企业（静态）投资收益率（E） | | 0.20564083556863 | | |
| 18 | 投资利润率 | | 0.0403346976517263 | | |
| 19 | 投资回收年限（T） | | 4.30074651639344 | | |
| 20 | 基建投资额 | | 20987643 | | |

Page 1/1

图 3-60　矿床经济评价报表

# 4 多元地学信息系统“B/S”结构的研发

多元地学信息系统的“B/S”结构是整个系统的重要组成部分，WebGIS 是其中的组成核心，WebGIS 是利用 Web 技术来扩展和完善多元地学信息系统的一种新方法。多元地学信息系统作为一个分布式系统，用户和服务器可以分布在不同的地点和不同的计算机平台上，通过浏览器来发布空间数据、进行空间查询与检索、提供空间模型服务和 Web 资源的组织等。

## 4.1 WebGIS 简介

随着 Internet 技术的不断发展和人们对地理信息系统需求的不断增强，通过互联网在 Web 上对地理空间数据进行发布和应用，实现空间数据的发布和共享，为用户提供空间数据浏览、查询、编辑、分析等功能，已经成为 GIS 发展的必然趋势。于是，基于 Internet 技术的地理信息系统——WebGIS 就应运而生了。

目前，学术界对于 WebGIS 还没有形成统一的定义。邬伦认为“WebGIS 就是利用 Web 技术来扩展和完善地理信息系统的一项新技术”。刘南认为“WebGIS 指基于 Internet 平台、客户端应用软件，采用 WWW 协议运行在万维网上的地理信息系统”。陈述彭提出“WebGIS 是在 Internet 或 Intranet 网络环境下的一种兼容、存储、处理、分析和显示与应用地理信息的计算机系统”。

WebGIS 可以看作是 Internet 与 GIS 技术共同发展的产物，GIS 通过万维网（world wide web）进行扩展，成为大众接受并且使用的工具。用户可以从 WWW 的任意节点进入，通过 Web 浏览器来使用 GIS 功能。WebGIS 的核心是将 GIS 功能嵌入到满足 HTTP 及 TCP/IP 标准的 Internet 应用体系中，基于浏览器/服务器（Browser/Server）结构，从服务器端向客户端提供信息和服务，而客户端通过浏览器来获得各种空间信息和应用功能。

最早的 WebGIS 在 Internet 平台上发布信息、共享数据、交流协作，实现空间信息的在线查询和业务处理等功能。在新技术的推动下，现在 WebGIS 实现了更为丰富的功能，例如，提供在线地图与实时交通服务；集成异构的 GIS 数据和系统；开放式的地图应用程序接口（application program interface，API）。当今的 WebGIS 技术不仅可以满足用户查询、浏览空间数据的要求，更侧重于实现与用户进行互操作，构建云地图，让用户参与地图数据的创作等。

### 4.1.1 WebGIS 的特点及优势

#### 4.1.1.1 WebGIS 的特点

WebGIS 是分布式的、交互的、动态的、跨平台的、图形化的、集成 Internet 异构环境下多种 GIS 数据和功能的网络系统，所以 WebGIS 具备下列基本特点：

（1）采用 TCP/IP 通信协议以及 HTTP 协议；

（2）大部分的运算任务集中在服务器端执行；

（3）用户端一般使用能解释 HTML 的通用浏览器；

（4）通过远程服务器端提供 GIS 服务时，把 WWW 服务器作为信息进出的重要关口；

（5）WWW 使用的通用标记语言在浏览器与服务器之间的 GIS 信息通信中占有重要地位。

#### 4.1.1.2　WebGIS 的优势

近年来，WebGIS 的发展越来越迅速，WebGIS 的网站更是遍布各个行业和领域，其优势主要体现在以下几个方面：

（1）空间信息共享。集成和管理分布式的多数据源的空间数据，全球范围内的 Internet 用户不仅可以使用 WebGIS 服务器提供的各种 GIS 服务，还可以进行 GIS 数据更新，扩展了 GIS 的数据管理能力，增强了对空间数据管理的时效性。

（2）面向大众的 GIS。WebGIS 在应用层采用 HTTP 协议，利用 Browser/Server 结构，使得用户只需要有通用的浏览器即可操作，不必安装专业的 GIS 软件，增强了 GIS 的开放性，同时客户也不需要专业基础或长期培训来掌握 GIS 桌面系统的复杂操作。

（3）良好的可扩展性。Internet 技术基于的标准是开放的，WebGIS 可以很好地与其他 Web 信息服务进行集成，建立灵活多变的 GIS 应用。

（4）全局优化模式。WebGIS 支持分布式异构空间信息网络共享技术和分布式交互操作，可以充分利用网络资源。根据用户的需求、数据的安全性、使用的级别和层次将数据库应用的不同功能分布至客户端，把复杂的应用和审核权限交给服务器执行，这是一种理想的全局优化模式。数据资源还可以根据其自身的空间特征、专题属性，存储在最合适的位置，从而规范数据库的管理。

### 4.1.2　WebGIS 的功能组成

WebGIS 作为一种典型的基于 Internet 的网络 GIS，其功能一般表现为：

（1）地理信息的空间分布式获取。WebGIS 可以在全球范围内获取各种地理信息数据，建立分布式的 WebGIS 基础数据库，使数据的共享和传输更加方便。

（2）地理信息的空间查询、检索和联机处理。利用浏览器的交互能力，WebGIS 可以给用户提供空间数据的查询、编辑、分析等功能，不同地区的用户也可以同时操作这些数据，并将感兴趣的数据发布到服务器上。

（3）空间模型的分析服务。服务器端存储大量建立好的应用模型，并接收用户提供的模型参数来进行快速的计算与分析，即时将计算结果以图形、文字等方式反馈至浏览器端。

（4）互联网上资源的共享。互联网上大量的信息资源多数都具有空间分布的特征，WebGIS 可以对这些信息进行分类、组织与管理，为用户提供基于空间分布的多种信息服务，提高信息资源的利用率和共享程度。

## 4.2　多元地学信息系统 WebGIS 的设计

### 4.2.1　多元地学信息系统 WebGIS 开发平台的选择

“C/S”结构与“B/S”结构是多元地学信息系统不可分割的两部分，为了在两者之间建立良好的交互性和兼容性关系，WebGIS端的开发平台选择了超图公司旗下的SuperMap IS .NET平台。SuperMap IS .NET是一款企业级、高性能的网络地理信息服务发布与开发平台，为企业级的Internet GIS应用提供强大而可靠的支持，可以快速开发定制化的地理信息服务系统。SuperMap IS .NET是基于Web Services和.NET技术的大型网络GIS开发平台，适用于在广域网和局域网快速发布地理空间信息和建立各种“B/S”结构的GIS应用系统；SuperMap IS .NET支持OpenGIS WMS标准，易于实现与其他同类产品的互操作。

SuperMap IS .NET是基于Microsoft .NET技术和SuperMap Objects组件技术开发，采用面向Internet的分布式计算技术，支持跨区域、跨网络的大型网络应用系统集成。SuperMap IS .NET由客户端用户界面表现组件、WEB服务器扩展、GIS服务器、数据库服务器等组件组成。

### 4.2.2　SuperMap IS .NET的技术特点

SuperMap IS .NET采用先进的系统设计方法，基于.NET组件式技术进行开发，提供不同层次的解决方案，可以全面满足网络GIS的应用需要。用户不仅可以快速建立基于地图的地理信息服务网站，也可以快速开发自己的地理信息服务器系统。总体来说，SuperMap IS .NET具有以下特点：（1）支持海量影像数据快速发布；（2）粒度适中的全功能GIS服务；（3）灵活的二次开发结构；（4）强大的分布式层次集群技术；（5）优化的多级智能缓存技术；（6）支持异构系统的无缝集成；（7）支持多源数据集成与发布；（8）支持多种地图引擎协同工作。

通过SuperMap IS .NET构建的面向网络的GIS服务系统一般包括用于提供GIS数据的数据服务器、提供GIS数据获取与处理的GIS服务层、用于实现业务功能并与客户端及GIS服务器交互的Web服务层及系统的客户端。SuperMap IS .NET在每一层都制定了对应的技术规范，并为各层提供了对应的组件和技术实现，从而使得构建的GIS服务系统的各个层次协调统一，共同完成面向网络的GIS服务的一体化流程。SuperMap IS .NET的逻辑结构示意图如图4-1所示。

### 4.2.3　SuperMap IS .NET的功能

SuperMap IS .NET主要提供实时在线的空间信息浏览和查询，提供基于交互式的空间分析操作和基于位置的在线信息服务。用户通过浏览器发送基于HTTP协议的请求来访问服务器提供的某一应用，Web服务器响应该请求并将请求转移到GIS服务器，由GIS服务器响应该请求并产生相应的处理结果，最后以互联网标准图像或者矢量数据流的方式回传给用户的浏览器。随着WebGIS应用的深入以及互联网的普及与发展，用户提出了在线编辑和修改空间数据的需求，SuperMap IS .NET也提供在线编辑功能，允许多人同时在线编辑空间数据，实现远程数据的采集和维护。

SuperMap IS .NET是地理信息服务的发布与开发平台，它为Internet GIS系统提供全方位的解决方案，包括丰富的GIS服务、各种类型的标准服务、GIS服务的管理工具、集群服务、智能缓存技术等。

#### 4.2.3.1　全功能的GIS服务

SuperMap IS .NET产品以服务的方式提供基础地图服务、地图编辑服务、空间分析服

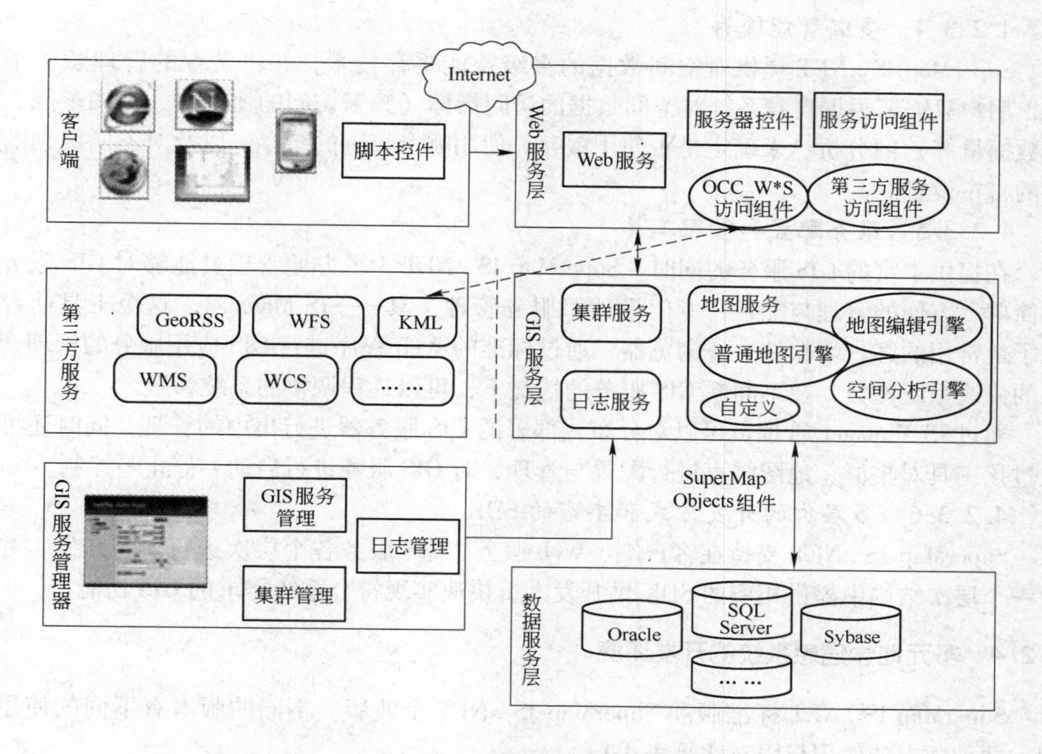


图 4-1　SuperMap IS . NET 的逻辑结构示意图

务功能。SuperMap IS . NET 还提供各种 GIS 功能操作的服务接口，可以进行二次开发调用接口实现对空间数据的 GIS 处理与分析。

#### 4.2.3.2　标准的 GIS 服务

SuperMap IS . NET 遵循 OGC 标准，将 SuperMap GIS 服务以 W * S，KML 服务提供。SuperMap IS . NET 还提供基于 WebService 技术构建的 SuperMap Web Services 服务，为 WebGIS 系统进行互操作和数据共享提供服务平台。

SuperMap IS Web Services 封装了地理空间数据访问、处理和分析功能，用 WSDL 描述 GIS 功能，为服务使用者提供统一的调用接口，服务使用者无需了解也无法了解服务提供者的物理数据组织结构和功能实现方式，有利于保证数据的安全和系统的稳定性。

#### 4.2.3.3　分布式层次集群

SuperMap IS . NET 的集群服务是通过虚拟 GIS 服务器技术虚拟化多个 GIS 服务器，将多个 GIS 服务器资源虚拟为统一计算资源，为客户程序提供访问接口一致的服务。通过集群虚拟化服务器，聚合多个服务器的计算能力，提高服务的负载能力；其中某一个服务器因故障或计划的关机而失效时，集群系统中的其他 GIS 服务器可以负担工作负载，从而确保 GIS 服务对用户或客户程序仍然可用，同时还可以增加服务器的冗余，从而有助于提高系统可用性；增加集群系统中 GIS 服务器数量，可以在维持相同性能级别的同时支持更多的用户，或者改善当前用户的应用程序性能，服务器集群增强了整个服务系统的可伸缩性。

#### 4.2.3.4　多级智能缓存

SuperMap IS .NET 提供对空间数据的多级智能缓存技术，并将缓存的管理赋予了用户，用户只需要根据自身系统对空间数据的访问指标（频繁访问的比例尺、地图范围、空间数据量等）的分析，来确定是否使用缓存，使用哪个级别的缓存，以及对不同级别的缓存的自主设置。

#### 4.2.3.5　服务配置和管理工具

在提供丰富的 GIS 服务的同时，SuperMap IS .NET 为了方便管理员能够对 GIS 服务进行简单、方便的管理与配置，专门设计了服务管理工具——IS Manager，这个工具前台使用了最常用的客户端软件——浏览器，通过标准的 Web 程序进行 GIS 应用服务的管理，动态的修改系统参数，在不间断 GIS 服务的情况下，可以远程调整的系统参数。

通过 IS Manager 管理员可以对分布式部署的 GIS 服务器进行集中的管理，同时还可以通过该工具对集群、地图缓存进行配置与管理，对 GIS 服务进行启动、停止等控制。

#### 4.2.3.6　多层次的开发方式和丰富的 SDK

SuperMap IS .NET 支持在客户端、Web 服务、GIS 服务各个层次进行 GIS 开发，并在每一个层次结构中提供相应的 SDK 供开发人员快速实现符合系统需求的 GIS 功能。

### 4.2.4　多元地学信息系统的开发环境

SuperMap IS .NET 标准版和 SuperMap IS .NET 企业版。不同的版本有不同的使用权限，两种版本的使用权限对比见表 4-1。

表 4-1　SuperMap IS .NET 版本权限对照

| 模　块 | 功　能 | 标准版 | 企业版 | 备　注 |
|---|---|---|---|---|
| 数据引擎 | 空间数据库引擎 | √ | √ | 支持大型 DBMS，包括 Oracle、SQL Server、DB2、Kingbase 等 |
|  | .Web 数据源引擎 | √ | √ | 在 GIS 服务层支持聚合 Web 数据源，能够聚合 WMS、WFS 等服务 |
| 系统功能 | 日志服务 | √ | √ | 服务从启动到关闭的过程中会按照指定的级别生成日志信息，用来表达目前地图服务所处的状态，以及遇到的问题 |
|  | 预缓存 | √ | √ | 在用户请求地图数据之前，让 GIS 服务器根据缓存配置文件预先在 GIS 服务端将地图图片进行缓存，以提高地图响应速度 |
|  | 服务管理 | √ | √ | 通过 Web 界面等配置和管理 GIS 服务，包括新建、删除、配置 GIS 服务器，创建、删除、配置应用服务，配置集群，启动、停止 GIS 服务、集群服务，管理服务日志信息，设置工作空间路径等 |
| 地图服务 | 地图操作 | √ | √ | 地图平移、放大、缩小等基本地图功能 |
|  | 动态投影 | √ | √ | 根据指定投影类型生成地图图片 |
|  | 坐标转换计算 | √ | √ | 坐标系转换服务；经纬度与投影坐标转换；像素坐标与地理坐标换算 |
|  | 距离/面积量算 | √ | √ | 地图距离、面积量算 |
|  | 图　例 | √ | √ | 获取地图图例 |

续表 4-1

| 模 块 | 功 能 | 标准版 | 企业版 | 备 注 |
| --- | --- | --- | --- | --- |
| 地图服务 | 动态专题图 | √ | √ | 单值专题图、分段专题图、统计专题图、点密度专题图、等级符号专题图、标签专题图、自定义专题图、栅格专题图 |
| | 空间查询 | √ | √ | 支持空间位置关系和范围查询，如相交，包含等 |
| | 属性查询 | √ | √ | 支持各种属性条件查询 |
| 数据服务 | 获取数据源和数据集信息 | √ | √ | 获取数据源和数据集信息 |
| | 数据浏览 | √ | √ | 浏览数据，根据空间或属性条件查询数据 |
| | 数据操作 | | √ | 提供对数据添加、删除、修改的服务接口，可以进行二次开发调用接口实现对数据的编辑 |
| | 数据在线编辑 | | √ | 提供数据在线编辑功能，包括添加、修改、删除等客户端操作，可以通过交互操作的方式编辑数据 |
| | 工作空间/数据源管理 | | √ | 查看工作空间信息；查看、打开、关闭数据源；查看、添加、删除地图 |
| 集群服务 | 集群服务 | | √ | 多服务实例（服务器）集群支持 |
| 服务发布 | SOAP Service | √ | √ | 基于 SOAP 的 Web Services |
| | REST Service | √ | √ | 发布遵循 REST 风格的服务（AjaxHandlers） |
| | WMS 服务 | √ | √ | 发布遵循 OGC 标准的网络地图服务 |
| | WFS 服务 | √ | √ | 发布遵循 OGC 标准的网络要素服务 |
| | WCS 服务 | √ | √ | 发布遵循 OGC 标准的网络覆盖服务 |
| | KML 服务 | √ | √ | 发布 KML 服务 |
| | GeoRSS 服务 | √ | √ | 发布遵循 GeoRSS 格式的地标服务 |
| 开发支持 | .NET SDK | √ | √ | （1）用于 Web 层开发的 SuperMap Web 控件（WebControls, AjaxControls）；<br>（2）用于 GIS 服务层开发的 SuperMap Services 接口与自定义引擎接口开发包；<br>（3）其他 .NET 开发包 |
| | JavaScript SDK | √ | √ | 用于浏览器端开发的 JavaScript 开发包 |
| 高级分析服务 | 高级空间分析服务 | | √ | 空间分析服务主要提供高级的空间分析功能服务，包括缓冲分析、叠加分析、空间运算<br>空间运算包括地物对象之间的裁剪、擦除、同一、求交、合并、对称差操作 |
| | 网络分析服务（含交通换乘分析服务） | | √ | 网络分析服务主要提供与网络数据处理相关的服务，包括最佳路径分析、旅行商分析、最近设施分析和服务区分析<br>提供交通换乘分析功能，提供查询公交、地铁、铁路站点和路线等功能 |
| | 栅格分析服务 | | √ | 栅格聚合、栅格裁剪、栅格比较、栅格表达式运算、提取等值线、提取等值面、栅格分带统计、栅格重分级、栅格重采样等 |
| | 三维分析服务 | | √ | 坡向计算、坡度计算、视域分析、填方和挖方计算、流向分析、淹没分析、汇水区分析、三维表面积计算、三维表面长度计算、三维表面剖面线计算等 |

## 4.3 软件安装

### 4.3.1 安装软硬件的环境要求

#### 4.3.1.1 最低硬件配置要求

（1）主频要求：600MHz Pentium 处理器。

（2）内存要求：256MB 以上内存。

（3）硬盘容量：10GB 以上硬盘。

（4）网卡要求：网络适配器。

（5）显卡要求：独立显卡、32M 以上显存显示卡。

#### 4.3.1.2 操作系统要求

（1）Windows XP（SP2 或以上）。

（2）Windows Server 2003（SP2 或以上）。

（3）Windows Server 2008。

#### 4.3.1.3 软件要求

（1）Microsoft Internet Information Services（互联网信息服务，IIS）。

（2）. NET Framework 3. 5 SP1 或以上。

（3）vcredist90_x86. exe。

（4）vcredist_x86. exe。

SuperMap Objects 运行版或开发版，如果只是用 IS . NET 开发，则安装运行版即可。

#### 4.3.1.4 二次开发平台及数据库

（1）Microsoft Visual Studio_2010 SP1。

（2）Microsoft SQL Server 2005 或以上。

### 4.3.2 安装 SuperMap IS . NET

安装前请先检查机器是否满足 SuperMap IS . NET 的最低软件配置要求，请按照以下步骤完成 SuperMap IS . NET 的安装：

（1）将 SuperMap IS . NET 产品安装光盘放入 DVD 驱动器，双击安装目录下面的 setup. exe 文件，出现 SuperMap IS . NET 安装启动界面。安装 SuperMap IS . NET 需要 Microsoft . NET Framework 3. 5 支持，如果系统没有安装，则会自动提示安装此组件，此安装包包含在 SuperMap IS . NET 产品安装光盘根目录中。

（2）准备阶段结束后，进入“SuperMap IS . NET 6 安装须知”的界面，请仔细阅读安装说明，再次核对硬件和软件是否符合系统的配置要求，如果满足要求，请单击“下一步”按钮，继续安装。

（3）进入“客户信息页面”，请输入用户名称和组织名称，在程序的使用者中一般选择使用本机的任何人（所有用户），单击“下一步”按钮。

（4）软件一般提供了两种安装类型，分别是“完整安装”、“自定义”，可以根据需求进行选择，如果对系统不了解的情况下，建议选择“完整安装”选项。

（5）“选择程序文件夹页面”用于设定 SuperMap IS . NET 安装后在系统中显示的路径

或文件夹名，默认的安装路径为 C:\Program Files\SuperMap\SuperMap IS .NET 6，也可以通过点击“浏览”按钮，指定软件的安装位置，一般使用默认设置，单击“下一步”按钮，继续安装。

（6）若需要查看或修改当前的安装设置，请单击“上一步”按钮。若当前安装设置没有问题，单击“安装”按钮即可。软件开始进入安装程序。

（7）执行安装过程，可以了解到软件安装时的进度情况。

（8）在执行安装过程中，系统会自动弹出窗口，用于设置网络发布和安装 Microsoft Visual Studio 工具箱。

（9）以上过程执行完毕后，出现“辅助工具和插件页面”，这些辅助工具是系统中所必需的，请直接点击“下一步”按钮进行安装。

（10）安装完成后，出现完成的对话框，提示是否继续安装许可配置管理工具。SuperMap GIS 6R 系列产品采用统一的许可配置管理工具，如果之前已经安装过许可配置管理工具，则将安装许可配置管理工具的复选框置为空即可，否则点击“完成”后继续。

### 4.3.3 安装 IIS

IIS 是由微软公司提供的基于运行 Microsoft Windows 的互联网基本服务。最初是 Windows NT 版本的可选包，随后内置在 Windows 2000、Windows XP Professional 和 Windows Server 2003 一起发行，但在普遍使用的 Windows XP Home 版本上并没有 IIS。本书以 Windows Server 2003 操作系统为例说明。

（1）打开控制面板里面的添加或删除程序，出现“添加或删除程序”界面，默认是更改或删除程序，单击左侧的“添加/删除 Windows 组件”，出现 Windows 安装程序等待界面，如图 4-2 所示。

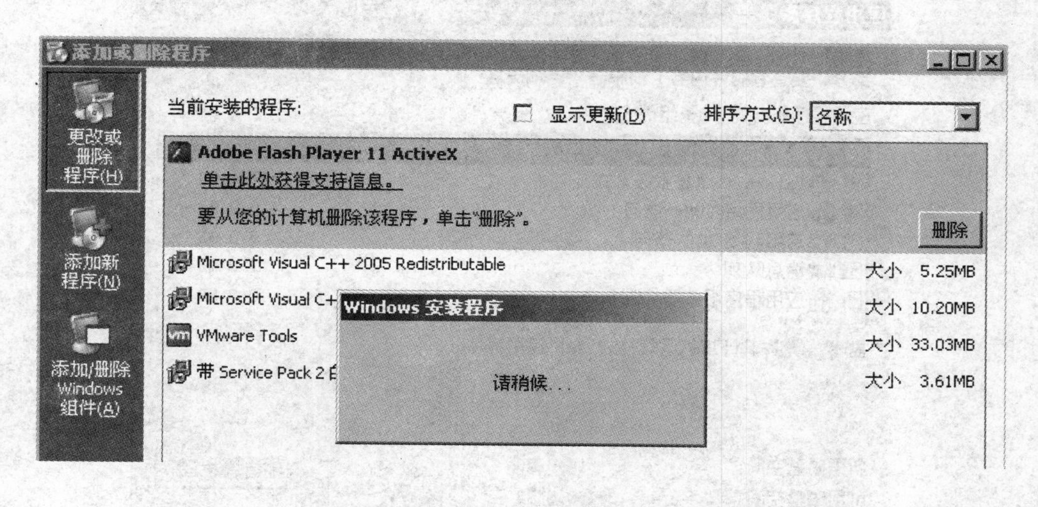


图 4-2 控件面板添加或删除组件页面

（2）待 Windows 安装程序准备完毕后，弹出 Windows 组件向导对话框。拖动滚动条至“应用程序服务器”项，点击详细信息或双击此项，弹出应用程序服务器包含的组件内容，如图 4-3 所示。

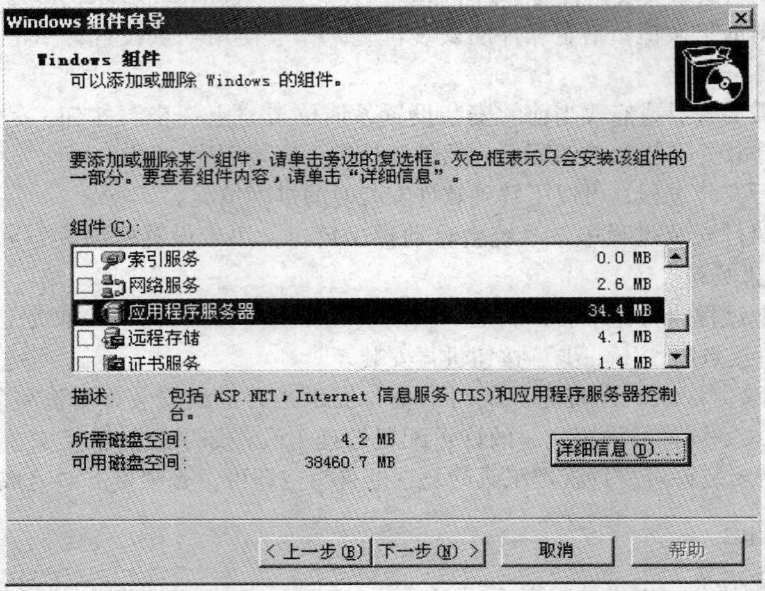

图 4-3　Windows 组件向导页面

(3) 进入应用程序服务器组件界面，列出应用程序服务器包含的子组件，将需要的组件勾选，一般选择 ASP . NET、Internet 信息服务 (IIS)、启用网络 COM + 访问即可，单击“确定”回到组件向导界面，如图 4-4 所示。

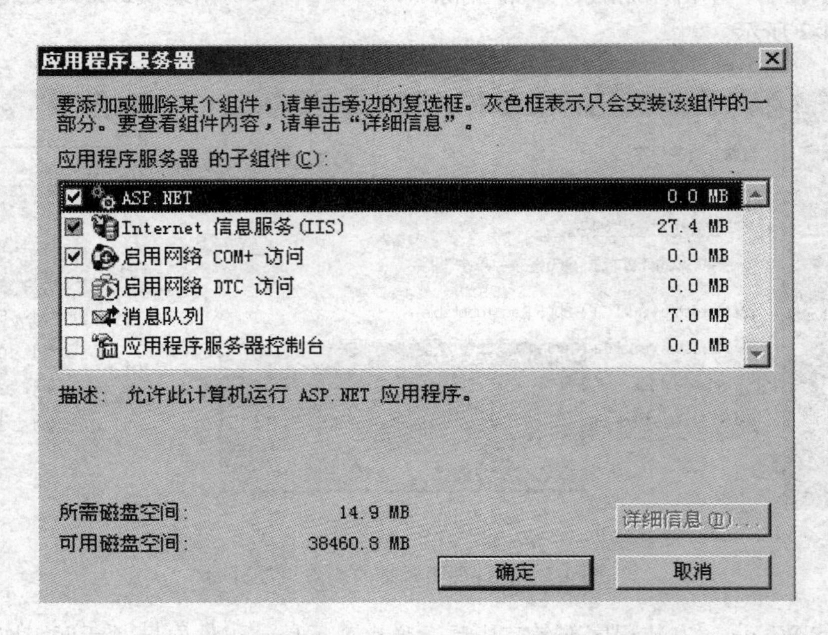


图 4-4　应用服务器组件选择页面

(4) 选择完毕后自动退回到组件向导界面，且应用程序服务器前的复选框已自动勾选，若不安装其他 Windows 组件，则单击“下一步”继续安装，如图 4-5 所示。

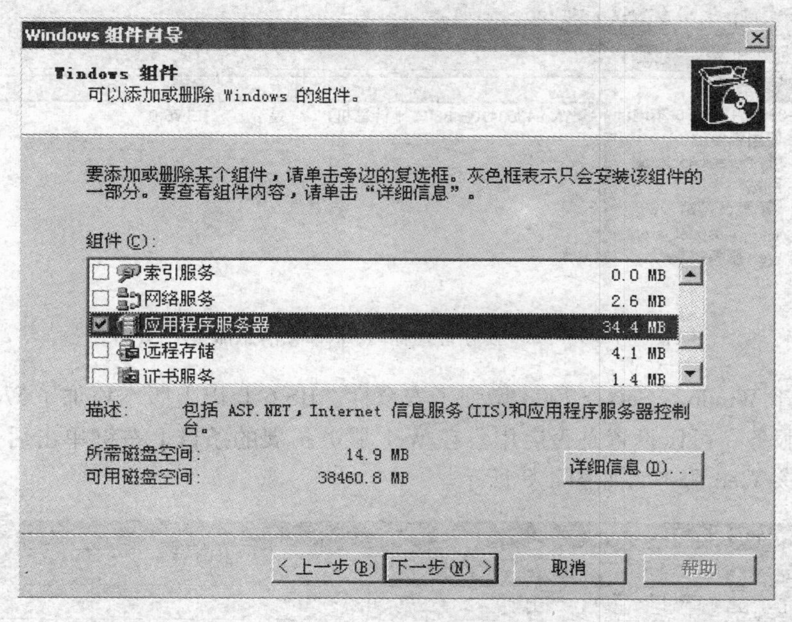


图 4-5 Windows 组件选择完毕页面

（5）进入 Windows 组件安装界面，显示安装的进度。虽然 IIS 随 Windows Server 2003 一起发行，但默认安装时未直接部署至系统，需要从安装光盘中获取安装包。点击“浏览”根据文件复制来源提示找到安装包，如图 4-6 所示。

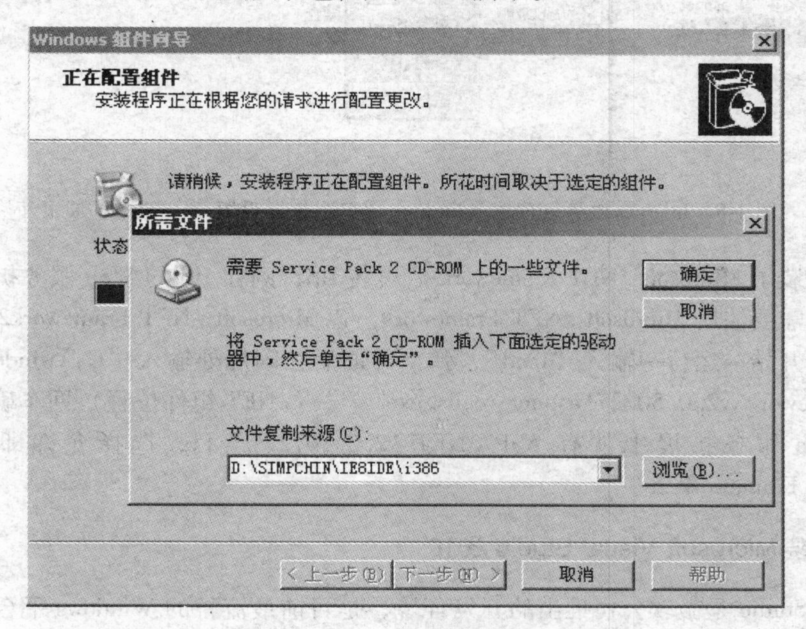


图 4-6 Windows 配置和安装组件页面

（6）当 IIS 添加成功之后，再进入“开始→设置→控制面板→管理工具→Internet 服务管理器（Internet 信息服务）”以打开 IIS 管理器，如图 4-7 所示。

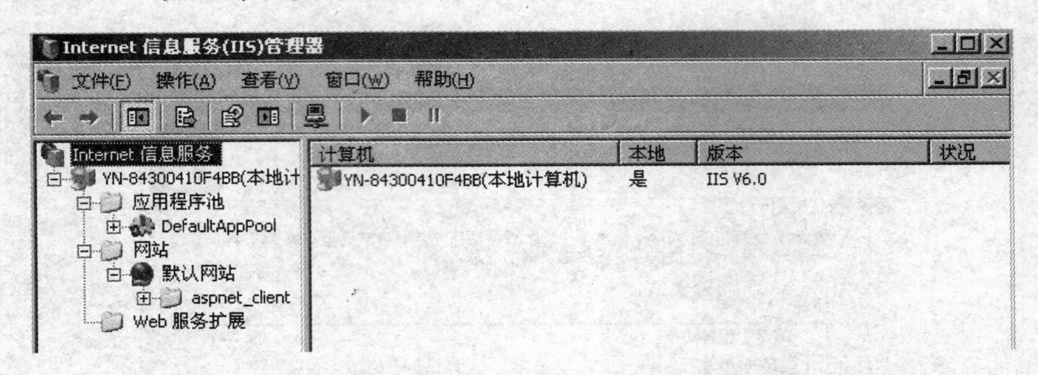


图 4-7　Internet 服务管理器（Internet 信息服务）页面

（7）由于 Windows Server 2003 增强了安全性。IIS 6.0 以上版本添加了 Web 服务扩展，针对不同的服务，可以设置是否启用。在 Web 服务扩展的条目上右键单击后选择“允许”后即可启用该 Web 服务，如图 4-8 所示。

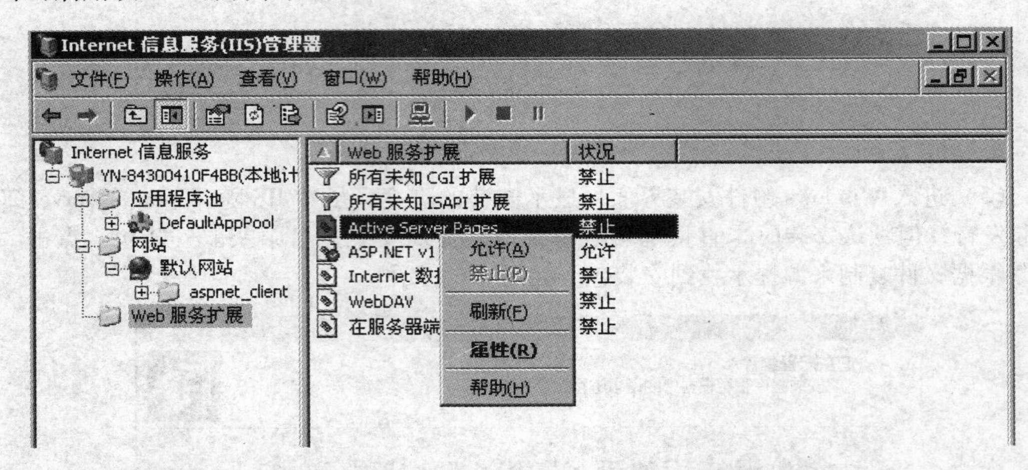


图 4-8　Internet 服务管理器（Internet 信息服务）设置 Web 服务扩展页面

若先安装了 Microsoft .NET Framework 后再装 IIS，则在 IIS 的 Web 服务扩展里面是没有该条目，需要注册 Microsoft .NET Framework。以 Microsoft .NET Framework2.0 为例，具体步骤为：开始→运行→输入“cmd”，弹出界面后在闪烁处输入“C:\windows\Microsoft.NET\Framework\v2.0.50727\aspnet_regiis.exe -i”（.NET 组件位置）回车确定，注册完毕后在 Web 服务扩展中就有 ASP.NET v2.0.50727 条目，选择允许即可使用 Microsoft. NET Framework 2.0。

### 4.3.4　安装 Microsoft Visual Studio 2010

Visual Studio 是微软公司推出的开发环境，是目前最流行的 Windows 平台应用程序开发环境。其集成开发环境（IDE）的界面被重新设计和组织，变得更加简单明了。Visual Studio 2010 同时带来了 .NET Framework 4.0、Microsoft Visual Studio 2010 CTP（community technology preview），并且支持开发面向 Windows 7 的应用程序。除了 Microsoft SQL Server，

它还支持 IBM DB2 和 Oracle 数据库。

（1）将 Microsoft Visual Studio 2010 产品安装光盘放入 DVD 驱动器，双击安装目录下面的 setup. exe 文件，出现 Microsoft Visual Studio 2010 安装启动界面，如图 4-9 所示。

图 4-9 Microsoft Visual Studio 2010 安装初始页面

（2）点击“安装 Microsoft Visual Studio 2010”按钮，系统自动复制并加载安装组件，点击“下一步”按钮，继续安装，如图 4-10 所示。

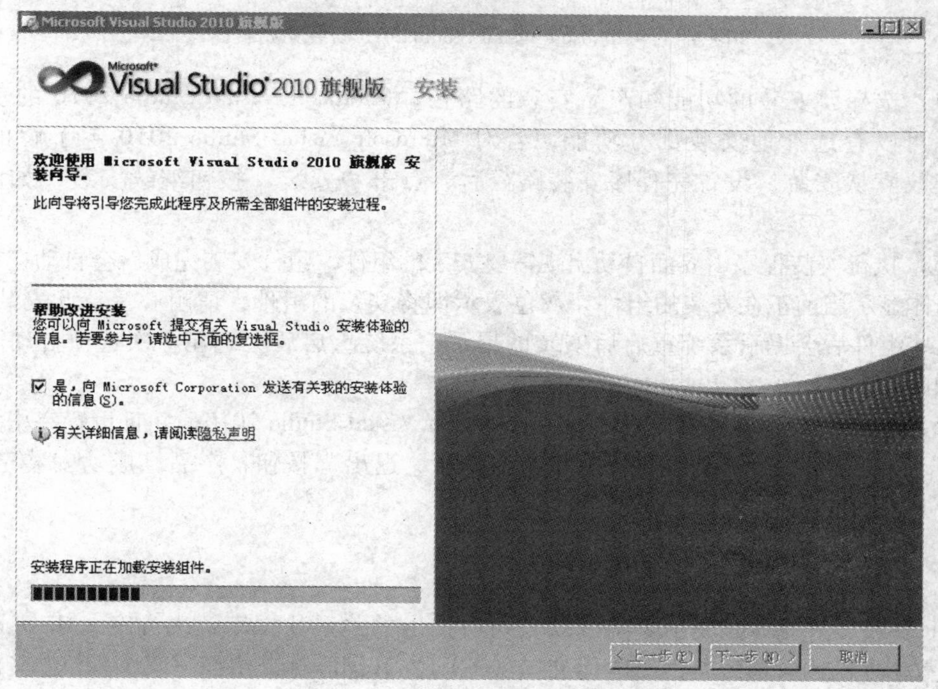


图 4-10 Microsoft Visual Studio 2010 加载安装组件页面

（3）进入许可协议条款界面，安装程序自动扫描当前系统在安装 Microsoft Visual Studio 2010 所需要的组件，点击"我已阅读并接受许可条款"选项，点击"下一步"按钮继续安装，如图 4-11 所示。

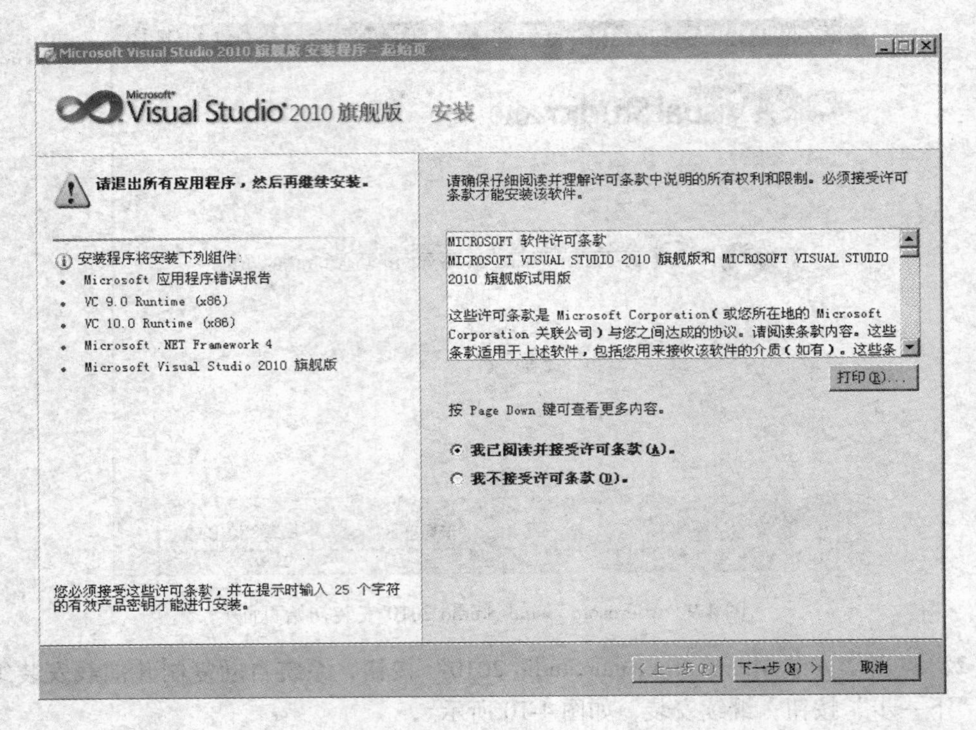


图 4-11　Microsoft Visual Studio 2010 安装初始页面

（4）选择要安装的功能和产品安装的路径，Microsoft Visual Studio 2010 的功能有很多，可以有选择地安装部分功能，若对 Microsoft Visual Studio 2010 不了解的情况下，建议默认安装，设置完程序安装路径后，点击"安装"按钮继续安装，如图4-12 所示。

（5）执行安装程序，界面自动出现需要安装的组件，组件安装完成后会自动在前面打钩，粗体显示当前正在安装的组件，灰色表示即将安装的组件，请耐心等待此安装步骤。安装某些组件后会提示系统重启后安装的提示，系统重启后会记住上次选项自动开始安装，如图 4-13 所示。

（6）产品安装完成后，提示已安装 Microsoft Visual Studio 2010，并且设置完毕。点击"完成"按钮，系统会自动退回初始界面，单击"退出"按钮，产品已成功安装至系统，如图 4-14 所示。

### 4.3.5　安装 Microsoft SQL Server 2005

Microsoft SQL Server 是由美国微软公司所推出的关系数据库解决方案。Microsoft SQL Server 数据库的内置语言是由美国标准局（ANSI）和国际标准组织（ISO）所定义的 SQL 语言，微软公司对它进行了部分扩充而成为作业用 SQL（Transact-SQL）。Microsoft SQL

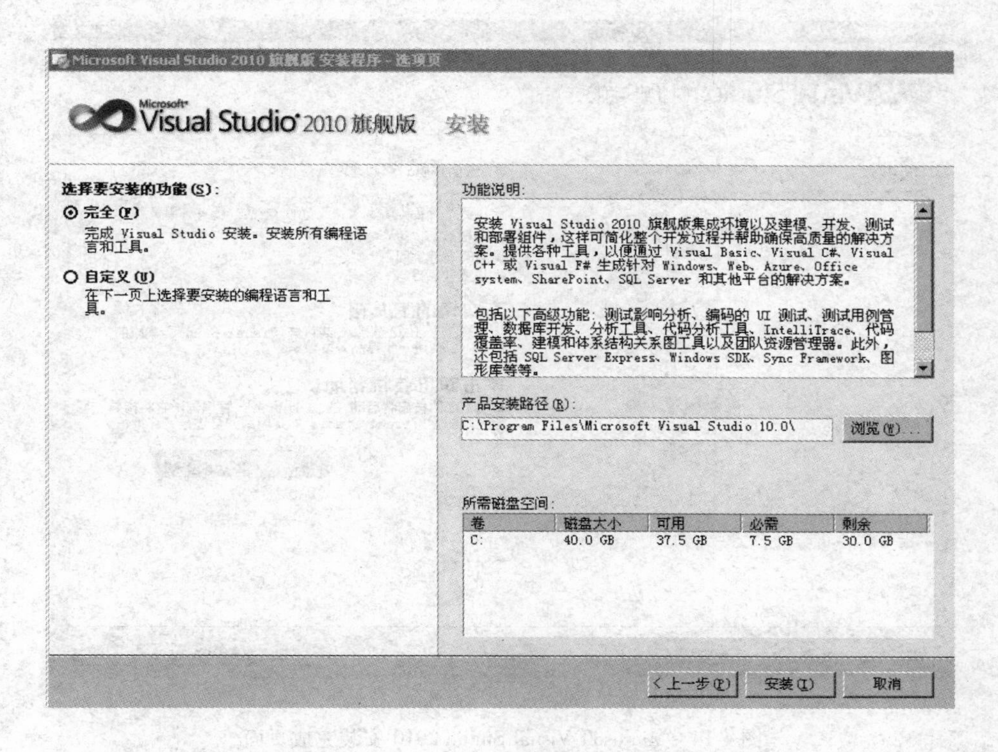


图 4-12　Microsoft Visual Studio 2010 功能选择页面

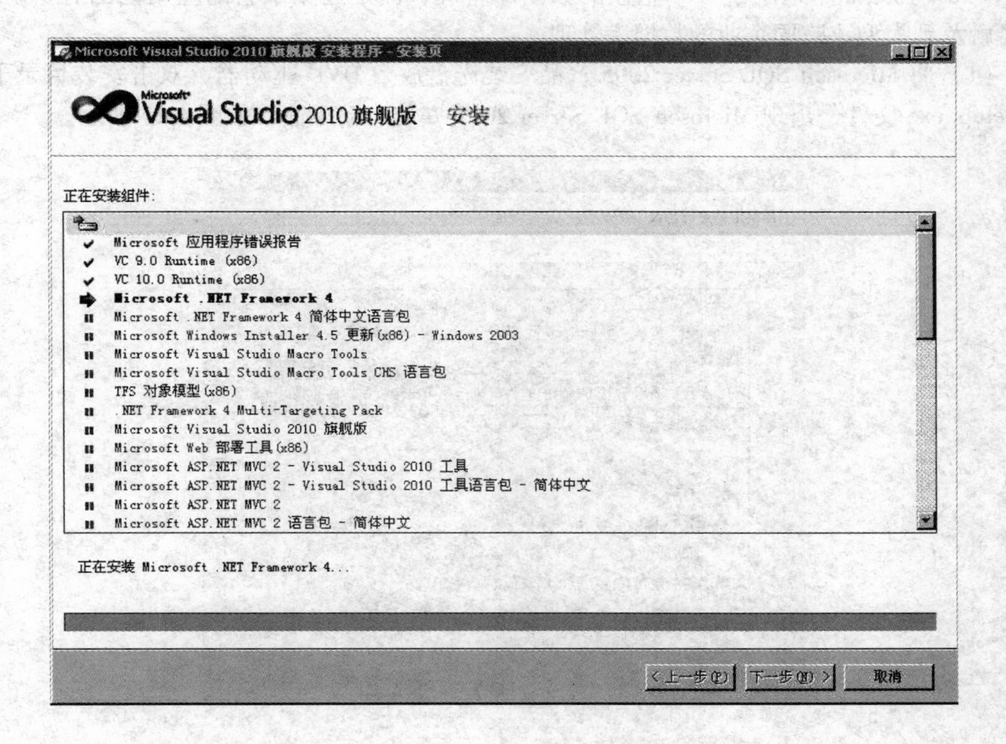


图 4-13　Microsoft Visual Studio 2010 组件安装页面

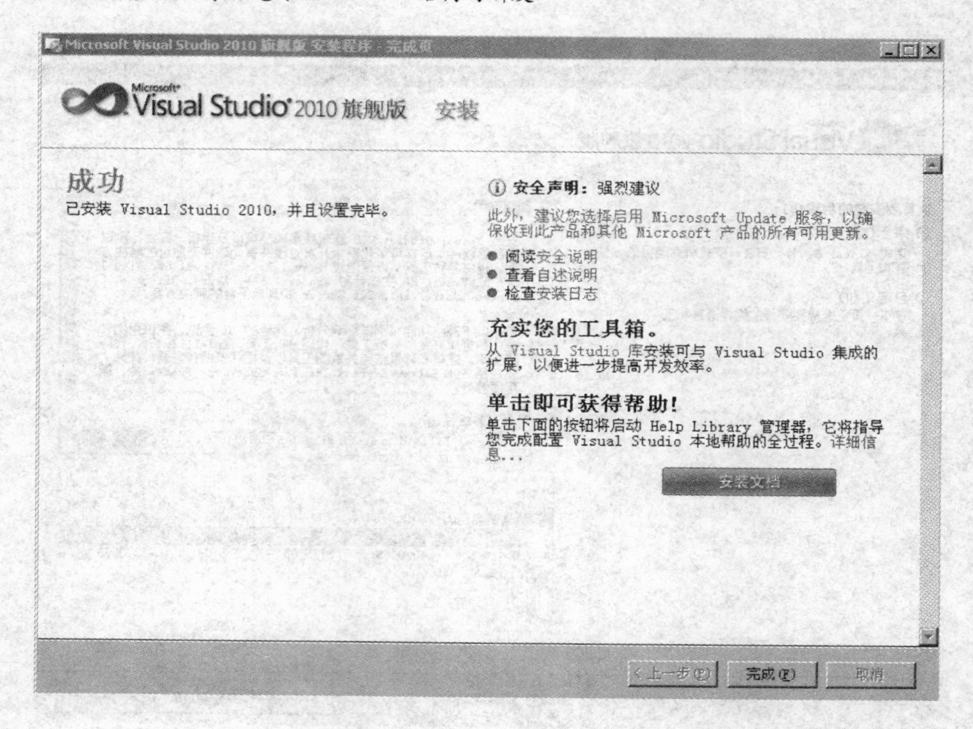


图 4-14　Microsoft Visual Studio 2010 安装完成页面

Server 几个初始版本适用于中小企业的数据库管理，但是近年来它的应用范围有所扩展，已经触及到大型、跨国企业的数据库管理。

（1）将 Microsoft SQL Server 2005 产品安装光盘放入 DVD 驱动器，双击安装目录下面的 setup. exe 文件，出现 Microsoft SQL Server 2005 安装启动界面，如图 4-15 所示。

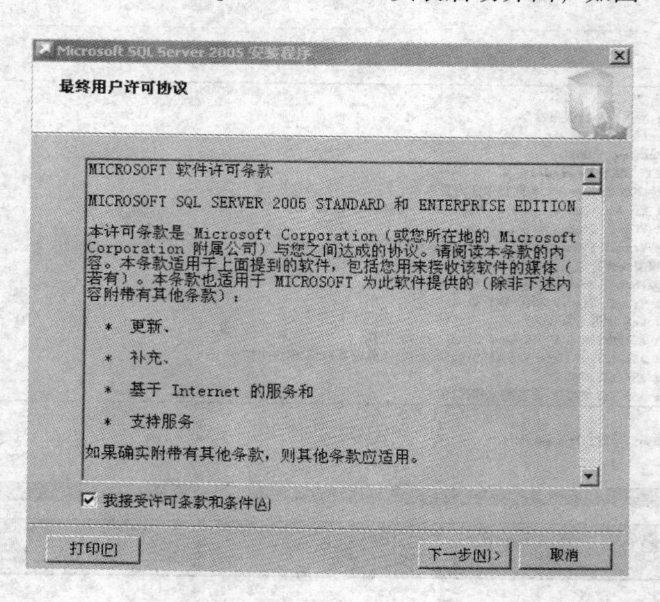


图 4-15　Microsoft SQL Server 2005 安装初始页面

（2）产品会自动扫描系统，自动将 SQL Server 需要的组件筛选出来并安装。待组件成功安装后单击“安装”继续安装，如图 4-16 所示。

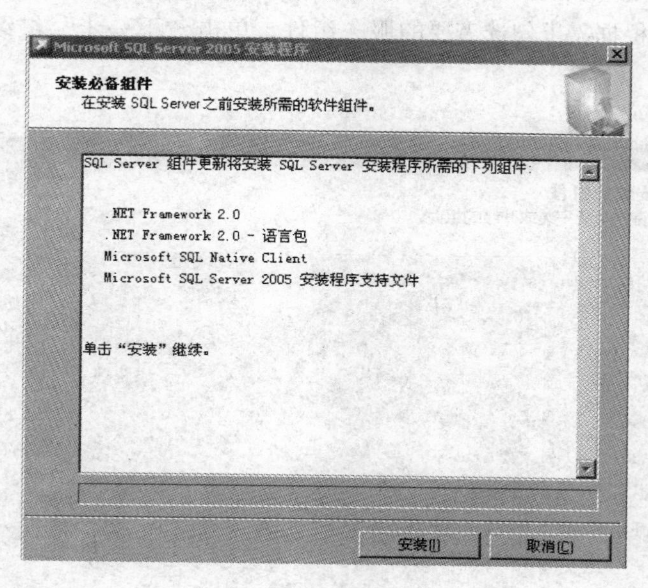


图 4-16 Microsoft SQL Server 2005 所需组件准备页面

（3）进入 Microsoft SQL Server 2005 产品安装向导，产品自动检测系统配置，看是否有潜在的安装问题，若存在问题，则在对应的项中显示消息。如果存在潜在的安装问题，则安装无法进行，单击“下一步”继续安装，如图 4-17 所示。

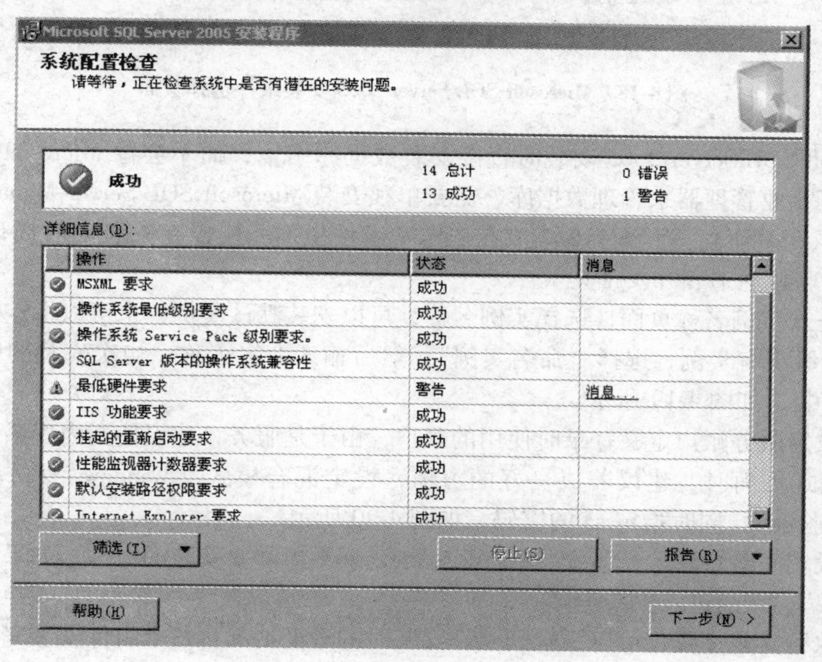


图 4-17 Microsoft SQL Server 2005 系统配置检查页面

（4）选择要安装或升级的组件，Microsoft SQL Server 2005 提供5 个服务组件，即：Integration Services、Notification Services、Reporting Services、Analysis Services、SQL Server DataBase Services，根据需求勾选需要的服务组件，单击“下一步”继续安装，如图 4-18 所示。

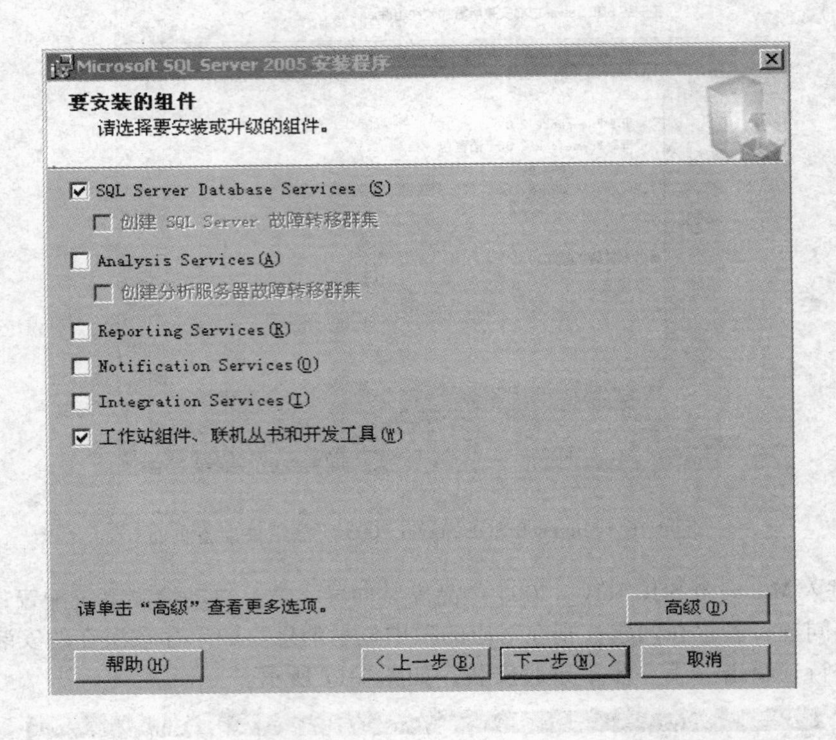


图 4-18 Microsoft SQL Server 2005 安装组件选择页面

Microsoft SQL Server 2005 安装时直接安装数据库引擎，而不会像 Microsoft SQL Server 2000 集成了企业管理器来管理数据库，需要单独安装 Microsoft SQL Server Management Studio Express（SSMSE），而 SSMSE 集成在工作站组件里面，所以在安装的时候请勾选“工作站组件、联机丛书和开发工具”。

（5）进入实例名称页面，选择实例名称，可以安装默认实例，也可以指定一个命名实例。若要升级现有实例，选择“命名实例”，然后输入命名名称。初次安装的话建议选择默认实例安装，如图 4-19 所示。

（6）设定服务账户定义登录时使用的账户，由于是服务，建议使用内置系统账户。在身份验证模式页面时，建议养成良好的习惯，设定混合模式（Windows 身份验证和 SQL Server 身份验证），同时指定 sa 的密码，如图 4-20 所示。

（7）设定完参数后，产品安装程序已就绪，列举出需要安装的组件，如果确认无误后单击“安装”，产品进入安装程序。

（8）执行安装过程，可以了解到软件安装时的进度情况。每个组件安装完成后状态都显示为“安装完毕”，待所有组件安装完毕后安装结束。

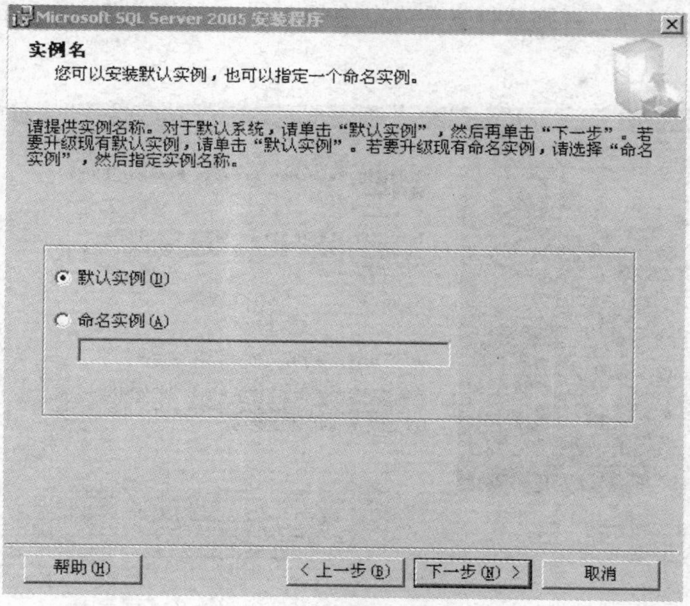

图 4-19 Microsoft SQL Server 2005 实例名称页面

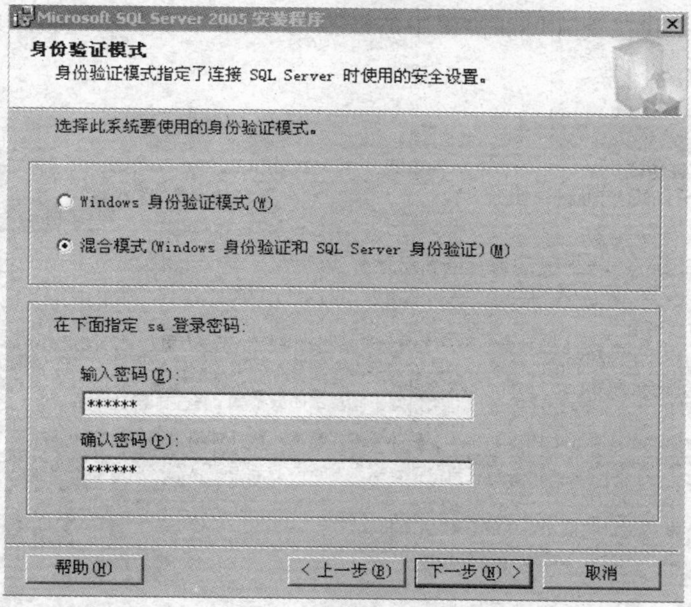

图 4-20 Microsoft SQL Server 2005 身份验证页面

## 4.4 安装许可配置管理工具与配置许可

### 4.4.1 安装许可配置管理工具

如果在其他产品安装的最后一步选择“安装许可配置管理工具”，则自动进入许可配置管理工具的安装过程，否则运行安装光盘中的 License 文件夹下的 setup. exe，安装过程如图 4-21 所示。

图 4-21　SuperMap License Manager 6R 安装向导页面

（1）进入“许可证协议”页面，请仔细阅读 SuperMap GIS 产品最终用户许可协议，若同意的话点击“我接受许可证协议中的条款”，点击“下一步”按钮继续安装，如图 4-22所示。

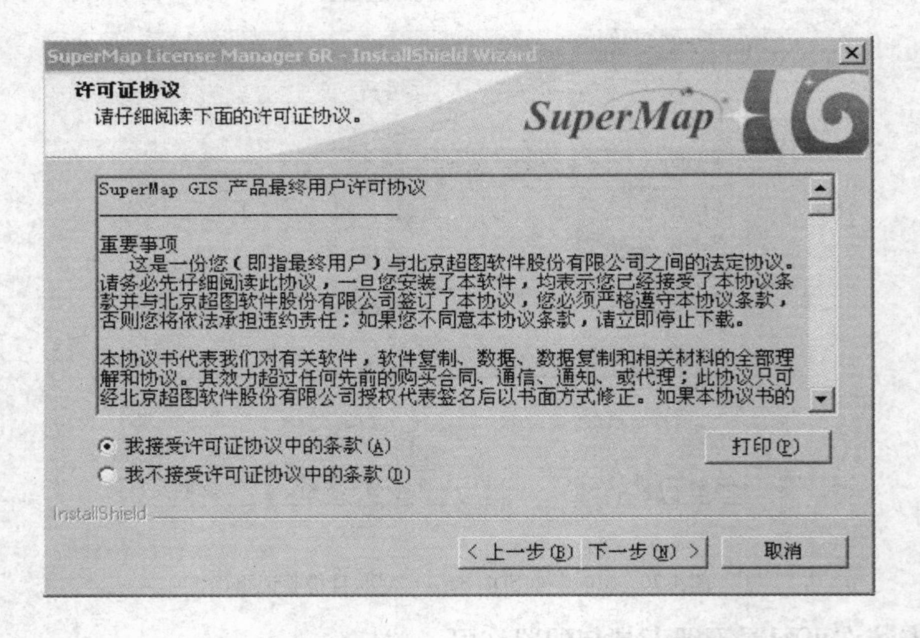


图 4-22　SuperMap License Manager 6R 许可证协议页面

（2）待安装完成执行完毕后，显示“SuperMap License Manager 6R 安装完成”，点击“完成”，安装过程结束，如图 4-23 所示。

图 4-23 SuperMap License Manager 6R 安装完成页面

### 4.4.2 配置许可

许可文件可通过购买产品或是通过北京超图软件股份有限公司提供的网址 http://www.supermap.com.cn/sup/xuke.asp 自助申请免费试用许可，请认真填写您的姓名、联系电话、电子邮箱、所在区域、单位全称、所属部门、试用用途、软件关注点、单位名称、用户名称、计算机名等信息，然后单击“申请”，许可文件会自动通过电子邮件的方式发送至填写的邮箱中。

（1）点击“浏览”按钮，选择申请的许可文件，然后单击“验证许可”，系统自动验证许可是否有效，有效的话在许可状态处显示“有效”，最后单击“保存配置”按钮，如图 4-24 所示。

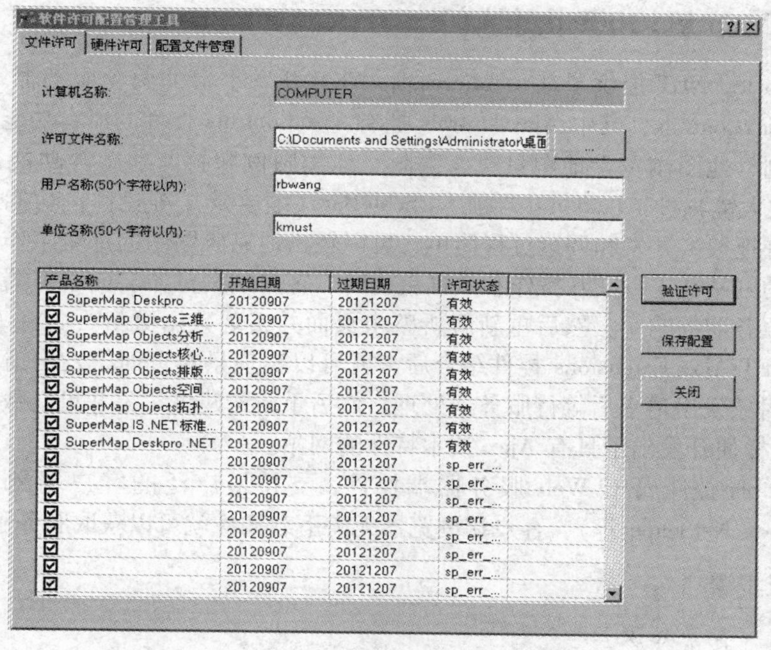


图 4-24 SuperMap License Manager 6R 许可配置页面

（2）待许可验证完毕后，会自动跳转到配置文件管理标签，显示当前许可的产品名称、许可类型、许可服务器、开始日期和过期日期，如图4-25所示。

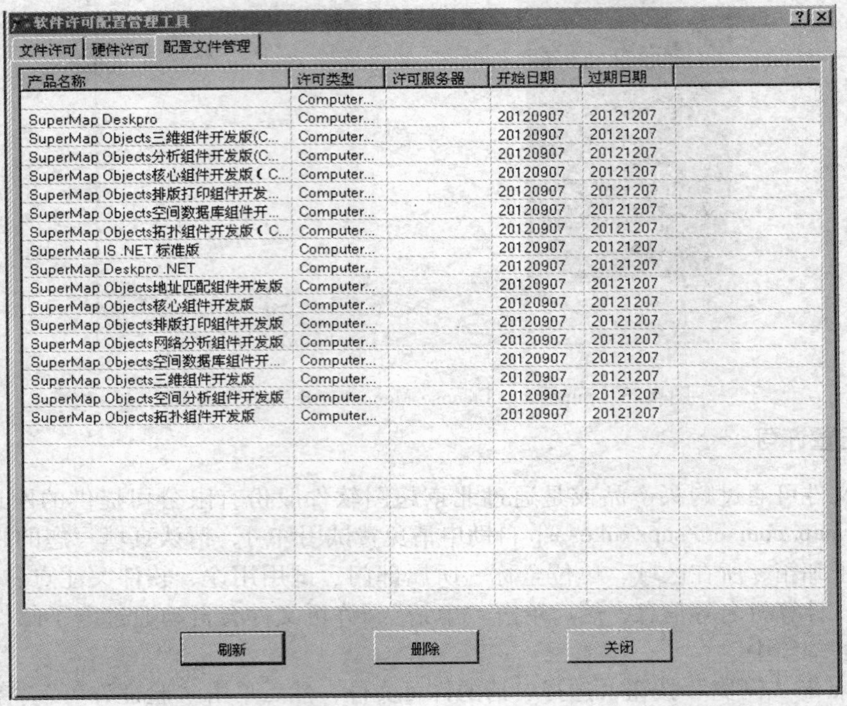

软件许可配置管理工具

文件许可　硬件许可　配置文件管理

| 产品名称 | 许可类型 | 许可服务器 | 开始日期 | 过期日期 |
| --- | --- | --- | --- | --- |
| | Computer... | | | |
| SuperMap Deskpro | Computer... | | 20120907 | 20121207 |
| SuperMap Objects三维组件开发版(C... | Computer... | | 20120907 | 20121207 |
| SuperMap Objects分析组件开发版(C... | Computer... | | 20120907 | 20121207 |
| SuperMap Objects核心组件开发版（C... | Computer... | | 20120907 | 20121207 |
| SuperMap Objects排版打印组件开发... | Computer... | | 20120907 | 20121207 |
| SuperMap Objects空间数据库组件开... | Computer... | | 20120907 | 20121207 |
| SuperMap Objects拓扑组件开发版（C... | Computer... | | 20120907 | 20121207 |
| SuperMap IS .NET 标准版 | Computer... | | 20120907 | 20121207 |
| SuperMap Deskpro .NET | Computer... | | 20120907 | 20121207 |
| SuperMap Objects地址匹配组件开发版 | Computer... | | 20120907 | 20121207 |
| SuperMap Objects核心组件开发版 | Computer... | | 20120907 | 20121207 |
| SuperMap Objects排版打印组件开发版 | Computer... | | 20120907 | 20121207 |
| SuperMap Objects网络分析组件开发版 | Computer... | | 20120907 | 20121207 |
| SuperMap Objects空间数据库组件开... | Computer... | | 20120907 | 20121207 |
| SuperMap Objects三维组件开发版 | Computer... | | 20120907 | 20121207 |
| SuperMap Objects空间分析组件开发版 | Computer... | | 20120907 | 20121207 |
| SuperMap Objects拓扑组件开发版 | Computer... | | 20120907 | 20121207 |

刷新　删除　关闭

图4-25　SuperMap License Manager 6R 许可配置完成页面

## 4.5　SuperMap IS .NET 快速入门

SuperMap IS .NET 提供了基于 Microsoft .NET 开发平台的两套服务器端控件：WebControls 和 AjaxControls，其中 AjaxControls 拥有 WebControls 控件的所有功能，包括地图显示、图层控制、地图浏览、地图量算、鹰眼、地图图例和打印地图等功能，并且新增了 Magnifier（放大镜）、Navigation（导航）、ScaleBar（缩放条）等控件，功能进一步得到提升。控件允许拖拽，开发和调试过程简单，可以轻松地完成网站的部署工作。不过通过传统方式部署的网站在进行交互操作和数据更新时，客户端浏览器会向服务器提交整个网页并白屏等待服务器的响应，然后重新解析整个页面并实现数据更新。而将 AjaxControls 控件与 ASP .NET Ajax Extensions 控件结合后，就可以实现只对页面中发出请求的对象进行重构了（即对象发出请求后等待服务器处理，然后重新构建该对象并更新数据而不影响其他对象），这样便开发出了具有 Ajax 技术特性的网站。

AjaxControls 控件属于 Web 服务器端控件，支持最广泛的客户端浏览器（如 IE、Mozilla Firefox、NetScape 等），客户端浏览器无需下载插件就可以获取服务了。

### 4.5.1　开发步骤

#### 4.5.1.1　背景知识

网络地图服务是 Internet 技术与 GIS 技术相结合的产物，因此进行这方面的开发工作需要多方面的知识：

（1）. NET 开发基础和 Web 应用程序开发经验；

（2）组件化编程概念；

（3）HTML、DHTML、JavaScript 编辑；

（4）HTTP 协议基础；

（5）C ++ 、VB 或其他语言开发基础（可选）；

（6）SuperMap 基础知识；

（7）地图编辑与操作基础知识；

（8）SuperMap IS . NET 结构与开发方法。

#### 4.5.1.2 准备工作与数据处理

要进行网络地图服务系统建设，除了硬件和软件环境之外，还必须有系统需要的地图及其相关数据。事实上，GIS 服务系统开发工作大部分时间都是在进行地图及其相关数据的数字化与准备、整理。因此，在进行系统开发前，应该做好数据处理的充分准备，包括原始地图数据、地图数据处理人员以及软硬件设施的准备。

SuperMap 将各种格式、不同来源的数据组织成为工作空间，按照不同的可视化表现方法创建不同的地图，并可以保存到一个工作空间文件中。SuperMap IS . NET 的服务引擎以工作空间作为基本的配置单元。因此首先在 SuperMap Deskpro 中准备需要的数据，然后将其最终的结果保存为一个工作空间文件，再到 SuperMap IS . NET 管理器中将该工作空间配置为一个地图应用，并设置相应的参数。

#### 4.5.1.3 开发总体流程

应用 SuperMap IS . NET 建设地图服务网站的流程如图 4-26 所示。

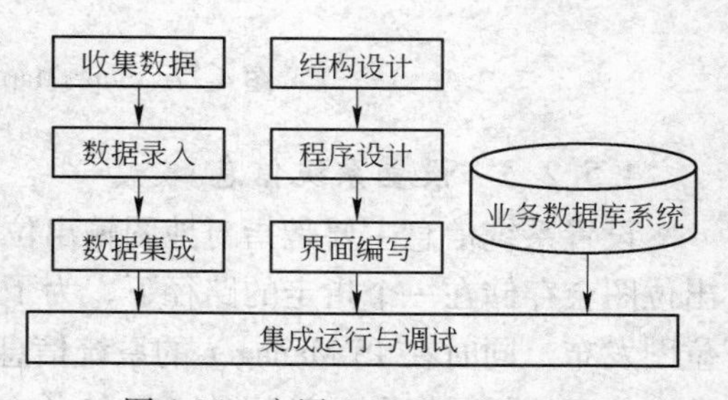


图 4-26 应用 SuperMap IS . NET 建设地图服务网站的流程

#### 4.5.1.4 系统开发工作流程

当准备工作完成以后，就可以进入实际开发工作，可以分为以下几个阶段：安装与配置服务器；启动服务器；配置开发环境；新建站点工程；业务系统的开发；系统部署与检验。

### 4.5.2 配置 GIS 服务及启动

系统默认安装完成后，点击 http：//localhost/IS/Manager/Default. aspx，选择配置 IS，即可出现配置 SuperMap IS . NET Manager 界面。可以对默认地图、地图缓存、地图、地图引擎进行设置。

#### 4.5.2.1 服务管理器

服务管理器管理所有 GIS 服务的运行状态。只有启动服务管理器后，才可以对 GIS 服务器进行启动/停止/重启的操作。当服务管理器处于停止状态时，所有 GIS 服务器均无法启动；如果在启动 GIS 服务器时弹出“启动服务失败”的提示信息，请注意是否已启动服务管理器。

#### 4.5.2.2 服务器列表

在一台安装了 SuperMap IS . NET 的服务器上，可以设置多个 GIS 服务器，而且 GIS

服务器还可以根据需要自由添加和删除，如图 4-27 所示。

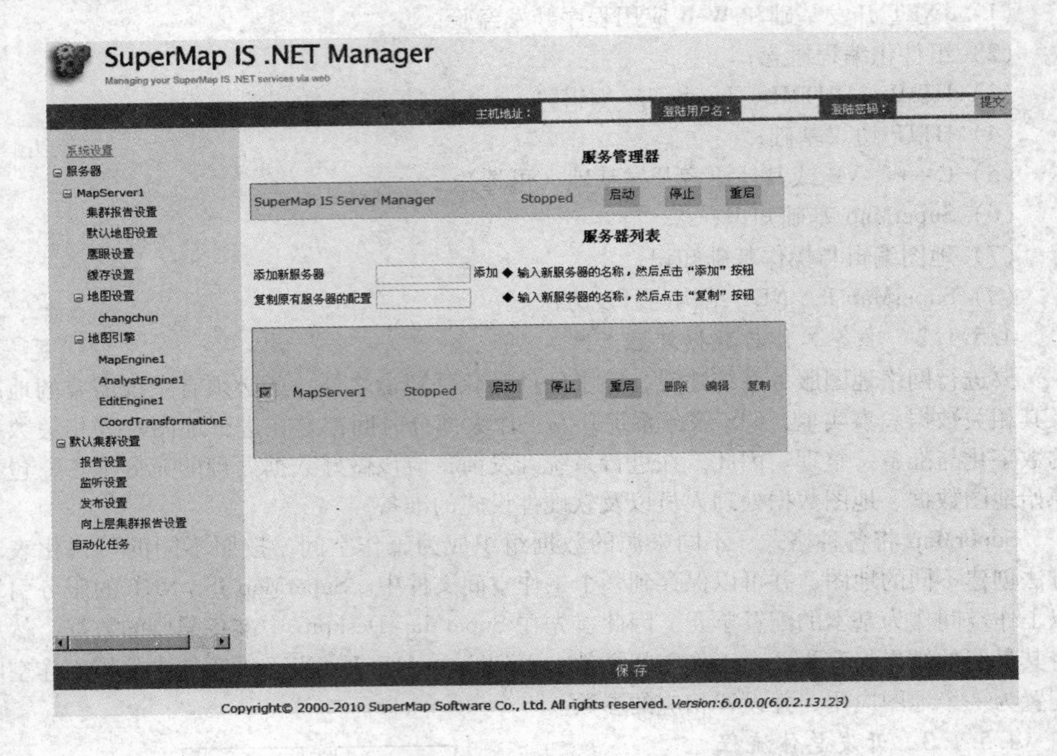


图 4-27 SuperMap IS . NET Manager 管理页面

#### 4.5.2.3 设置系统信息

设置系统信息主要是指对地图输出位图的发布信息的设置。GIS 服务器生成的地图输出位图会存储在一个指定的路径下，为了使客户端能够访问到这些位图，需要将地图输出位图发布，同时在 IS Manager 的系统信息中设置发布的基本信息，包括输出位图的路径，发布的虚拟目录名称，访问的主机名（主机名可以是机器名、IP 地址或域名），如图 4-28 所示。

#### 4.5.2.4 启动/停止 GIS 服务

GIS 服务器的参数设置好以后，需要启动 GIS 服务。

方法一：打开单击“开始”→“程序”→“SuperMap”→“SuperMap IS . NET”→“SuperMap IS . NET 服务控制”，选择“启动地图服务”选项，完成启动 GIS 服务的操作。

方法二：登录 GIS 服务器的 IS Manager，点击页面左侧的“服务”项目进入服务管理页面。在服务列表中找到“SuperMap IS ServerManager”服务选项，并点击“控制”按钮，启动 GIS 服务。

停止 GIS 服务的方法与启动 GIS 服务的方法相同。

### 4.5.3 配置开发环境

首次运行 Microsoft Visual Studio 2010，可能会出现一个对话框，提示你选择默认的开

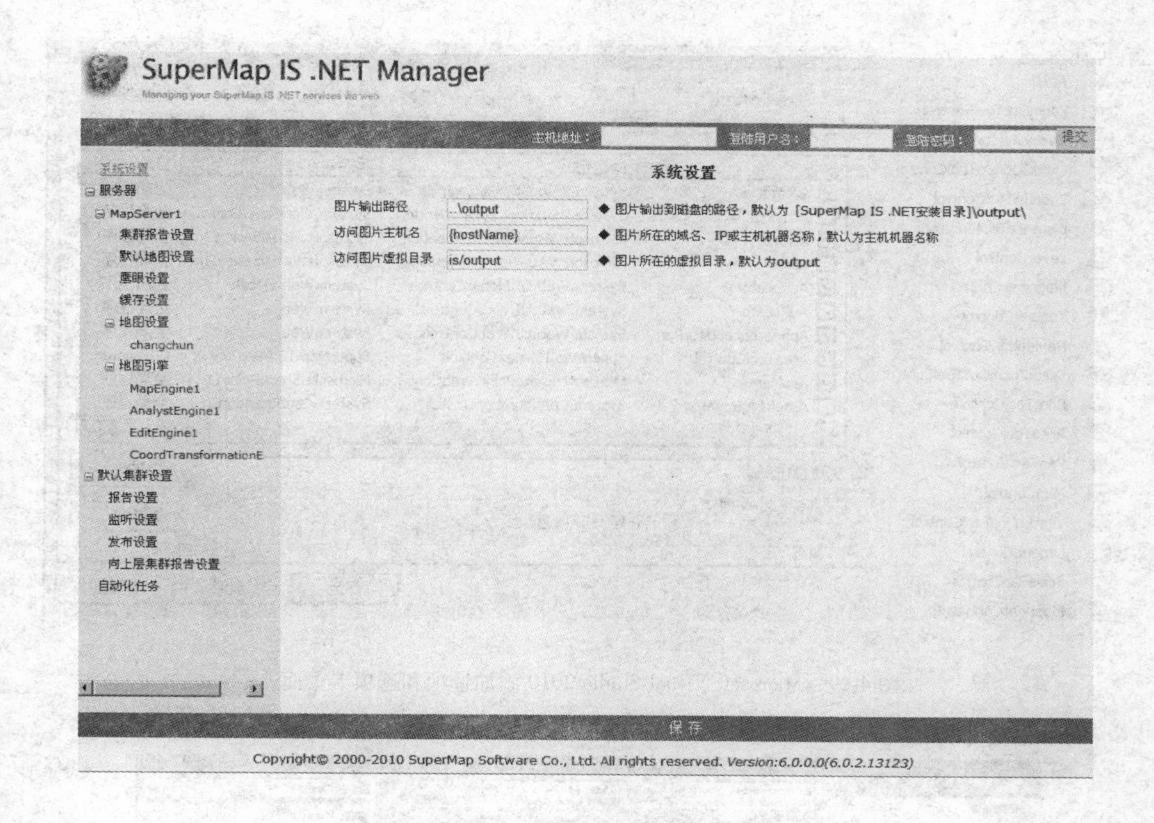


图 4-28 SuperMap IS . NET Manager 系统配置页面

发环境设置。Visual Studio 2010 可以根据用户首选的开发语言自己进行调整，在集成开发环境（intergrated development environment，IDE）中，各个对话框和工具将针对你选择的语言建立它们的默认设置，稍候片刻，就会出现 Visual Studio 2010 IDE。如果在工具箱中无 SuperMap IS . NET 的控件，则在工具箱中通过添加选项卡的方式进行添加，如图 4-29 所示。

### 4.5.4 新建站点工程

新建站点工程的具体方法如下：

（1）运行 Microsoft Visual Studio 2010，选择“文件”→“新建网站”菜单，从而打开“新建网站”对话框，在已安装的模板中选择 Visual C#，在选择 Framework 框架时要选择 . NET Framework 4，选择“ASP . NET 空网站”作为默认开发模板。在 Web 位置设置时，由于是本机调试开发，选择“文件系统”，并为项目文件选择一个目录。单击“确定”按钮完成网站的新建，如图 4-30 所示。

（2）由于新建的网站是“ASP . NET 空网站”，Visual Studio 将创建一个仅包含一个 Web. config 文件的网站项目，需要手工添加相应的文件夹或文件。如在“解决方案资源管理器”中，右击网站项目的名称，指向“添加 ASP . NET 文件夹”，然后单击“App_

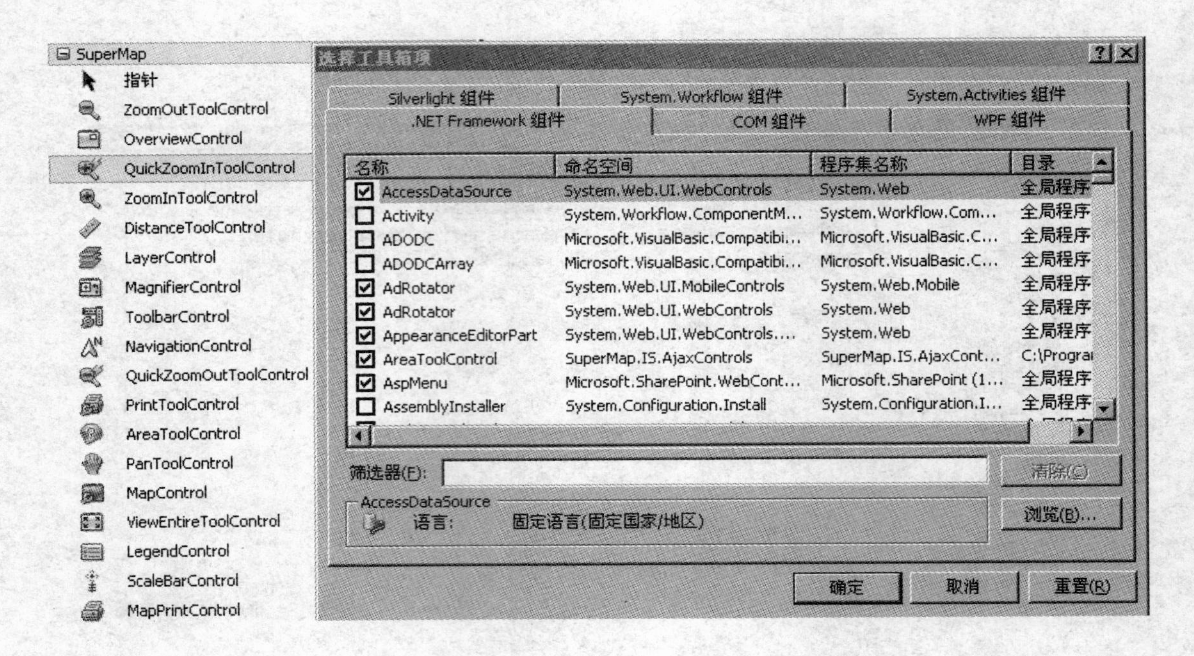


图 4-29 Microsoft Visual Studio 2010 添加选项和选项卡页面

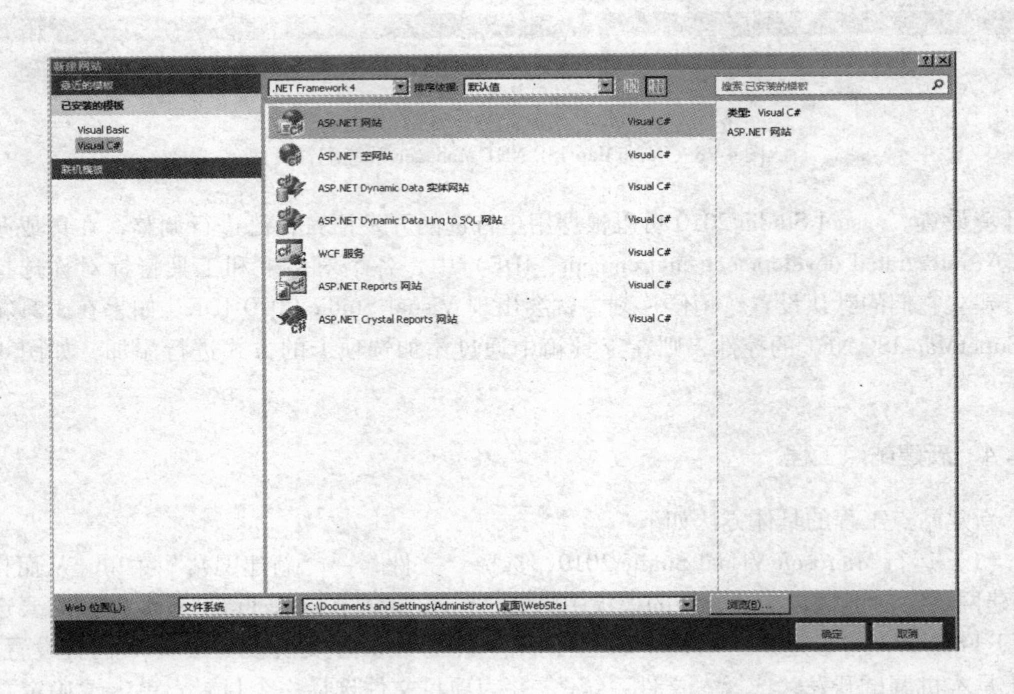


图 4-30 Microsoft Visual Studio 2010 添加新网站页面

Code”，则建立的类文件就可以自动包含在此文件夹中，如图 4-31 所示。

（3）从左侧“工具箱”拖入“MapControl”控件，并在 MapControl 任务中选择“Load Map”，右键点击 MapControl 并选择属性，或者点击控件的扩展箭头，然后选择 Load Map

进入 MapControl Editor 界面，对 MapControl 获取地图数据的地址、端口和地图名称进行设置，如图 4-32 所示。MapControl Editor 默认的服务器地址为 localhost，端口号为 8800。设置完成后选择 Validate 进行验证，如果服务器正常启动，并且能被正确连接，那么就会在

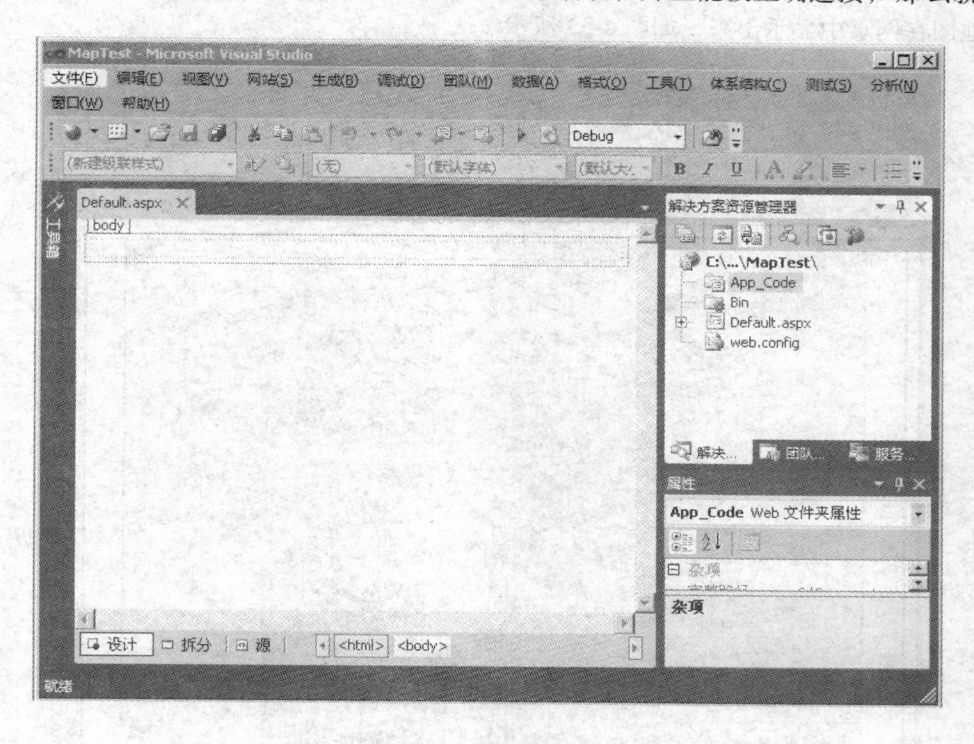


图 4-31 Microsoft Visual Studio 2010 打开网站初始页面

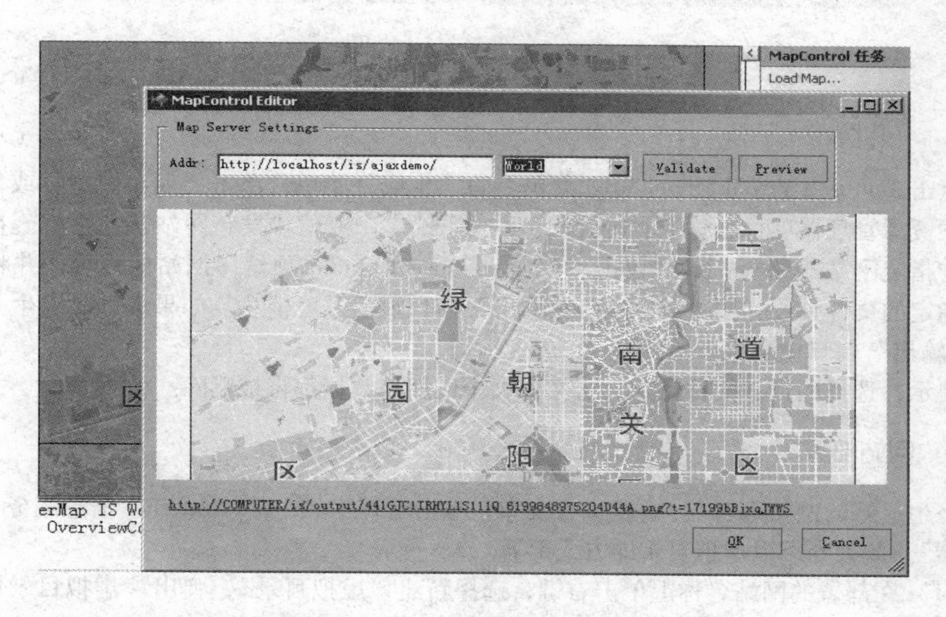


图 4-32 Microsoft Visual Studio 2010 MapControl Editor 页面

MapControl Editor 的下拉列表中显示出可选地图列表，选择其中一幅地图后点击 Preview 预览地图，最后点击确定按钮即可完成设置。

（4）点击 Microsoft Visual Studio 2010 工具栏上的运行（F5），就可以看到之前配置的相关地图在网页中显示出来，如图 4-33 所示。

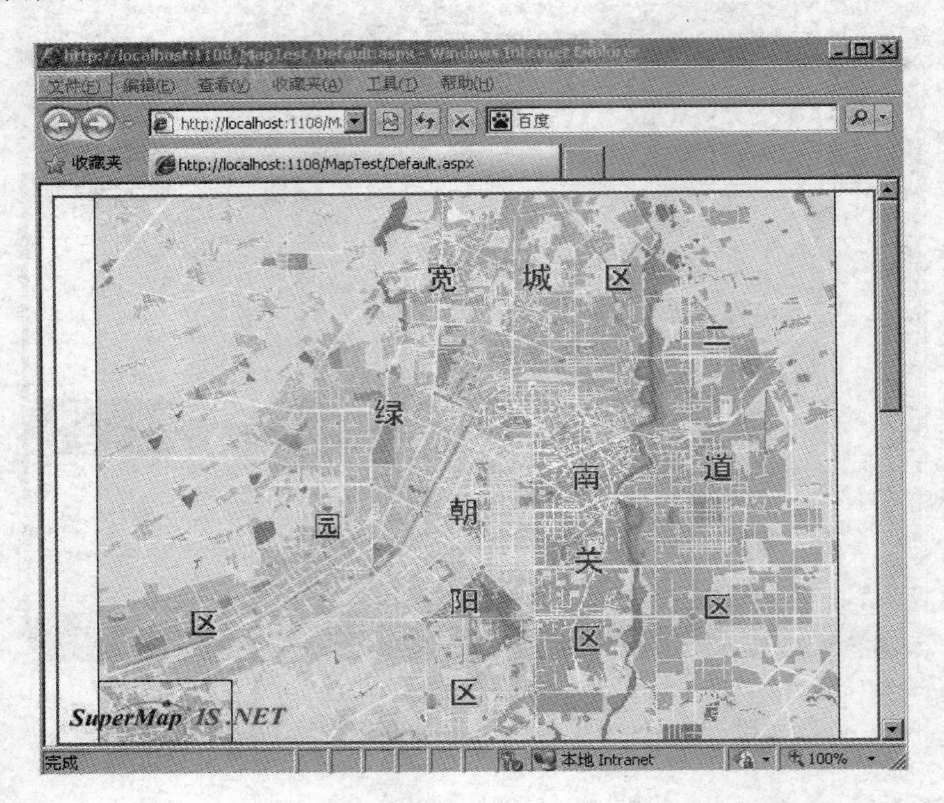


图 4-33　网页展示 Web GIS 页面

### 4.5.5　发布网站

点击 Microsoft Visual Studio 2010 菜单上的“生成”菜单，单击“发布网站”或是在解决方案资源管理器项目名称上右键弹出“发布网站”，出现“发布网站”对话框。在目标位置中指定网站的路径，最后单击“确定”，Visual Studio 预编译网站的内容，并将输出写入指定的文件夹，如图 4-34 所示。“输出”窗口显示进度消息。如果编译时发生一个错误，“输出”窗口中会报告该错误。

提示：选择的目标文件夹及其子文件夹中的所有数据都将被删除。

### 4.5.6　网站部署

将生成好的网站部署在 IIS 中进行发布，点击管理工具中的“Internet 信息服务（IIS）管理器”。此处介绍以虚拟目录的方式部署。

（1）在部署的网站名称上单击右键，选择新建“虚拟目录”，弹出“虚拟目录创建向导”，如图 4-35 所示。

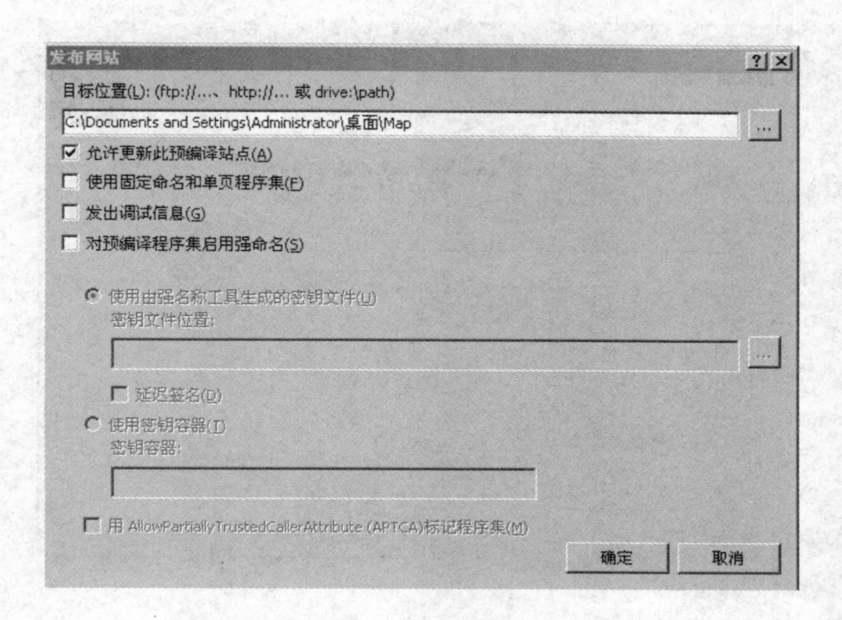


图 4-34　Microsoft Visual Studio 2010 发布网站页面

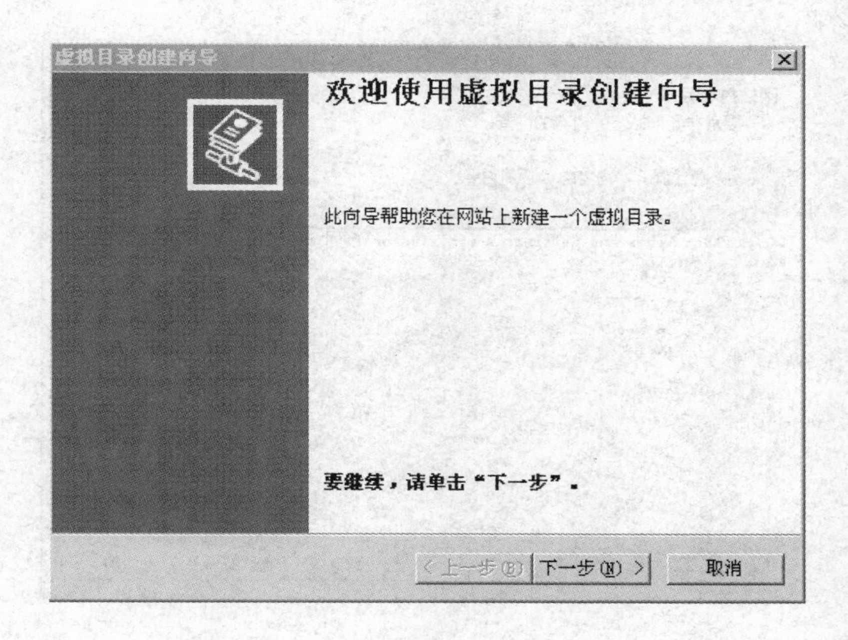


图 4-35　虚拟目录创建向导页面（一）

（2）在别名中输入名称（不能用中文字符），如"Map"。点击"下一步"继续设置，如图 4-36 所示。

（3）选择要发布到网站上的内容位置，点击"浏览"找到 Microsoft Visual Studio 2010 发布网站所生成的文件夹位置，单击"下一步"继续，如图 4-37 所示。

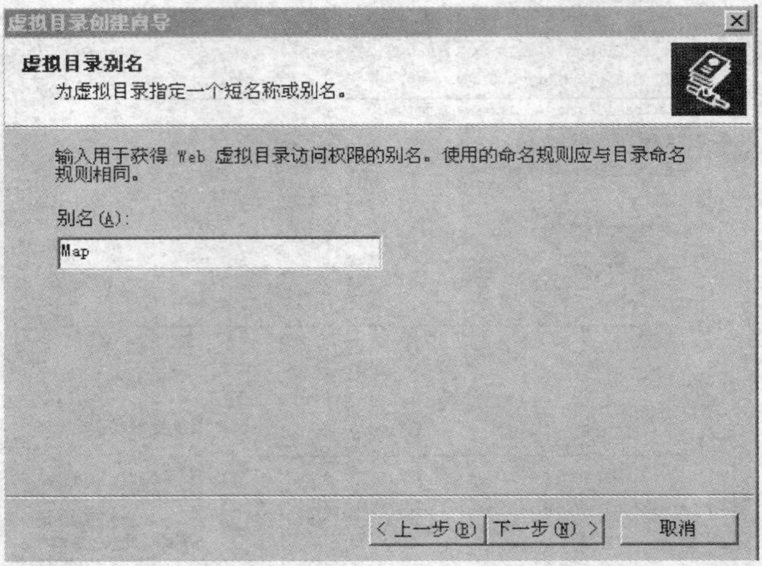

虚拟目录创建向导
虚拟目录别名
为虚拟目录指定一个短名称或别名。
输入用于获得 Web 虚拟目录访问权限的别名。使用的命名规则应与目录命名规则相同。
别名(A):
Map
< 上一步(B)
下一步(N) >
取消

图 4-36　虚拟目录创建向导页面（二）

虚拟目录创建向导
网站内容目录
要发布到网站上的内容的位置。
输入包含此网站内容的目录的路径。
路径(P):
C:\Documents and Settings\Administrator\桌面\Map
浏览(R)...
< 上一步(B)
下一步(N) >
取消

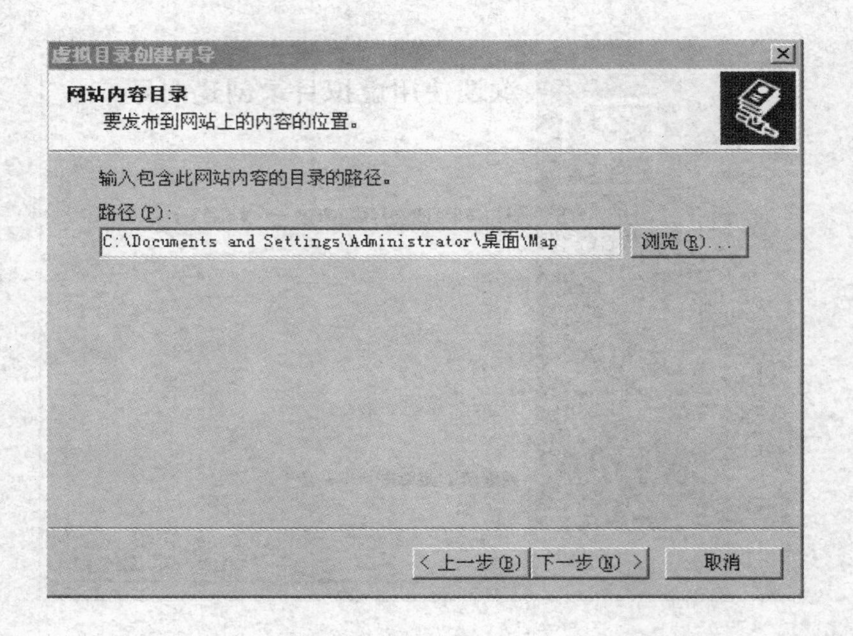

图 4-37　设置虚拟目录网站路径页面

（4）可根据用户需求，设置虚拟目录的访问权限，一般选择“读取”、“运行脚本”和“执行（如 ISAPI 应用程序或 CGI）”。点击完成后部署成功，如图 4-38 所示。

（5）部署完成后，回到 Internet 信息服务（IIS）管理器，由于网站的建立采用 . NET Framework 4 框架，故需要在部署的网站上设置 ASP . NET 的版本，在虚拟目录名称上右键选择属性，在 ASP . NET 标签页上选择版本 4. 0. 30319，单击“应用”后设置成功，网站设置及部署全部完成，如图 4-39 所示。

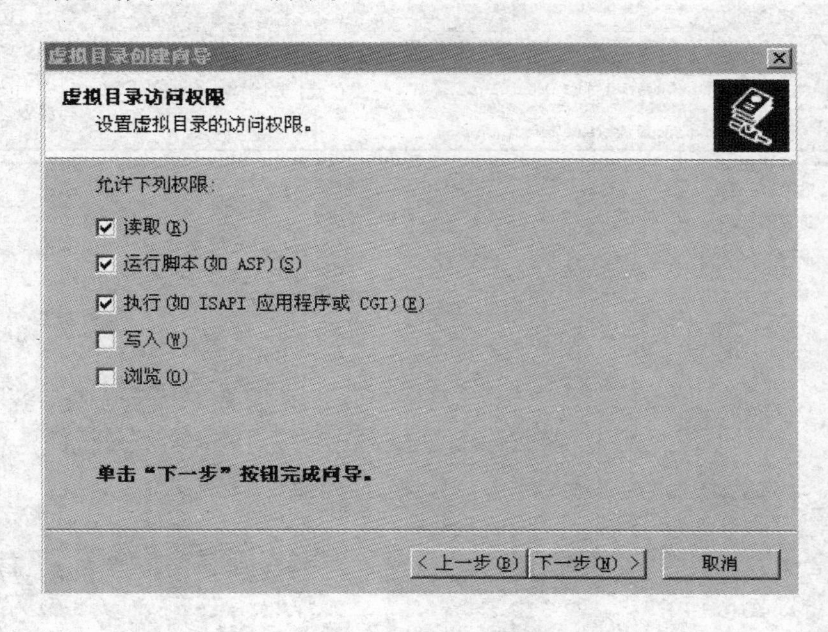


图 4-38 设置虚拟目录访问权限页面

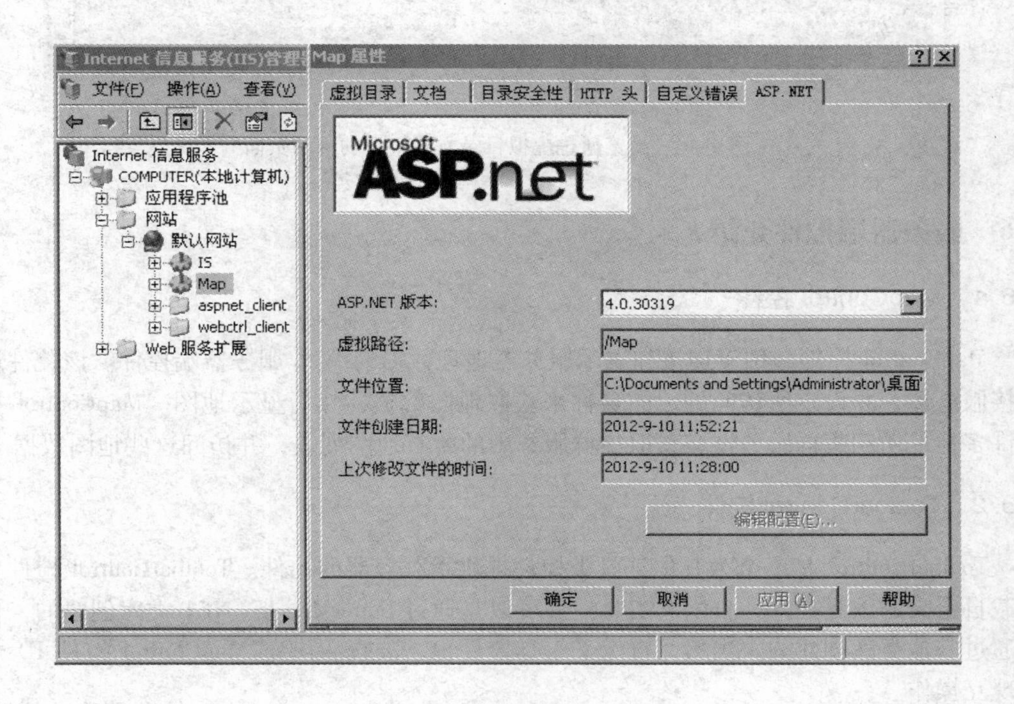


图 4-39 设置虚拟目录的 ASP . NET 版本页面

（6）网站设置完成后，可以通过域名和虚拟目录名称的方式访问网站，例如

“http：//localhost/Map1/Default. aspx”，如图 4-40 所示。

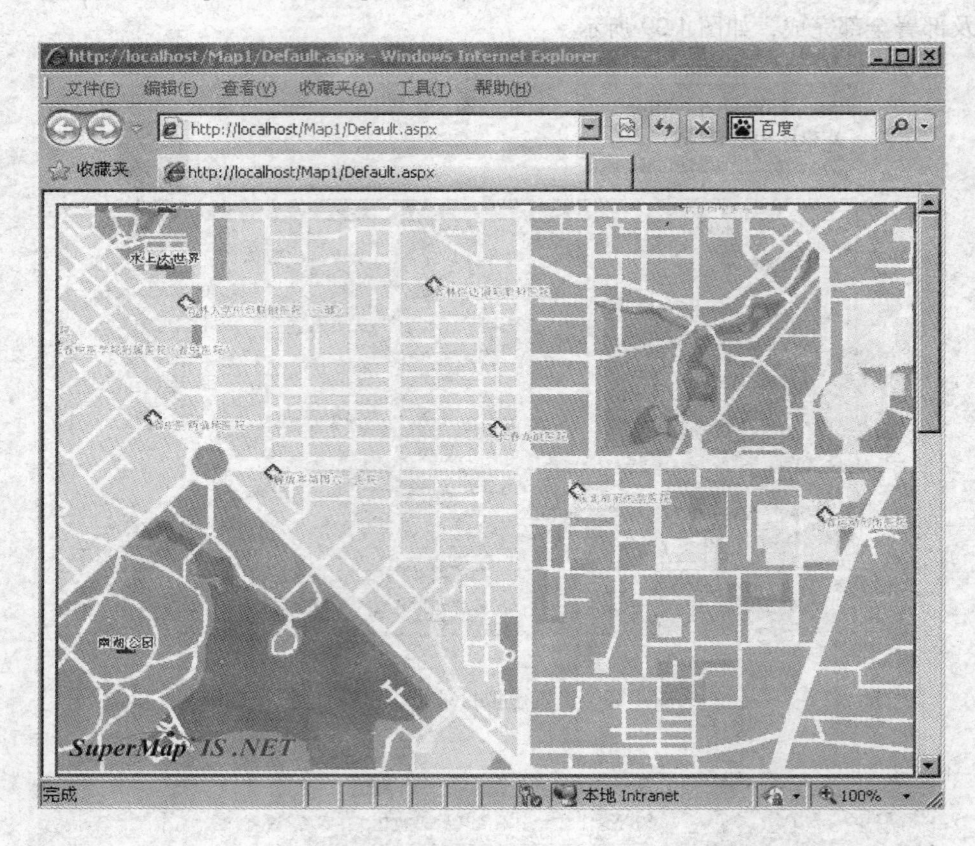


图 4-40　浏览通过虚拟目录方式架设的网站页面

## 4.6　服务器端控件介绍

### 4.6.1　MapControl 控件

MapControl 控件是用于连接和展示服务器地理数据的 Web 服务器端控件。该控件通过连接服务器，并设定所访问的地图名称来获取地图数据，然后显示地图。MapControl 控件允许多地址访问集群服务器，获取集群服务中的所有地图列表，并访问这些地图数据。

### 4.6.2　ToolbarControl 控件

ToolbarControl 是一个为其他工具类控件提供承载容器的控件。ToolbarControl 控件允许加载自定义的工具控件，自定义工具控件可以是通过 SuperMap IS . NET 类库创建的，也可以通过其他类库创建的。当然，自定义工具控件也需要设置绑定 MapControl 控件 ID 号来实现互操作。

在加载 AjaxControls 的 ToolbarControl 控件后，其中已经加载了拥有地图浏览功能的 6 个预定义工具控件，这些控件无需编程便可使用了，它们分别是：全图显示、地图漫游、快速放大、快速缩小、拉框放大、拉框缩小。

### 4.6.3 其他依赖于 MapControl 的辅助控件

#### 4.6.3.1 OverviewControl

OverviewControl 即鹰眼控件。它的主要作用是使用户通过鹰眼窗口能够判断出当前地图窗口显示的地图所在的位置和范围；同时还可以通过移动鹰眼窗口中的红色矩形方框来快速改变当前地图显示窗口中的地图信息，如图 4-41 所示。

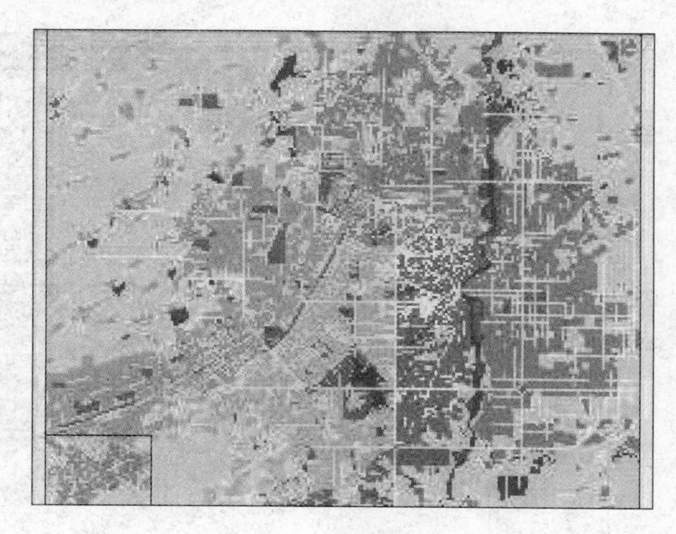

图 4-41 鹰眼页面

#### 4.6.3.2 LegendControl

LegendControl 即图例控件。它的主要作用是根据地图窗口展示的地图数据列出该地图的图例，需要说明的是图例是根据地图的图层获得的，因此图例数据和图层数据是相同的，如图 4-42 所示。

#### 4.6.3.3 ScaleBarControl

ScaleBarControl 即缩放条控件。它的主要作用是用户通过改变缩放条比例来实现地图窗口中的地图缩放，如图 4-43 所示。

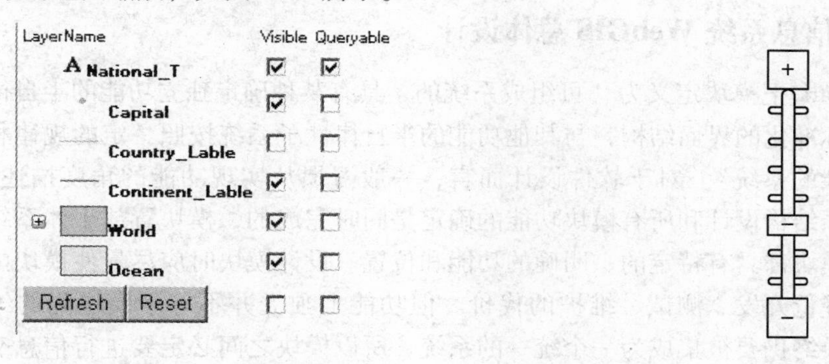


图 4-42 图例控制页面

图 4-43 缩放条页面

#### 4.6.3.4　NavigationControl

NavigationControl 即导航控件。它的主要作用是用户可以通过点击指北针的各个方向来平移地图，如图 4-44 所示。

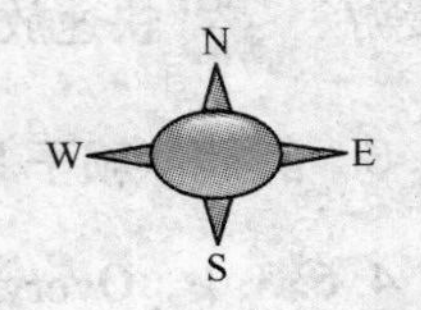


图 4-44　指北针页面

#### 4.6.3.5　MagnifierControl

MagnifierControl 即放大镜控件。它的主要作用是用户通过移动放大镜控件获得放大镜中心点地图数据的放大显示，该控件支持多种放大倍数，支持折叠和挂靠，如图 4-45 所示。

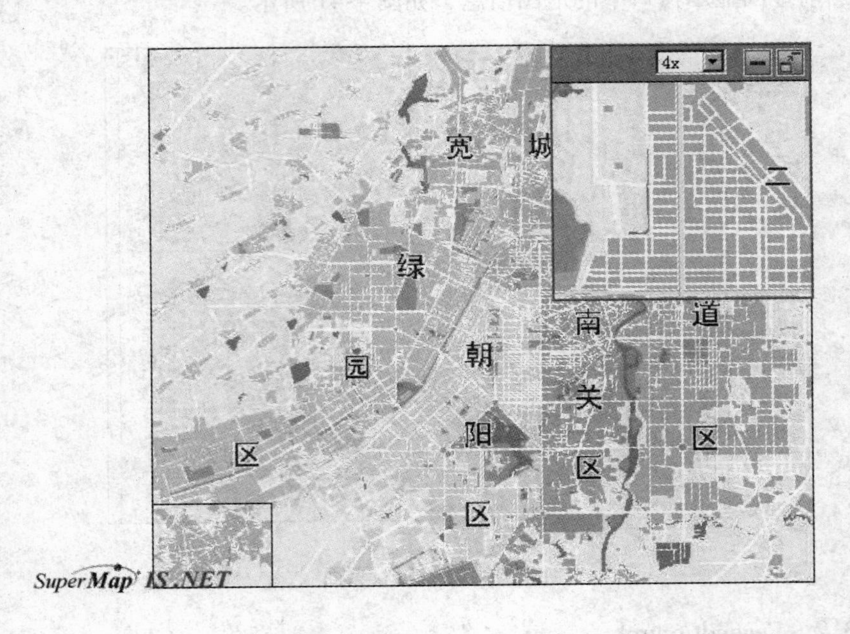


图 4-45　放大镜页面

#### 4.6.3.6　LayerControl

LayerControl 即图层控件。它的主要作用是根据地图数据显示地图的图层和图例，并允许用户控制图层的可见性和可查询性，同时它还支持专题图图层，支持鼠标右键的扩展功能。

## 4.7　多元地学信息系统 WebGIS 总体设计

Baldwin 和 Clark 把模块定义为“可组成系统的，具有某种确定独立功能的半自律性的子系统，可通过标准化的界面结构，与其他功能的半自律性子系统按照一定的规律相互联系而构成的更复杂的系统”。对于软件设计而言，一般习惯从实现功能的角度描述模块，可以说软件的体系结构设计和所有模块功能的确定是同时完成的，模块置放于体系结构的恰当位置。每个模块都具有特定的、明确的功能和位置。设计模块时应尽量使模块的功能独立，这样可以降低开发、测试、维护的代价。但功能上独立并不等于模块间的绝对孤立，所有的模块最终仍要被集成为一个统一的系统，所以模块之间必定要进行信息交流和相互配合。

"模块化"（modularization）是指把一个复杂系统或过程根据系统规则分解为能够独立设计的半自律性子系统的过程，或者是按照某种联系规则，将可进行独立设计的子系统统一起来构成更加复杂的系统或过程（朱瑞博，2004）。将多元地学信息系统的 WebGIS 部分分解为包含一系列功能的子系统，然后逐一实现这些模块，最后把所有的模块集成为原来的系统，这样可以大大提高系统的开发效率。

### 4.7.1 WebGIS 子系统

多元地学信息系统 WebGIS 部分主要由以下几个子系统构成：

（1）登录管理子系统。多元地学信息系统"B/S"浏览器端的登录管理子系统同时也是"C/S"客户端登录模块的一部分，同样基于 RBAC 和 iKey 的登录安全控制。网络用户角色的部分属性和组织结构与"C/S"客户端相同，登录管理子系统同时管理着 WebGIS 的登录，交流平台的登录和后台控制的登录。

（2）日志管理子系统。日志管理子系统包括登录记录与数据操作记录两部分，主要记录了用户登录后的各种信息，包括登录、退出系统时间，登录地点及 IP，访问、下载的数据，对数据进行的操作等。

（3）地图管理子系统。地图管理子系统下面包括了地图显示模块、地图空间管理模块、地图搜索模块、地图编辑模块、地图布局模块和空间分析模块，是 WebGIS 的核心模块之一。

（4）文档管理子系统。文档管理子系统由文档显示模块、文档查询模块和文档组织结构模块构成，管理网络文档的上传、审定、发布等功能。

（5）权限管理子系统。权限管理子系统主要由角色权限管理模块、基于图件的权限管理模块、基于文档的权限管理模块三部分组成。基于图件的权限管理模块和基于文档的权限管理模块是针对地图和文档的次级权限管理，是角色权限管理基础的拓展。角色权限管理模块控制着 WebGIS 的权限、交流平台的权限和后台控制的权限等。

（6）WebGIS 与"C/S"客户端交互子系统。交互子系统主要负责与"C/S"客户端的交互任务，管理"C/S"客户端的地图、文档上传，审核与发布等内容。

（7）后台管理子系统。后台管理子系统主要包括 WebGIS 的系统配置、首页地图、工作空间、服务器 IP 和域名的设置等功能。

（8）交流平台。交流平台在网络上一般论坛功能的基础上增加了与"C/S"客户端及 FTP 服务器的交互功能。

WebGIS 的具体功能结构如图 4-46 所示。

### 4.7.2 WebGIS 数据表

WebGIS 端数据表的设计不仅要与"C/S"客户端数据表相对应，还要满足多元地学数据的特殊性。WebGIS 的数据表与"C/S"客户端数据表的更新必须是同步的、实时的，这样才是一个整体的多元地学信息系统，而不是相互独立的两部分。

#### 4.7.2.1 WebGIS 数据表设计

空间数据主要由地理、地质、物探、化探、遥感、测量等地学数据组成。对于地理、

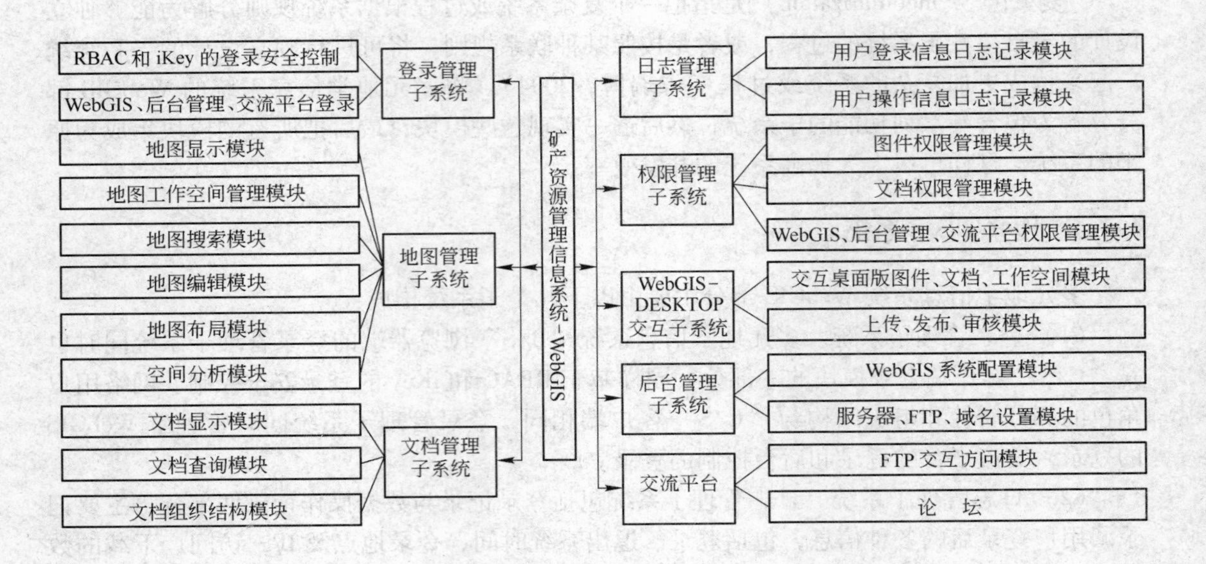


图 4-46　WebGIS 功能结构

地质、物探、化探、遥感等空间数据采用矢量数据结构存储，对于图像、图片等空间数据采用栅格数据结构存储。WebGIS 数据表的关系如图 4-47 所示。

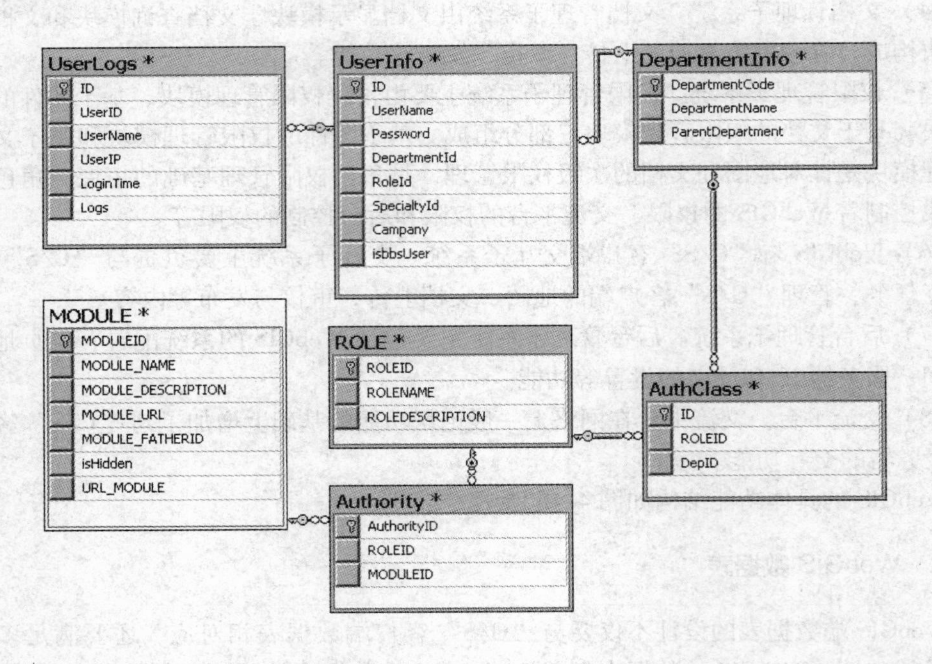


图 4-47　WebGIS 数据表关系图

多元地学信息系统 WebGIS 的属性数据库记录了与属性数据相关的信息，ResourceType 数据表、ResourceInfo 数据表的结构见表 4-2、表 4-3。

表 4-2 ResourceType 数据表的结构

| 列 名 | 数据类型 | 说 明 | 列 名 | 数据类型 | 说 明 |
|---|---|---|---|---|---|
| ID | 自动编号 | | FTPPath | varchar(50) | 文件所处 FTP 路径 |
| TypeName | varchar(50) | 文件类型名称 | Filter | varchar(50) | 文件过滤 |
| FileExt | varchar(10) | 文件类型扩展名 | MultiFile | bit | 是否是多重文件 |

表 4-3 ResourceInfo 数据表的结构

| 列 名 | 数据类型 | 说 明 | 列 名 | 数据类型 | 说 明 |
|---|---|---|---|---|---|
| FileID | 自动编号 | | ResourceMajor | int | 是否是多重文件 |
| ID | varchar(50) | 资源所对应的图件属性 ID | ResourceUser | varchar(50) | 资源的上传用户 |
| ResourceName | varchar(100) | 资源名称 | ResourceTimes | datetime | 资源的上传时间 |
| FTPPath | varchar(50) | 文件所处 FTP 路径 | ResourceDept | int | 资源的所属部门或公司 |
| ResourceType | int | 资源所属类型 | ResourceIsPublish | int | 资源是否允许网络发布 |

#### 4.7.2.2 权限数据表设计

WebGIS 的权限设计是基于 RBAC 模型，由“Role”、“UserInfo”、“Authortiy”、“Module”四个基础表组成，同时也可以扩展权限的自定义或细分，如“AuthClass”表，定义了角色对应的数据权限，同理，可以定制角色对应的操作权限。数据表结构见表 4-4 ~ 表 4-8。

表 4-4 UserInfo 数据表结构

| 列 名 | 数据类型 | 说 明 | 列 名 | 数据类型 | 说 明 |
|---|---|---|---|---|---|
| ID | 自动编号 | | CampanyID | int | 对应所属公司 ID |
| UserName | varchar(50) | 用户名 | DepartmentID | int | 对应所属部门 ID |
| PassWord | varchar(50) | 密 码 | RoleID | int | 对应角色 ID |

表 4-5 Role 数据表结构

| 列 名 | 数据类型 | 说 明 | 列 名 | 数据类型 | 说 明 |
|---|---|---|---|---|---|
| RoleID | 自动编号 | | RoleDescription | varchar(50) | 角色的辅助描述 |
| RoleName | varchar(50) | 角色名称 | | | |

表 4-6 Module 数据表结构

| 列 名 | 数据类型 | 说 明 | 列 名 | 数据类型 | 说 明 |
|---|---|---|---|---|---|
| ModuleID | 自动编号 | | Module_Url | varchar(50) | 模块所对应的地址 |
| ModuleName | varchar(50) | 模块名称 | Module_FatherID | int | 模块的级别 |
| ModuleDescription | varchar(50) | 模块的辅助描述 | | | |

表 4-7 Authortiy 数据表结构

| 列 名 | 数据类型 | 说 明 | 列 名 | 数据类型 | 说 明 |
|---|---|---|---|---|---|
| AuthortiyID | 自动编号 | | ModuleID | int | 模块 ID |
| RoleID | int | 角色 ID | | | |

表 4-8 AuthClass 数据表结构

| 列 名 | 数据类型 | 说 明 | 列 名 | 数据类型 | 说 明 |
|---|---|---|---|---|---|
| ID | 自动编号 | | DepartID | int | 所属公司或部门 ID |
| RoleID | int | 角色 ID | | | |

## 4.8　多元地学信息系统 WebGIS 的实现

### 4.8.1　用户登录

在 Web 浏览器中输入“http：//域名”，进入“B/S”浏览器端登录窗口（图 4-48），与“C/S”客户端登录验证方法相同，在用户名、密码与 iKey 进行匹配后，系统验证用户权限，然后允许用户登录到多元地学信息系统“B/S”浏览器端首页。

图 4-48　登录界面

WebGIS 主要由文档管理、地图应用、交流平台三部分构成，首页显示了文档管理界面和导航栏、登录日志、个人设定等模块，如图 4-49 所示。

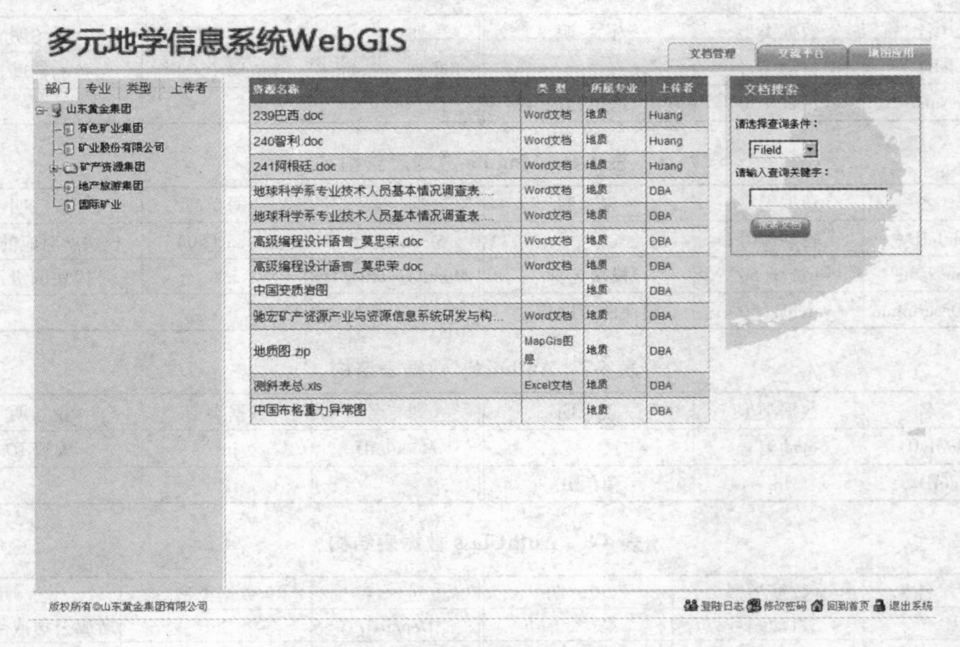


图 4-49　浏览器端登录首页

文档管理页面显示了当前用户权限可以浏览或下载的全部文档，这些文档经过后台管理员的审核后发布到首页。文档发布后按照“资源名称、类型、所属专业、上传者”进行排列，并且根据组织结构自动分类。系统根据上传者、部门、专业、类型来自由定制生成树形导航。利用“TreeView”控件，实时生成部门的树形菜单。通过匹配数据权限和操作权限，用户可查看、下载与自身权限相关的文档信息，根据组织结构、条件或关键字查询，可将结果直观地显示在页面上。

#### 4.8.1.1 组织结构

根据上传者、部门、专业、类型来自由定制生成树形导航。利用“TreeView”控件，实时生成部门的树形菜单，关键代码如下：

```
privatevoid AddChildNode(DataTable dt,TreeNode node)//递归以实现无限级树
    {
        DataView dv = newDataView(dt);//建立 dt 的表视图
        dv.RowFilter = "[parent] ='" + node.Value + "'";//过滤
        foreach (DataRowView drv1 in dv)
        {
            TreeNode ChildNode = newTreeNode();
            ChildNode.Text = drv1["name"].ToString();
            ChildNode.Value = drv1["id"].ToString();
            ChildNode.Target = "main";
            ChildNode.NavigateUrl = "List.aspx? typeid=4&type=" + drv1["id"].ToString();
            ChildNode.Expanded = false;//展开属性为 FALSE
            node.ChildNodes.Add(ChildNode);
            AddChildNode(dt,ChildNode);
        }
    }
```

#### 4.8.1.2 文档显示和文档搜索

通过匹配数据权限和操作权限，用户可查看、下载与自身权限相关的文档信息，根据组织结构、条件或关键字查询，可将结果直观地显示在页面上。

程序设计的一个重要思想是代码和组件的重用性，这样不仅可以提高程序的开发效率，减少程序员的代码工作量，重要的是体现面向对象的特征。因此往往建立公共类，抽出公共类的方法为程序员留出编程接口，这样可以提高开发效率。定义了 SqlHelp.cs 类，相关关键代码如下：

```
protectedvoid bindGvAll()//将数据信息绑定到 GridView
{
        DataSet ds = db.getDS("select * from ResourceInfo where 条件 ");
        sgvMain.DataSource = ds;
        sgvMain.DataBind();
        ds.Clear();
        ds.Dispose();
    }
```

```
/// <summary>
///执行添加、删除、更新时使用
/// </summary>
publicstaticbool DoSql(string strSqlCom)//执行添加、删除、更新时使用
{
  SqlConnection con = db.conn();
  SqlCommand sqlCmd = newSqlCommand(strSqlCom,con);
  try
    {
        sqlCmd.ExecuteNonQuery();
        return true;
    }
  catch (Exception e)
    {
      throw (newException(e.Message));//抛出一个错误。
      returnfalse;
    }
  finally
    {
        con.Close();  //关闭数据库
    }
}
  /// <summary>
  ///定义一个方法返回 DataSet 类型
  /// </summary>
  /// <param name="strCom"></param>
  /// <returns></returns>
  publicstaticDataSet getDS(string strCom)//该方法返回一个 DataSet 类型
  {
    try
      {
        SqlConnection con = db.conn();
        SqlCommand sqlCmd = newSqlCommand(strCom,con);
        sda = newSqlDataAdapter();
        sda.SelectCommand = sqlCmd;
        DataSet ds = newDataSet();
        sda.Fill(ds);
        return ds;
      }
    finally
      {
        con.Close();
      }
```

```
}
/// <summary>
///定义一个方法返回 DATASET 的 TABLE 方式
/// </summary>
/// <param name = "strCom" > </param>
/// <param name = "TableName" > </param>
/// <returns> </returns>
publicstaticDataSet getDSTable(string strCom,string TableName)
{
  try
    {
      SqlConnection con  = db.conn();
      SqlDataAdapter sda  = newSqlDataAdapter(strCom,con);
      DataSet ds  = newDataSet();
      sda.Fill(ds,TableName);
      return ds;
    }
  finally
    {
      con.Close();
    }
}
/// <summary>
///定义一个方法返回 SqlDataReader 类型
/// </summary>
/// <param name = "strCom" > </param>
/// <returns> </returns>
publicstaticSqlDataReader getReader(string strCom)//该方法返回一个 SqlDataReader 类型
{
  SqlConnection con  = db.conn();
  SqlCommand sqlCmd  = newSqlCommand(strCom,con);
  SqlDataReader sdr  =sqlCmd.ExecuteReader();
  return sdr;
}
/// <summary>
///检验是否存在数据
/// </summary>
/// <param name = "SQL" > </param>
/// <returns> </returns>
publicstaticbool ExistDate(string strCom)
{
  SqlConnection con  = db.conn();
  SqlCommand sqlCmd  = newSqlCommand(strCom,con);
```

```
SqlDataReader sdr  = sqlCmd. ExecuteReader( ) ;
if ( sdr. Read( ) )
    {
        con. Close( ) ;
        sdr. Close( ) ;
        returntrue ;
    }
else
    {
        con. Close( ) ;
        sdr. Close( ) ;
        returnfalse ;
    }
}
```

### 4. 8. 2　WebGIS 地图平台

WebGIS 地图平台是“B/S”结构中最重要的部分，用户可以通过地图平台查看空间数据，对空间数据进行查询、编辑等操作，还可以实现部分空间分析功能。

地图平台的布局功能，可以让用户设置图层和图例、显示空间数据属性、查看地图要素信息、打印自定义专题图等，如图 4-50 所示。地图平台的基本功能包括：地图切换、量算结果、属性查图、图例查看、图层控制、查看数据集、地图定位、鹰眼、选择要素、路径分析、添加几何对象、更新几何对象、删除几何对象、平移几何对象、地图裁剪等。

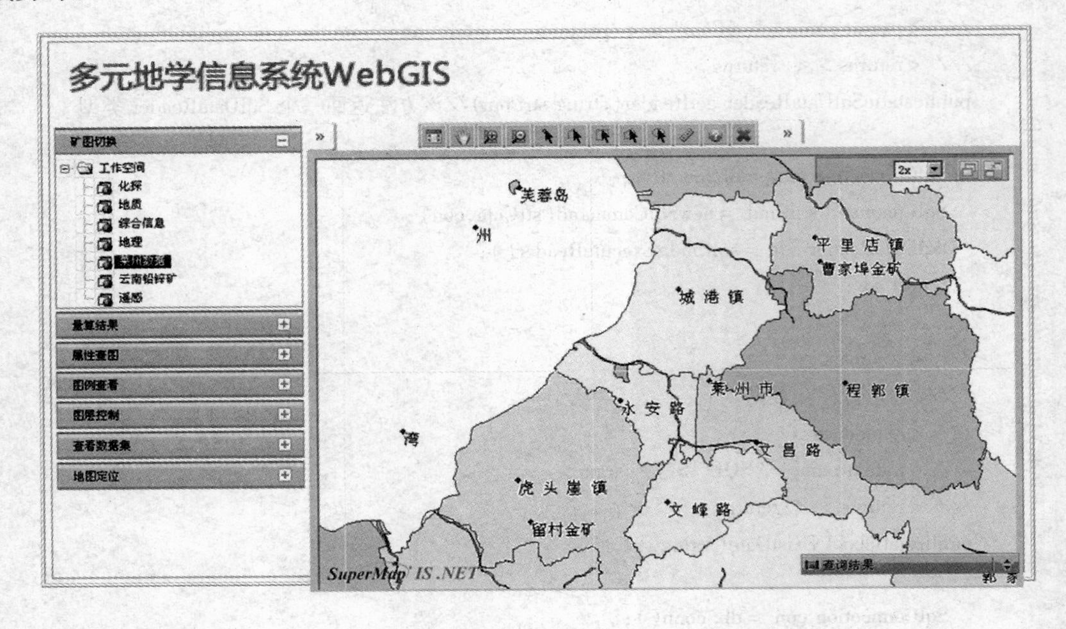


图 4-50　WebGIS 地图平台

#### 4.8.2.1 地图切换

树形导航列出了当前用户权限下可以访问的所有地图，用户可以快速选择需要的地图。系统通过“MapControl. mapName”设置地图的名称，然后通过“MapControl. Update()”刷新地图，最终实现地图切换的功能。

关键代码如下：

```
function MapSwitch()// 进行地图切换
{
        var select = document. getElementById("SelMap"); // 地图名称的下拉列表
        var mapName = select. options[select. selectedIndex]. value;
        map. mapName = mapName;
        map. Update();
        select = null;
}
function RenderMapName()
{
      // 将工作空间中的地图列表显示在页面的下拉列表(id 为 SelMap)中
      var select = document. getElementById("SelMap");
      if (! select) { return; }
      while (select. options. length > 0)
        { select. options[0] = null; }
      if (! map. layers || ! map. layers. length) { return; }
      for(i = 0;i < workspace. maps. length;i ++ )
      {
          var oOption = document. createElement("OPTION");
          select. options. add(oOption);
          oOption. innerText = workspace. maps[i];
          oOption. value = workspace. maps[i];
      }
      select = null;
}
```

#### 4.8.2.2 空间信息查询

空间信息查询分为通过属性信息查询和通过空间数据查询两种方式。

A 通过属性信息查询空间数据并在图上定位

这是一种模糊查询功能，根据输入的关键字从地图的某一个图层中查找到包含关键字的全部信息，并将查询结果显示在查询窗口中，符合条件的几何对象会在地图中高亮显示。

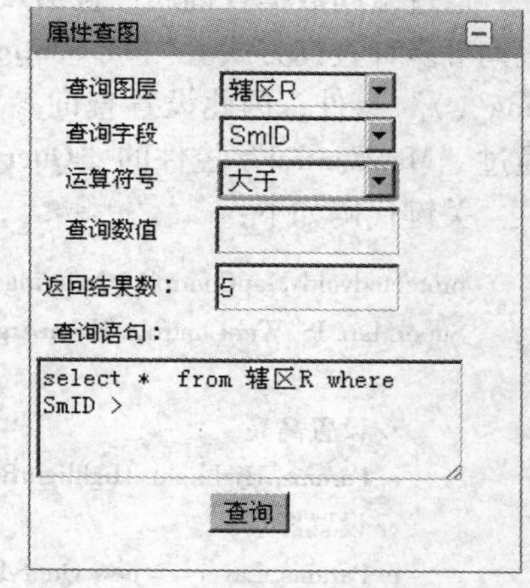

图 4-51 属性查图

属性查图可以对地图进行模糊查询（图 4-51），将查询结果与数据控件结合显示并将查询的地图高亮显示，在日常地图查询中经常使用。

属性查图功能实现的关键代码如下：

```
protectedvoid btnQuery_Click (object sender, EventArgs e)
{
    /＊定义一个查询参数设置对象 param，查询参数设置包括查询的图层、查询条件语句和字段以
及返回信息等，然后根据查询参数进行 SQL 查询＊/
    QueryParam param = new QueryParam ();
    //设置查询图层的对象
    QueryLayer queryLayer = new QueryLayer ();
    //设置查询结果中需要返回的属性字段
    queryLayer. ReturnFields = newstring [2];
    queryLayer. ReturnFields [0] = "SMID"; queryLayer. ReturnFields [1] = "Country";
    //设置查询图层名称以及过滤条件
    queryLayer. Name = "World@ World";
    queryLayer. WhereClause = "Country like '＊" + this. tbQuery. Text + "＊'";
    param. Layers = new QueryLayer [1];
    param. Layers [0] = queryLayer;
    //设置是否返回高亮结果图，True，为高亮显示；False，为不高亮显示
    param. Highlight. HighlightResult = true;
    //利用 MapControl. QueryBySql 进行属性查询，并将结果存放到 resultSet 中
    ResultSet Rs = MapControl. QueryBySQL (param);
    //显示结果将其绑定到 DataGrid 中
    DataSet ds = Rs. ToDataSet ();
    dgResult. DataSource = ds;
    dgResult. DataBind ();
}
```

B　通过空间数据查询属性

通过空间数据查询属性包括点查询、框选查询、圈选查询、多边形查询和缓冲区范围查询等多种查询方式。“MapControl”控件专门有一个在查询前触发的“MapControl_Querying ()”事件，因此设置查询参数这一过程就在该事件中进行。查询结果显示出来后，通过“MapControl”控件的“QueryCompleted”事件处理，如图 4-52 所示。

关键代码如下：

```
protectedvoid MapControl1_Querying (object sender,
SuperMap. IS. WebControls. EventArguments. QueryingEventArgs e)
{
    //设置高亮
    e. Params. Highlight. HighlightResult = true;
    //设置图层
    e. Params. Layers = new QueryLayer [1];
    e. Params. Layers [0] = new QueryLayer ();
```

```
        //设置图层的名称
        e. Params. Layers [0] . Name = "World@ World" ;
        //设置返回字段
        e. Params. Layers [0] . ReturnFields = newstring [2];
        e. Params. Layers [0] . ReturnFields [0] = "SMID" ;
        e. Params. Layers [0] . ReturnFields [1] = "Country" ;
    }
//将查询后的结果绑定到 GridView
protectedvoid MapControl1_QueryCompleted (object sender,
SuperMap. IS. WebControls. EventArguments. QueryCompletedEventArgs e)
{
        ResultSet rs = new ResultSet ();
        rs. Recordsets = e. Recordsets;
        rs. TotalCount = e. TotalCount;
        DataSet ds = rs. ToDataSet ();
        dgResult. DataSource = ds;
        dgResult. DataBind ();
}
```

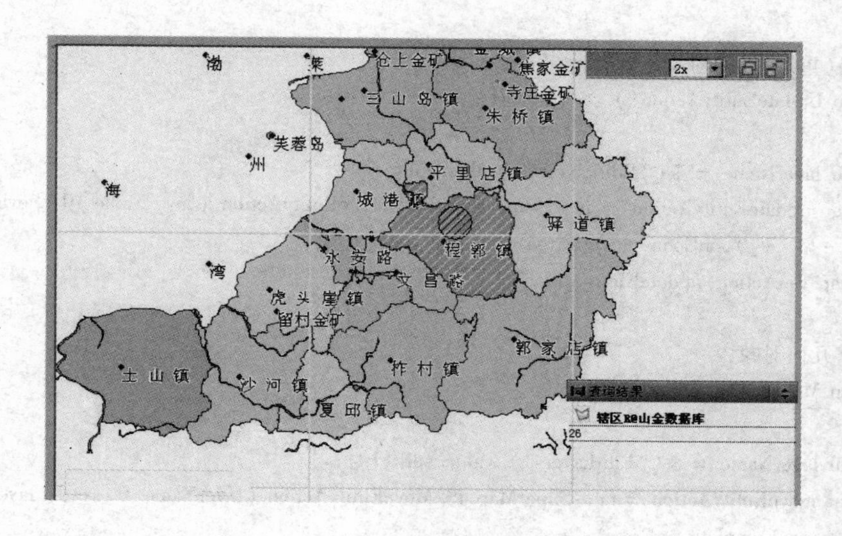


图 4-52 空间信息查询

MapControl 查询接口说明见表 4-9。

表 4-9 MapControl 查询接口说明

| 功 能 | 涉及接口 | 功 能 介 绍 |
|---|---|---|
| 属性查询 | MapControl. QueryBySQL () | 属性查询功能是通过设置查询参数的 SQL 查询语句，并调用功能接口实现查询功能的，查询结果为记录集，同时返回高亮的结果图层 |

续表 4-9

| 功 能 | 涉及接口 | 功 能 介 绍 |
| --- | --- | --- |
| 图查属性 | MapControl. QueryCompleted 事件和 MapControl. Querying 事件 | 图查属性功能可以使用点、矩形框、多边形或者圆的图形选择方式进行查询，它是通过触发两个事件完成的，其中 Querying 为查询前的触发事件，可以设置查询参数；QueryCompleted 为查询结束的触发事件，可以用于结果的显示处理 |

#### 4.8.2.3 地图编辑

系统通过添加几何对象（AddEntityAction）、更新几何对象（UpdateEntityAction）、平移几何对象（MoveEntityAction）、删除几何对象（DeleteEntityAction）等方法来实现对编辑图层的各种操作。

```
//设置添加几何对象的 Action
function AddEntityAction( )
  {
    var layerName = $ ("EditLayers"). value. split(',');
    var addEntityAction = new SuperMap. IS. AddEntityAction( layerName[0], eval( layerName[1]), on-
        Complete, onError);
    map. SetAction( addEntityAction);
  }
//更新(重绘)几何对象
function UpdateEntityAction( )
  {
    var layerName = $ ("EditLayers"). value. split(',');
    var updateEntityAction = new SuperMap. IS. UpdateEntityAction ( layerName[0], eval ( layerName
        [1]), onComplete, onError);
    map. SetAction( updateEntityAction);
  }
//平移几何对象
function MoveEntityAction( )
  {
    var layerName = $ ("EditLayers"). value. split(',');
    var moveEntityAction = new SuperMap. IS. MoveEntityAction ( layerName[0], eval( layerName[1]),
        onComplete, onError);
    map. SetAction( moveEntityAction);
  }
//设置删除几何对象的 Action
function DelEntityAction( )
  {
    var layerName = $ ("EditLayers"). value. split(',');
    var deleteEntityAction = new SuperMap. IS. DeleteEntityAction( layerName[0], eval( layerName[1]),
        onComplete, onError);
    map. SetAction( deleteEntityAction);
  }
```

MapControl 编辑接口说明见表 4-10。

表 4-10 MapControl 编辑接口说明

| 功 能 | 涉及接口 | 功 能 介 绍 |
|---|---|---|
| 添加点 | MapControl. AddPoint ( ) | 在一个可编辑的点图层中添加一个点对象 |
| 添加线 | MapControl. AddLine ( ) | 在一个可编辑的线图层中添加一个线对象 |
| 添加面 | MapControl. AddRegion ( ) | 在一个可编辑的面图层中添加一个面对象 |
| 修改实体对象 | MapControl. GetEntity ( )<br>MapControl. UpdateEntity ( ) | 在一个可编辑的图层中修改实体的属性信息和空间信息 |
| 删除实体对象 | MapControl. DeleteEntity ( ) | 在一个可编辑的图层中删除点、线、面实体对象 |

#### 4.8.2.4 图层、图例控制

用户可以通过设置图层和图例来打印所需要的专题地图，图层、图例控制如图 4-53、图 4-54 所示。

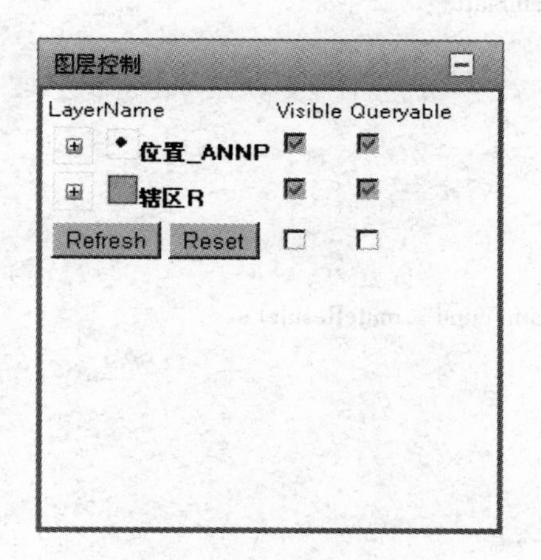


图 4-53 图层控制

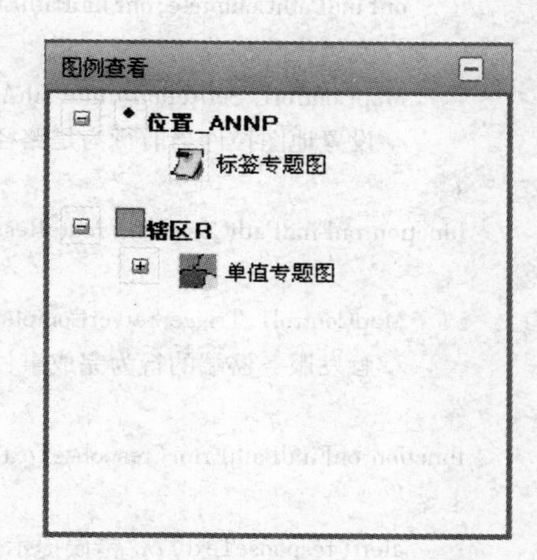


图 4-54 图例显示

图层控制功能的实现是利用“SuperMap. IS. AjaxControl. Utility”的“LayerItem”属性设置的，见表 4-11。

表 4-11 图层控制功能

| 属性字段 | 功 能 描 述 |
|---|---|
| Caption | 图层的标题 |
| Order | 指该图层在地图的所有图层中的呈现顺序 |
| QueryableChecked | 图层是否可查询 |
| RenderStyle | 该项的选择状态。比如是否呈现，是否可被修改 |
| Value | 只读字段。表示在页面表单中的值，该值通常对应该图层在 MapControl. layers 数组中的索引值 |
| VisibleChecked | 图层是否可显示 |

#### 4.8.2.5 基本控件

SuperMap IS.NET 的大部分功能都已经封装成了可视化控件，大大提高了程序开发的速度。根据控件的属性、方法和事件，可以方便地针对地图应用进行编程，例如地图拉框放大控件（ZoomInToolControl）、地图拉框缩小控件（ZoomOutToolControl）、地图漫游控件（PanToolControl）、全图显示控件（ViewEntireToolControl）。

#### 4.8.2.6 空间分析

WebGIS 的空间分析实现了最短路径分析、根据属性裁剪地图、缓冲区分析、最近设施分析、选址分区分析等一些简单的应用功能。

以路径分析为例，代码如下：

```
<script type="text/javascript">
    function SetFindPathAction()
    {
        var findPathAction = new SuperMap.IS.FindPathAction("BusNetwork@changchun",200,
        onFindPathComplete,onFindPathError,onFindPathStart);
        //实例化路径分析行为对象
        MapControl1.SetAction(findPathAction);
        //设置地图控件当前行为是路径分析
    }
    function onFindPathComplete(routeResult)
    {
        MapControl1.TriggerServerCompletedEvent("PathFound",routeResult);
        //触发服务器端的行为完成事件
    }
    function onFindPathError(responseText)
    {
        alert(responseText);//错误提示信息
    }
    function onFindPathStart()
    {
    }
</script>
```

MapControl 空间分析接口说明见表 4-12。

**表 4-12 MapControl 空间分析接口说明**

| 功 能 | 涉及接口 | 功 能 介 绍 |
|---|---|---|
| 路径分析 | MapControl. SpatialAnalystOperator. FindPath () | 路径分析是指在具有一定拓扑关系的图层中（网络数据图层），寻找从起始点—中间点(途经点)—终点的最优的行走路线。用户可以设置正向耗费以及逆向耗费参数 |
| 最近设施分析 | MapControl. SpatialAnalystOperator. ClosestFacility () | 最近设施分析是指在具有一定拓扑关系的图层中（网络数据图层），查找在事件点一定范围内的最临近设施，得到符合条件的几何对象 |

续表 4-12

| 功 能 | 涉及接口 | 功 能 介 绍 |
| --- | --- | --- |
| 资源分配分析 | MapControl. SpatialAnalystOperator. Allocate ( ) | 资源分配是一个将网络上弧段与结点分配到中心点的过程，依据中心点可提供的资源量和弧段、结点的需求量进行分配。若要限制资源流动的范围，则中心点会设定一个最大阻值，该阻力值表示资源流动的覆盖范围（服务区） |
| 选址分区分析 | MapControl. SpatialAnalystOperator. LocationsAllocate ( ) | 选址分区是为一个或多个待建的设施选定最佳或最优的地址以使需求方以一种最高效的方式获取服务或者商品。这个模型不仅要决定设施的分布状况，还要将需求点的需求分配到相应的设施中去 |
| 物流配送分析 | MapControl. SpatialAnalystOperator. Logistics ( ) | 物流配送即多路径旅行商分析，或者多车送货分析。例如一家运输公司有多个配送中心，多个配送目的点，物流配送就是解决如何合理分配各个货车的配送次序和送货路线，使配送总花费达到最小或每个配送中心的花费达到最小 |
| 公交分析 | MapControl. SpatialAnalystOperator. GetBusSolution ( ) | 公交分析会对站点数组中每两个相邻的站点进行换乘分析，最终将所有相邻站点的换乘方案集合返回 |

### 4.8.3 交流平台

用户可以通过“http：//域名/bbs/”进入交流平台登录页面，或者通过首页顶部的系统设置连接进入，如图 4-55 所示。交流平台除了具有通常的论坛功能，还实现了与“C/S”客户端以及 FTP 服务器交互发布文档资源的功能。

图 4-55 交流平台首页

# 5 多元地学信息系统的应用

地球空间数据挖掘(spatial data mining,SDM)是指从地球空间数据库中发现隐含的、先前不知道的、潜在有用的信息，提取感兴趣的空间模式与特征、空间与非空间数据的普遍关系及其他一些隐含在数据库中的数据特征，目的是把大量的原始数据转换成有价值的知识。

多元地学数据挖掘的过程包括：地学领域知识的理解、数据的理解、数据的集成与选择、多元地学数据融合、数据挖掘、分析结果的表达与解释、数据模型的评价、应用所建的模型等步骤，并反复进行人机交互的复杂过程。

多元地学信息系统将地球空间数据挖掘的过程转换成综合运用地学数据可视化和地质统计学方法的过程，试图在庞大的多元地学信息数据库中探索事先并不知道但潜在有用的地学信息或地质特征，挖掘数据的内在联系，获得新的、未发现的地学信息。本章以青海省都兰县沟里金矿（化）集区为研究区，应用多元地学信息系统对沟里地区的地质、物探、化探、遥感等数据进行挖掘，运用可视化及地质统计学的方法提取感兴趣的地学信息，总结成矿规律，圈定重点勘查区域。

## 5.1 研究区地理、地质信息概况

沟里金矿（化）集区位于布尔汗布达山的东段，隶属于青海省都兰县香日德镇沟里乡。研究区内属高山地貌，地形复杂，山脉走向近东西向，山势北陡南缓，南高北低，东高西低，河谷地带海拔3300~3500m，山区海拔4000~4700m，相对高差500~1000m。河流主要为卡可特尔河等，属内陆水系，汇入加鲁河流入柴达木盆地，水流量随季节变化较大，一般夏秋季水量大，春冬季水量小。

研究区内气候属高原草原半干旱类型，年平均气温 -1.2℃，年平均降雨量为733.0mm，年平均蒸发量为1103.4mm，相对湿度为56%。每年2~5月为风季，风力一般为6级；6~8月为雨季，降雨量占全年的80%。每年11月~翌年4月为冰冻期，平均气温 -6℃，最低 -26.3℃，最大日温差22.4℃。5~10月可开展野外作业，平均气温为5.5℃，最高气温19.7℃，最大温差25.1℃。

研究区面积约为1700km$^2$，集中了果洛龙洼金矿、按纳格金矿、阿斯哈（可热）金矿、瓦勒尕金矿、达里吉格塘金矿点等五个区域，研究区位置如图5-1所示。

### 5.1.1 大地构造背景

研究区隶属的东昆仑在地质构造上处于塔里木—华北和唐古拉—扬子两大古陆的拼合部位。该区地质构造复杂，金属成矿作用丰富。陈炳蔚（1995）等对东昆仑地质构造演化划分为前寒武古陆形成（造山带基底）、早古生代（加里东）造山旋回、晚华力西—印支造山旋回、中新生代叠复造山旋回等四期，其中，第二期和第四期与东昆仑地区金属成矿关系最密切。昆北、昆中、昆南及北巴颜喀拉深断裂是东昆仑地区最重要的近东西向构造边界。

姜春发（1992）和许朱琴（1996）等以昆中断裂为界，将东昆仑造山带分为昆南和

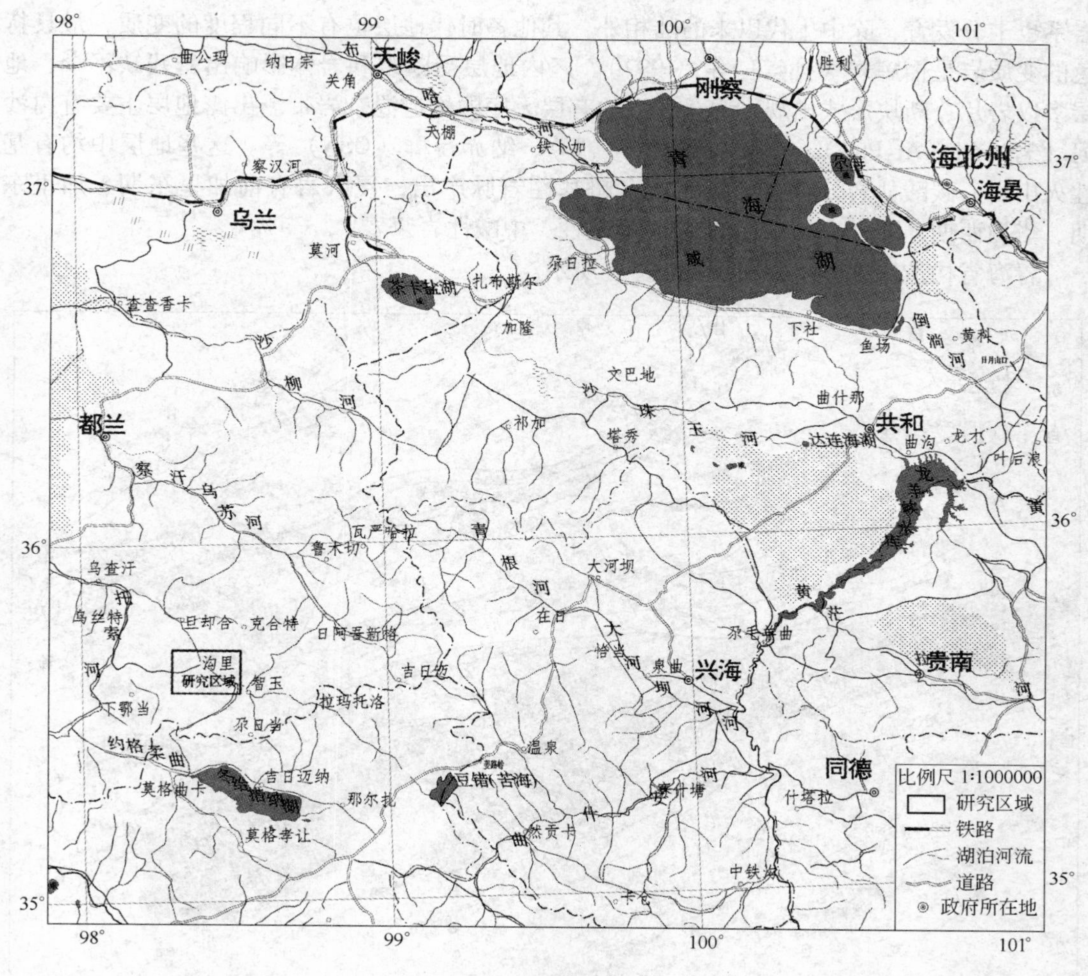

图 5-1 研究区位置图

昆北两个构造单元。姜春发和龙晓萍等通过对昆南及昆北这两单元在基底、盖层及岩浆活动方面的研究发现，两单元在基底、盖层及岩浆活动方面差异明显。

东昆仑造山带经历了复杂的地质演化历史，目前对东昆仑区域地球动力学演化仍存在较大争议。姜春发等（1992）提出东昆仑划分为加里东开合旋回、华力西开合旋回、印支开合旋回等三旋回开合构造演化模式；潘裕生等（1989，1996）等认为：东、西昆仑都是元古界的结晶基底，都是震旦纪在大陆边缘开始破裂，且于加里东期闭合造山，但东昆仑从震旦到奥陶纪为大陆裂谷或局部达初始洋盆的构造环境，裂谷并未扩张为大洋，西昆仑则是由大陆裂谷发展为成熟的大洋盆地；李廷栋等（1995，2002）提出了地体增生模式；孙丰月等根据地球动力学演化认为东昆仑造山带分为前加里东期、加里东期、海西—印支期及燕山—喜山期等四个阶段（赵财胜，2004）。

都兰地区位于柴达木盆地东北缘的都兰、茶卡、乌兰和德令哈一带，北至祁连山褶皱带，南跨东昆仑造山带，西接阿尔金断裂带，东连西秦岭造山带。都兰地区的造山作用过程实质上是原始秦昆洋、古秦祁洋、古特提斯洋形成演化和塔里木、华北、扬子和柴达木陆块碰撞拼贴的结果。该区岩浆活动强烈，超镁铁岩多出现于古生代及以前地层中。变质岩系也十分发育，除中生代以来的陆相外，其他各时代地层也有不同程度的变质，最具特色的变质岩是榴辉岩（孙崇仁等，1997）。区内地层受断裂和岩体影响出露残缺不全，地层多以岩片、断块形式出现，为一典型的有层无序的构造混杂岩带。出露地层主要有白沙河（岩）组（$Ar_3Pt_1b$）、万保沟群（$Pt_{2-3}W$）、纳赤台群（OSN）等。这些地层中均有基性火山岩、碳酸盐岩分布，局部地段有超基性岩脉产出，侵入岩有前加里东期、加里东期、华力西期、印支—燕山期的基性-超基性、中酸性岩浆岩。

青海省构造区划分单元略图如图 5-2 所示。

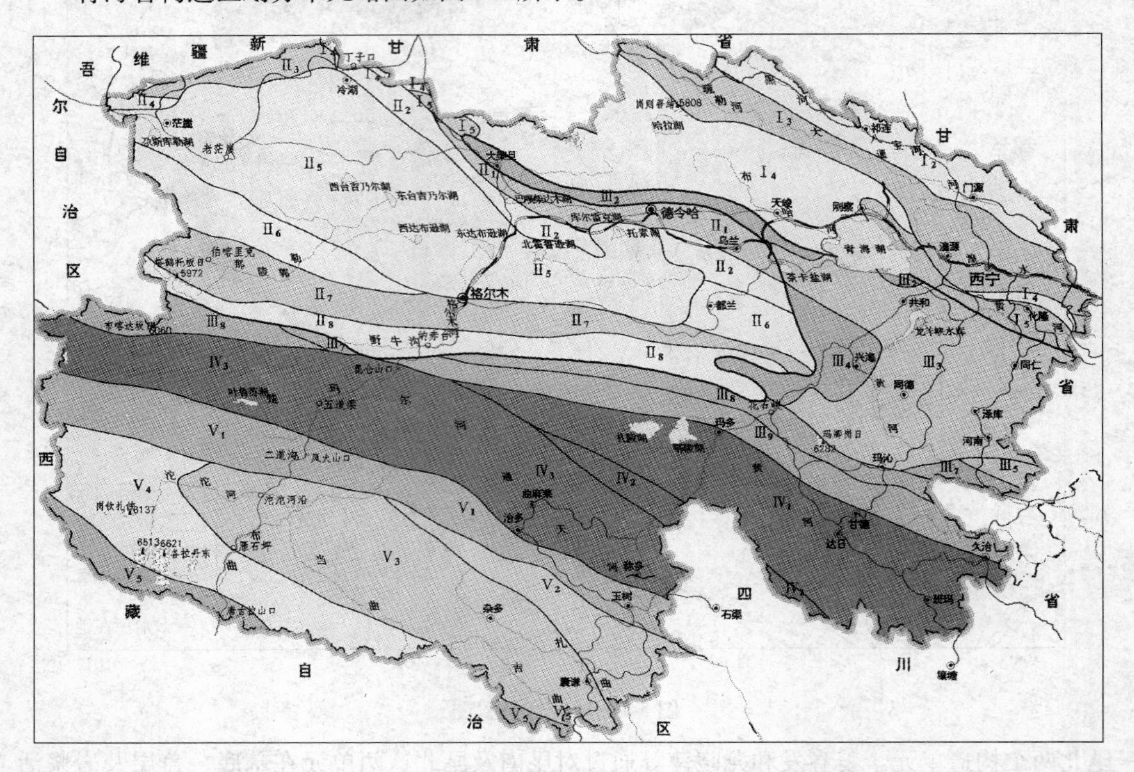


图 5-2　青海省构造区划分单元略图

（据青海省地质矿产勘查开发局修改，2003）

Ⅰ—秦祁昆（东昆仑、祁连、北秦岭）晚加里东造山系；$Ⅰ_1$—祁连造山带；$Ⅰ_2$—北祁连造山亚带；$Ⅰ_3$—中祁连元古宙古陆块体；$Ⅰ_4$—南祁连拉脊山造山亚带；$Ⅰ_5$—达肯达坂—化隆元古宙古陆块体；Ⅱ—东昆仑造山带；$Ⅱ_1$—欧龙布鲁克—乌兰元古宙古陆块体；$Ⅱ_2$—赛什腾山—阿尔茨托山造山亚带；$Ⅱ_3$—俄博梁元古宙古陆块体；$Ⅱ_4$—阿卡腾能山造山亚带；$Ⅱ_5$—柴达木晚中生代-新生代断坳盆地；$Ⅱ_6$—祁漫塔格—都兰造山亚带；$Ⅱ_7$—伯喀里克—香日德元古宙古陆块体；$Ⅱ_8$—雪山峰—布尔汗布达造山亚带；Ⅲ—青藏北特提斯（东特提斯北部）华力西—印支造山系；$Ⅲ_1$—布喀达坂—青海南山华力西、印支复合造山带；$Ⅲ_2$—宗务隆山华力西造山亚带；$Ⅲ_3$—同德—泽库早印支造山亚带；$Ⅲ_4$—兴海华力西、早印支复合造山亚带；$Ⅲ_5$—西倾山古陆块体；$Ⅲ_6$—布喀达坂峰—阿尼玛卿华力西、印支复合造山亚带；$Ⅲ_7$—柯生印支褶带；$Ⅲ_8$—布青山—积石山华力西褶带；$Ⅲ_9$—昌马河印支褶带；Ⅳ—巴颜喀拉晚印支造山带；$Ⅳ_1$—北巴颜喀拉造山亚带；$Ⅳ_2$—中巴颜喀拉造山亚带；$Ⅳ_3$—可可西里—南巴颜喀拉造山亚带；Ⅴ—唐古拉陆块；$Ⅴ_1$—北缘西金乌兰—玉树石炭纪—晚三叠世活动带（华力西、印支复合褶皱带）；$Ⅴ_2$—下拉秀中、晚三叠世沉降带；$Ⅴ_3$—沱沱河—杂多石炭、二叠纪沉降带（晚华力西断隆带）；$Ⅴ_4$—雁石坪中、晚侏罗世沉降带；$Ⅴ_5$—南缘唐古拉山南坡石炭、二叠纪活动带（华力西褶皱带）

## 5.1.2 区域地质概况

研究区从古元古代开始至今经历了多旋回造山事件改造，形成了极其复杂的构造格局，构造混杂现象普遍，古生代以前的地层全部发生了程度不同的变质和强烈变形，表现为成层无序的组合特征，部分晚古生代地层也发生了强烈的构造混杂和浅变质。研究区内大套地层单元之间均为断层接触，古生代及其以前的地层均以岩片或超岩片形式产出，总体表现为条块相间的构造格局。部分中生代地层与下伏地层之间为不整合接触。部分晚古生代和中生代地层属于有序或部分有序地层。区内岩浆活动频繁，侵入岩体星罗棋布。与岩浆活动、变质作用和构造运动有关的各类矿产比较丰富，其中以金、铜（钴）为主，其次为铁、铬和煤矿等。

### 5.1.2.1 地层

研究区内出露地层由新到老依次为：第四系、侏罗纪羊曲组、三叠纪洪水川组、格曲组、二叠纪布青山岩群、下古生界万保沟岩群、中元古代小庙岩群、苦海杂岩、古元古代金水口岩群白沙河岩组。区内出露的大部分地层均以岩片形式产出，包括了古元古代白沙河岩组、苦海杂岩，中元古代小庙岩群、万保沟岩群，下古生界和二叠纪布青山岩群。每个地层单元跨越时限范围比较大，单元内部属于无序组合，个别为部分有序组合，不同地层单元之间为断层接触。地层单元划分见表5-1。

**表5-1 青海东昆仑东段沟里地区金矿（化）集区与邻区地层单元划分**

| 地层年代 | 群或岩群 | 组或岩组 | 段或岩石组合 | 厚度/m | 地层单元描述 |
|---|---|---|---|---|---|
| 第四纪（Q） | | | | <50 | 主要由冲洪积漂卵石、残坡积-冰积块碎石以及风积砂土组成 |
| 侏罗纪（J） | | 羊曲组（Jy） | 未分 | 1200 | 下部为灰黄色砂岩夹灰色页岩，中部为薄层砂岩夹页岩和煤层，上部以厚层砂岩为主。含古植物化石 *Equisetites* sp.，*Carpoliths* sp. 和淡水双壳类化石 *Ferganoconcha* cf. *yanchanensis*，*Ferganoconcha* sp. 等。与下伏地层之间为断层接触 |
| 三叠纪（T） | | 洪水川组（Th） | 灰岩段（$Th^{ls}$） | 127 | 以灰色薄层灰岩夹页岩为主，局部夹砾屑灰岩。产遗迹化石。 |
| | | | 碎屑岩段（$Th^{cg+ss}$） | 2873 | 底部为灰色、紫红色砾岩和砂砾岩，中部为灰色和紫红色长石砂岩，上部为灰色粉砂质页岩夹薄层粉砂岩。产双壳和菊石化石，主要分子有 *Ophiceras* sp.，*Eumorphotis*，*Gurleyites* sp.，cf. *inaequicostata*，E. sp，*Tirolites* sp. 等 |
| | | | 流纹斑岩段（$Th^{\lambda\pi}$） | 120 | 紫红色流纹斑岩，底部发育火山集块岩和角砾岩。与下伏地层之间为不整合接触。 |
| 二叠纪（P） | | 格曲组（Pg） | 碳酸盐岩段（$Pg^{ls}$） | 684 | 浅灰色中、薄层石灰岩夹浅灰色厚层生物灰岩。产腕足类化石 *Lepotodus nobilis*，*Squamularia wageni*，等 |
| | | | 碎屑岩段（$Pg^{cg+ss}$） | 3238 | 主要为杂色河流相砾岩，夹灰色砂砾岩、紫红色和灰色长石砂岩，顶部出现几十米厚的灰绿色长石砂岩。与上下地层之间均为断层接触 |
| | 布青山岩群（Pbq） | | 碎屑岩组合（$Pbq^{cg+ss}$） | 2921 | 下部为灰色河流相砾岩，上部为灰色砂砾岩、紫红色含砾长石砂岩和灰色粉砂质页岩 |
| | | | 灰岩组合（$Pbq^{ls}$） | 667 | 浅灰色中、薄层石灰岩，岩层变形较强，岩石普遍发生了劈理化。产蜓类化石 *Misellina* sp.，*Schwagerina* sp. 等 |
| | | | 火山岩组合（$Pbq^{vo}$） | 966 | 主要为灰绿色变安山玄武岩、玄武岩，夹安山质凝灰岩。与下伏地层之间为断层接触 |

续表 5-1

| 地层年代 | 群或岩群 | 组或岩组 | 段或岩石组合 | 厚度/m | 地层单元描述 |
|---|---|---|---|---|---|
| 中元古代（$Pt_2$） | 万保沟岩群（$Pt_2wn$） |  | 灰岩组合（$Pt_2wn^{ls}$） | 687 | 以灰色中-厚层灰岩为主，夹灰色中-薄层白云质灰岩和灰白色白云岩。产叠层石 *Conophyton sp.* |
|  |  |  | 火山岩组合（$Pt_2wn^{vo}$） | 3770 | 主要为灰绿色变拉斑玄武岩，夹变安山玄武岩、片理化凝灰岩、细-粉砂岩、深灰色薄层灰岩和深灰色板岩。属于低绿片岩相变质。与下伏地层之间为断层接触 |
|  | 小庙岩群（$Pt_2xm$） |  | 角闪岩组合（$Pt_2xm^{am}$） | <120 | 一般呈透镜状产出，岩性为墨绿色角闪岩，多为早期侵入的基性脉岩变质产物 |
|  |  |  | 大理岩组合（$Pt_2xm^{mb}$） | 740 | 呈透镜状、层状夹在片岩之中。主要为灰色中-薄层大理岩、条带状大理岩，变形复杂 |
|  |  |  | 片岩组合（$Pt_2xm^{sch}$） | 2260 | 由云英片岩、二云片岩、黑云石英片岩和榴云片岩组成，局部夹石英片岩 |
| 古元古代（$Pt_1$） | 苦海杂岩（$Pt_1kh$） |  | 组合（$Pt_1kh^{sch}$） | 250 | 主要由深灰色黑云石英片岩夹黑云斜长角闪片岩组成，局部夹灰色黑云变粒岩 |
|  |  |  | 大理岩组合（$Pt_1kh^{mb}$） | 693 | 主要由灰白色及灰白相间的条带状大理岩、灰白色钙质片岩组成，局部夹二云片岩 |
|  |  |  | 角闪岩组合（$Pt_1kh^{am}$） | 1358 | 主要为墨绿色角闪（片）岩，局部夹少量混合片麻岩 |
|  |  |  | 片麻岩（$Pt_1kh^{gn}$） | 631 | 由浅灰色、浅肉红色黑云斜长片麻岩、黑云二长片麻岩组成 |
|  |  |  | 混合岩组合（$Pt_1kh^{mi}$） | 1613 | 主要为浅灰色、浅肉红色长英质混合岩，岩石一般为条带状构造，其中伟晶岩脉发育 |
|  | 金水口岩群（$Pt_1jn$） | 白沙河岩组（$Pt_1b$） | 片岩组合（$Pt_1b^{sch}$） | 337 | 呈透镜状夹在片麻岩中，主要为黑云石英片岩、榴云片岩 |
|  |  |  | 大理岩组合（$Pt_1b^{mb}$） | 131 | 主要为灰白色厚层-块状大理岩，其次为透闪大理岩和黑云大理岩 |
|  |  |  | 角闪岩组合（$Pt_1b^{am}$） | 3436 | 主要由深灰色斜长角闪片岩组成，夹墨绿色角闪岩透晶体 |
|  |  |  | 片麻岩（$Pt_1b^{gn}$） | 2188 | 由浅灰色黑云斜长片麻岩、条带状混合片岩和角闪黑云斜长片麻岩组成 |

注：除布青山岩群碎屑岩、洪水川组、羊曲组和第四系为真厚度外，其余均为视厚度。

A　古元古代白沙河岩组（$Pt_1b$）

在都兰地区主要分布在北部的香日德—卡可特尔地区，以瓦勒尕地区出露较全。白沙河岩组属于中深变质的无序地层，深熔作用及混合岩化现象普遍，多期变形面理取代了原始层理，不同岩石组合单元之间多以韧性剪切带接触。白沙河岩组主要由片麻岩和斜长角闪岩组成，其次为大理岩、变粒岩组成和黑云石英片岩。该套地层为区内重要的铁、金矿赋矿层位，区内已发现的瓦勒尕金矿、瓦勒尕铁矿等均赋存于该套地层中。

B　古元古代苦海杂岩（$Pt_1kh$）

苦海杂岩以中-深变质地层为主，混合岩化强烈。地层总体呈北东向展布，与相邻地层之间呈断层接触，受侵入体穿插破坏，地层连续性较差。苦海杂岩属于无序地层，由若干个岩片拼贴而成，几个主要岩性层之间均为断层接触。苦海杂岩主要由混合岩、片麻岩、斜长角闪岩、片岩和大理岩组成。

C 中元古代小庙岩群（$Pt_2xm$）

小庙岩群地层呈近东西向或北西西向分布，与两侧白沙河岩组之间为区域韧性剪切带接触。小庙岩群属于层状无序地层，发育多期变形面理，岩石组合主要为不同成分的片岩和大理岩组成，大理岩一般呈透镜状产出。小庙岩群主要岩石类型为黑云石英片岩、二云石英片岩、云英片岩、石英片岩和榴云片岩，其次为大理岩和角闪岩。

D 中元古代万保沟岩群（$Pt_2wn$）

万保沟岩群地层总体呈北东向展布，与下伏苦海杂岩断层接触，与上覆三叠纪洪水川组不整合接触。主要由浅变质火山岩岩片和碳酸盐岩岩片组成，两者之间为断层接触。主要为浅变质灰绿色中-基性火山岩、火山碎屑岩、凝灰岩，夹灰白色细砂岩、深灰色板岩和浅灰色-灰白色薄层灰岩。碳酸盐岩岩片主要由灰-灰白色薄-厚层灰岩、白云质灰岩夹白云岩组成，局部夹少量片理化泥质灰岩和千枚岩。

E 下古生界（$Pz_1$）

下古生界分布在果洛龙洼—按纳格一带，总体呈近东西向展布，南北边界均为区域韧性剪切带，分别与布青山岩群和白沙河岩组接触。该地层具有浅变质强变形特点，内部发育多条韧性剪切带。原始沉积属于一套海相复理石建造。岩石组合主要为变砂岩、绢云石英片岩和糜棱岩，总体属于低绿片岩相变质岩组合。

F 二叠纪布青山岩群（$Pbq$）

布青山岩群是由不同岩片拼贴而成的构造混杂体，岩片之间属于无序组合，碎屑岩岩片内部地层部分有序。

G 二叠纪格曲组（$Pg$）

地层总体呈北西西向展布，与下伏万保沟岩群和上覆三叠系洪水川组之间为断层接触。格曲组属于有序地层，自下向上由砾岩、砂岩、粉砂岩、生物灰岩和泥晶灰岩组成。岩石组合分为下段碎屑岩段和上段灰岩段。格曲组由下至上代表了一期完整的海侵过程。

H 三叠纪洪水川组（$Th$）

洪水川组与下伏二叠纪格曲组之间为断层接触，与上覆侏罗纪羊曲组之间为断层接触。洪水川组属于有序地层，主要由碎屑岩组成，从下至上代表了一次完整的海侵旋回。从下至上可以划分为火山岩段、碎屑岩段和灰岩段。

I 侏罗纪羊曲组（$Jy$）

羊曲组分布于研究区塔妥煤矿一带，属于中生代断陷盆地沉积，与下伏三叠纪洪水川组和二叠纪布青山岩群之间为断层接触，地层出露不完整。羊曲组属于有序地层，由河湖相砂岩和页岩组成，含煤层。

J 第四系（Q）

第四系主要沿河谷、坡脚及平缓山脊地带分布，按成因主要分为冲洪积（$Q_4^{apl}$）、残坡积（$Q_4^{edl}$）和冰川沉积（$Q_4^{gl}$），另外风积砂土也比较发育，但厚度一般比较小。

#### 5.1.2.2 构造-岩石地层单元

根据构造和岩石组合特征，可以将本区划分为5个构造混杂岩带，在每个构造混杂岩带内又进一步划分出超岩片和岩片，见表5-2。

**表 5-2　沟里金矿（化）集区与邻区构造-岩石地层单元划分**

| 造山亚带 | 构造混杂岩带 | 超岩片、岩片 | 主要地质特征 | 时代 |
|---|---|---|---|---|
| 昆北构造亚带 | 白沙河岩组构造混杂岩带 | 北部白沙河岩组超岩片（$Pt_1b$） | 由白沙河岩组（$Pt_1b$）组成，岩石组合主要为片麻岩、角闪岩、黑云石英片岩和大理岩，属于角闪岩相变质岩组合。构造变形以韧性变形和塑性流变为主，发育多条韧性剪切带，多期变形变质特征明显，早期的岩片经深变质改造后被焊接在一起。片内地层无序 | $Pt_1$ |
| | | 南部白沙河岩组超岩片（$Pt_1b$） | 由白沙河岩组（$Pt_1b$）组成，岩石组合主要为角闪岩、片麻岩、变粒岩和大理岩，属于角闪岩相变质岩组合。构造变形以韧性变形和塑性流变为主，多期变形和构造混杂造成片内不同岩性层之间呈相互穿插和包裹现象。片内后期断裂构造发育。片内地层无序 | |
| | 小庙岩群构造混杂岩带 | 片岩岩片（$Pt_2xm^{sch}$） | 由小庙岩群片岩（$Pt_2xm^{sch}$）组成，属于绿片岩相-低角闪岩相变质岩组合。以韧性变形为主，发育多条韧性剪切带，多期变形变质特征明显，无根紧闭片褶发育，侵入在片岩中的基性脉岩亦发生了褶皱。片内地层无序 | $Pt_2$ |
| | | 大理岩岩片（$Pt_2xm^{mb}$） | 由小庙岩群大理岩（$Pt_2xm^{mb}$）组成，岩石组合主要为条带状大理岩夹少量黑云片岩，属于绿片岩相变质岩组合。以韧性变形为主，大理岩中发育复杂的多期叠加褶皱，黑云片岩发生了糜棱岩化。片内地层无序 | |
| | | 早古生代岩片（$Pz_1$） | 由早古生代一套变质复理石建造组成，岩石组合主要为变砂岩和二云石英片岩，属于低绿片岩相变质岩组合。发育紧闭褶皱和热液活动形成的石英脉 | $Pz_1$ |
| | 布青山岩群构造混杂岩带 | 碎屑岩岩片（$Pbq^{cg+ss}$） | 由布青山岩群砾岩和砂岩（$Pbq^{cg+ss}$）组成，岩片边界附近地层发生了强烈变形，岩石发生了片理化和浅变质，原始层序已经被破坏。岩片中央地层有序，从下至上由砾岩逐渐变为砂岩，代表一次海侵沉积旋回。岩脉及热液脉体不发育，变形以紧闭背斜和向斜相间出现为特征，片内断裂均为脆性断裂 | P |
| | | 灰岩岩片（$Pbq^{ls}$） | 由布青山岩群石灰岩（$Pbq^{ls}$）组成。岩石发生了低绿片岩相变质，灰岩普遍发生了劈理化及糜棱岩化，褶皱紧闭。片内地层无序 | |
| | | 火山岩岩片（$Pbq^{vo}$） | 由布青山岩群浅变质火山岩（$Pbq^{vo}$）组成。岩石发生了低绿片岩相变质，褶皱紧闭。片内地层无序 | |
| | 万保沟岩群构造混杂岩带 | 碳酸盐岩岩片（$Pt_2wn^{ls}$） | 由灰岩、白云质灰岩夹白云岩和千枚岩组成。褶皱构造发育，以紧闭褶皱为主。片内地层有序 | $Pt_2$ |
| | | 火山岩岩片（$Pt_2wn^{vo}$） | 由浅变质基性-中基性火山岩夹砂岩、板岩和结晶灰岩组成。岩石发生了低绿片岩相变质。片内地层无序 | |

续表 5-2

| 造山亚带 | 构造混杂岩带 | 超岩片、岩片 | 主要地质特征 | 时代 |
|---|---|---|---|---|
| 昆北构造亚带 | 苦海杂岩构造混杂岩带 | 大理岩岩片（$Pt_1 kh^{mb}$） | 主要由苦海杂岩大理岩（$Pt_1 kh^{mb}$）组成。岩石组合以大理岩夹钙质片岩和云英片岩为主，属于绿片岩相变质岩组合。多期构造变形较强，片内紧闭无根褶皱发育，其中混杂有角闪岩岩块或透镜体，地层无序 | $Pt_1$ |
| | | 片岩岩片（$Pt_1 kh^{sch}$） | 由苦海杂岩片岩（$Pt_1 kh^{sch}$）组成，岩石组合为黑云石英片岩夹斜长角闪片岩，属于高绿片岩相-角闪岩相变质岩组合。片内地层无序 | |
| | | 角闪岩岩片（$Pt_1 kh^{am}$） | 由苦海杂岩角闪岩（$Pt_1 kh^{am}$）组成，岩石组合主要为斜长角闪岩，局部夹混合片麻岩，属于角闪岩相变质岩组合。以发育紧闭-同斜褶皱为特征，片内地层无序。受岩体侵入破坏，岩片支离破碎 | |
| | | 片麻岩岩片（$Pt_1 kh^{gn}$） | 由苦海杂岩片麻岩（$Pt_2 kh^{gn}$）和混合岩（$Pt_2 kh^{mi}$）组成，岩石组合为片麻岩、混合片麻岩和混合岩，局部夹角闪岩，属于角闪岩相变质岩组合，并伴有部分熔融。以发育紧闭-同斜褶皱、肠状褶皱为特征，伟晶岩脉发育，片内地层无序。受岩体侵入破坏，岩片支离破碎 | |

注：表中的构造-岩石地层单元总体按由北向南依次排列。

### 5.1.3 地质构造

研究区位于东昆仑造山带东段，自晚太古宙开始至今经历了复杂的演化历史，地层组合和变质变形比较复杂，侵入岩星罗棋布，岩石类型多样。研究区内主要地层单元之间以断层接触为主，构造线方向变化较大。

研究区古元古代白沙河岩组、苦海杂岩和中元古代小庙岩群构成本区古老的结晶基底。基底形成后，自中元古代中-晚期以来，研究区经历了复杂的以大陆裂解与拼合为特色的多旋回造山演化过程。印支期（三叠纪末）昆仑山地区最终造山隆起，中生代中晚期开始，主要为断陷和断隆，逐渐形成了当今的地质地貌。

多旋回造山造成研究区内的地层绝大部分呈断块、断片或岩片出露，大部分地层显示有层无序的非史密斯地层特征。区内古生代及其以前地层的构造变形形迹主要以断裂和片内无根褶皱发育为特点，较大规模的褶皱多被断裂错断，只残留褶皱构造的残破翼。中生代及其以后地层层序清楚，褶皱较为完整。

#### 5.1.3.1 造山带结晶基底构造特征

A 昆北造山带古元古代结晶基底白沙河岩组构造特征

白沙河岩组属于中-高级变质杂岩组合，原岩由碎屑岩、碳酸盐岩、火山岩以及中酸性侵入岩组成，以深层次韧性变形为主，叠加有晚期形成的脆性变形，发育平卧和同斜无根、紧闭褶皱为特征，局部混合岩化比较强烈，在混合岩中发育形态复杂的肠状褶皱；部分韧性剪切带发生的褶皱变形。白沙河岩组出露地区大量发育的海西期中酸性侵入岩体使得围岩发生混合岩化和复杂的塑性流变。

B 昆北造山带中元古代结晶基底小庙岩群构造特征

小庙岩群主要由片岩和少量大理岩组成，属于绿片岩相-角闪岩相变质岩组合，以韧性变形为主。主变质变形期形成的区域片理（$S_1$）发生了紧闭-同斜褶皱，侵入在地层中的基性脉岩也发生了变质和褶皱变形。

C 昆南造山带古元古代结晶基底苦海杂岩构造特征

位于清水泉构造混杂岩带以南，结晶基底为古元古代苦海杂岩。苦海杂岩主要属于中-高级变质岩组合，并发生了较强烈的深熔作用和混合岩化。混合岩中变质分异的长英质脉体与片麻岩相间出现，以发育条带状构造为主，褶皱构造基本上已经消失，在深熔作用强烈地段形成混合花岗岩或伟晶岩。

D 晋宁—加里东褶皱带构造特征

晋宁—加里东褶皱带由中元古代万保沟岩群和下古生界组成。中元古代晚期（蓟县纪-青白口纪）裂陷形成的大洋在晋宁期—加里东早期俯冲造山，使万保沟岩群和下古生界发生褶皱，形成了本区晋宁—加里东褶皱带。在褶皱造山过程中，这两套地层均发生了强烈的变形和构造混杂，岩石发生了浅变质。

a 万保沟岩群构造特征

万保沟岩群属于低绿片岩相变质岩组合，由浅变质火山岩和碳酸盐岩夹少量千枚岩组成，总体属于中-浅层次构造变形。

b 下古生界构造特征

下古生界由一套浅变质海相碎屑岩建造组成，由南向北变质重结晶增强，由板岩、变砂岩逐渐过渡为二云石英片岩。变砂岩残留有原始沉积韵律结构。虽然岩石变质不深，但构造变形却比较强烈，以发育紧闭-同斜顶厚褶皱和岩石糜棱岩化为特征，热液形成的石英脉也发生了褶皱。

E 海西褶皱带

组成海西褶皱带的地层主要为布青山岩群和格曲组。在沟里以西地区褶皱带呈近东西向，沟里以东总体呈北西-南东向。

F 印支—燕山褶皱带

组成褶皱带的地层为三叠纪洪水川组、侏罗纪羊曲组。褶皱带内构造变形简单，北斜向斜相间出现，褶皱总体比较开阔，发育脆性断裂，地层有序。

#### 5.1.3.2 断裂构造

研究区内主要地层单元之间基本上全部为断层接触，构造线方向变化较大。依据地层组合、变质变形和岩浆活动类型等特征，以清水泉—也日更—得龙岗断裂—岩浆岩带为界，可以划分为两个一级构造单元：北部为昆北造山亚带，以中-古元古代中-深变质岩为结晶基底；南部为昆南造山亚带，以古元古代苦海杂岩为结晶基底。受东昆仑造山带S形扭动和中酸性侵入体的影响，昆北亚带区构造线方向从西向东由北西-南东向转为近东西向，再转为北东-南西向；昆南亚带区主要呈北东-南西向。古元古代白沙河岩组、苦海杂岩和中元古代小庙岩群构成本区古老的结晶基底。基底形成后，自中元古代中-晚期以来，经历了复杂的以大陆裂解与拼合为特色的多旋回造山演化过程。印支期（三叠纪末）昆仑山地区最终造山隆起，中生代中晚期开始，主要为断陷和断隆，逐渐形成了当今的地质地貌。古生代及其以前地层的构造变形形迹主要以断裂和片内无根褶皱发育为特点，较大规模的褶皱多被断裂错断，只残留褶皱构造的残破翼。中生代及其以后地层层序清楚，褶皱较为完整（图5-3）。

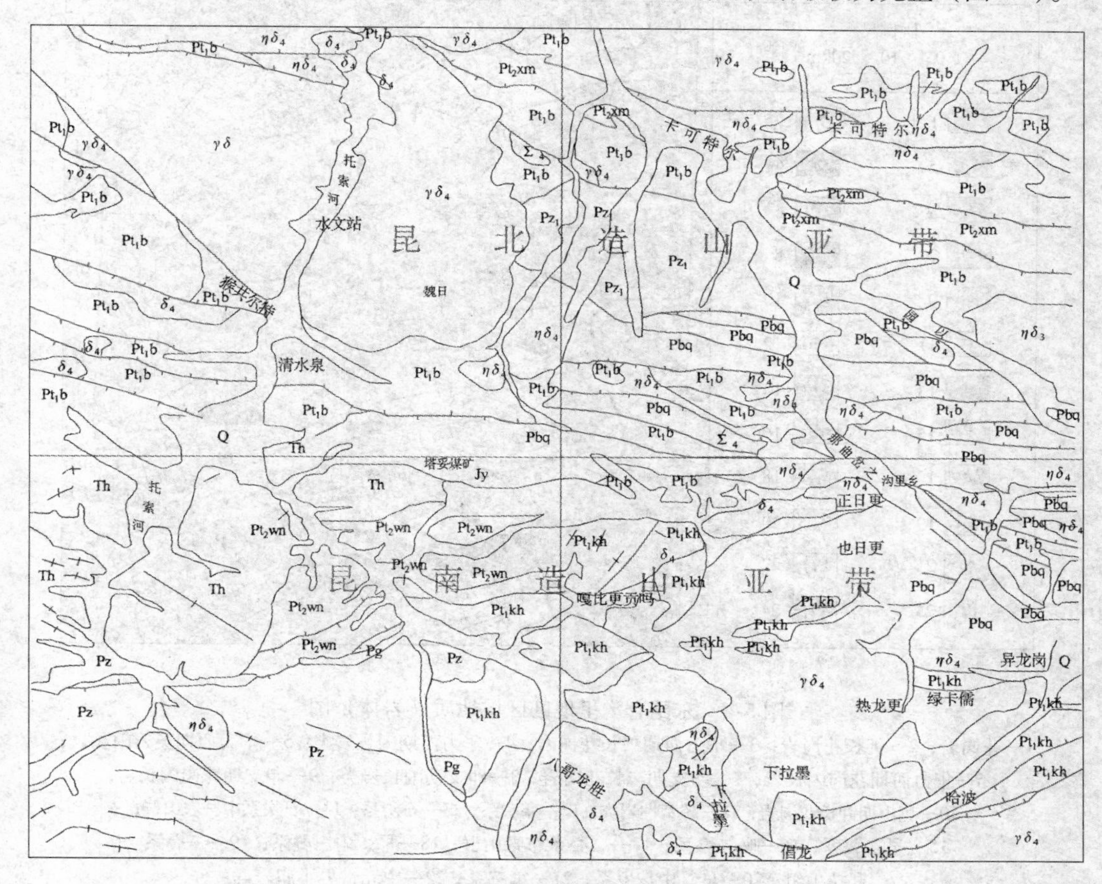


图5-3 沟里金矿（化）集区构造纲要图

（据青海有色地质勘查局地质八队）

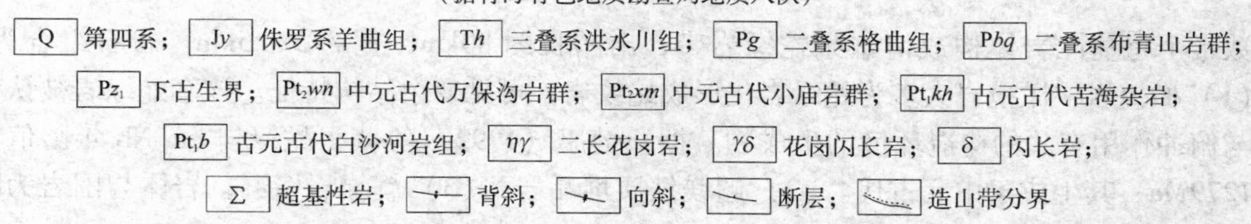


研究区内的断裂构造十分发育，包括韧性剪切带和脆性断裂，其中以压性、压扭性断裂为主，张性和扭性断裂次之。断裂按其展布方向可分为：北西西-近东西向、北西向和北东向，其性质多为压扭性，多期活动的特点明显。

## 5.1.4 区域岩浆岩

研究区内岩浆活动十分频繁，已查明的侵入体有前加里东期、加里东期、华力西期、印支期（薛培林等，2006）。岩性从基性-超基性到中性及酸性，均有出露（图5-4）。

### 5.1.4.1 前加里东期和加里东期侵入岩

A 前加里东期超基性岩

前加里东期基性岩出露在研究区西南外清水泉一带，超基性岩侵入于万保沟群中，由

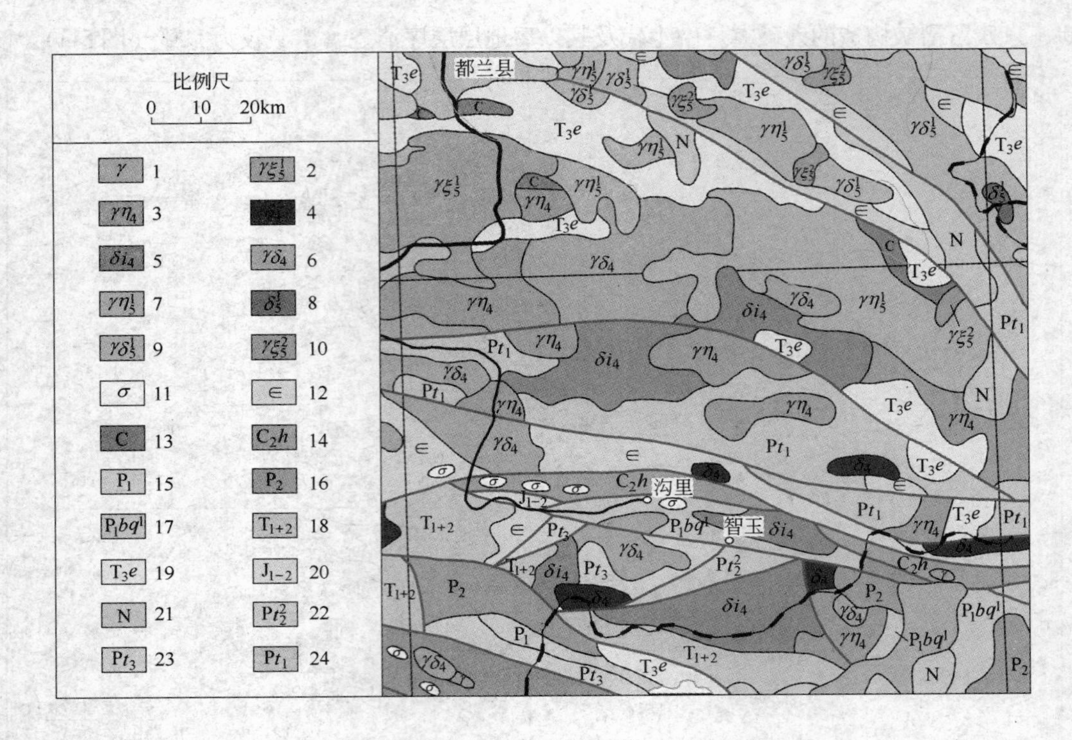


图 5-4　东昆仑沟里地区区域地质（岩体）图

1—花岗岩；2—钾长花岗岩；3—华力西期二长花岗岩；4—华力西期闪长岩类；5—华力西期英云闪长岩；6—华力西期花岗闪长岩；7—印支期二长花岗岩；8—印支期闪长岩类；9—印支期花岗闪长岩；10—燕山期钾长花岗岩；11—超基性岩类；12—寒武系；13—石炭系；14—石炭系中吾农山群；15—早二叠系；16—晚二叠系；17—二叠系布青山群；18—早、中三叠系；19—三叠系鄂拉山组；20—早、中侏罗系；21—第三系；22—中元古界小庙岩群；23—晚元古界；24—下元古界云母质、石英质片麻岩

数十个超基性岩体构成清水泉蛇绿岩带，出露长约 80km，宽约 3～5km。岩石组合为：(1) 橄榄岩：橄榄岩大多为蛇绿岩化形成蛇纹岩，可见变余结构特征。该套蛇绿岩被认为与俯冲作用有关的构造环境的生成物。据郑健康（1992）等获得蛇绿岩 Sm-Nb 年龄值为 1279Ma，其生成于中元古代。(2) 超镁铁质堆晶岩。(3) 辉绿岩墙群，岩体与围岩为断层接触。

B　前加里东期闪长岩

闪长岩侵入体呈脉状出露，主要侵入矿区中部及北部万保沟群中，岩体厚度变化范围较大，其变化范围为 40～400m。岩石为灰-灰绿色，碎裂结构、变余细粒半自形粒状结构，略呈定向构造。主要矿物为：斜长石、普通角闪石，尚有大量裂隙充填物石英、绿帘石、绿泥石、方解石；副矿物为：榍石、磷灰石。岩石具角闪石绿泥石化、碳酸盐化。

C　加里东期花岗岩类

加里东侵入体规模一般较小，岩石组成主要为：二长花岗岩、花岗闪长岩，其次为斜长花岗岩、黑云母花岗岩、角闪花岗岩和灰绿色混染花岗岩等。万保沟岩体为研究区代表性岩体，岩体呈长方形岩基出露，花岗岩具有造山期侵入岩的特征，侵入体出现黑云母花岗岩和白云母花岗岩组合。各种岩性之间为渐变关系，主要矿物为：斜长石、钾长石、石英、黑云母。岩石呈中-粗粒斑状结构，相带不发育。侵入体围岩为万保沟群，硅化较普遍，而角岩化仅见于岩体东端。经前人测定侵入体同位素年龄值为134Ma，据此定为燕山期。但许荣华和潘裕生等（1996）分别获得该岩体U-Pb 412.6 Ma和K-Ar黑云母430.9Ma的年龄值，为加里东期的产物。

#### 5.1.4.2 华力西期—印支期侵入岩

东昆仑最重要岩浆活动时期为华力西期。青海境内该期花岗岩在东昆仑北带及中带均有分布，其中昆中带侵入花岗岩规模宏大，构成昆中花岗岩带的主体部分。昆南带，除东部地区有较大规模岩体出露外，其余均为分布零星的中-小型侵入体，其中岩性主要为黑云二长花岗岩，具条带状构造。

果洛龙洼矿区及外围侵入岩主体由华力西期—印支期侵入体构成，岩体侵位于三叠纪及以前地层之中。岩石类型有超基性岩及中酸性岩等。

A 超基性岩

出露于果洛龙洼矿区的南部，塔妥煤矿北的沟里乡拉玛托洛湖一带，近东西向展布，侵位于浩特洛洼组之中，与围岩为断层接触。由数十个超基性岩体构成塔妥蛇绿岩带。蛇绿岩主要岩石为：玄武岩、超镁铁质岩-镁铁质岩、辉绿岩，围岩主要为石炭到二叠纪硅质岩、云母石英片岩，绿泥石英片岩等。该套蛇绿岩从其稀土成分来看与地幔关系密切。属于洋盆环境的产物。解玉月（1998）在该岩带内拉玛托洛湖测得的堆晶辉长岩K-Ar同位素年龄为245.8Ma，考虑到K-Ar法测得的年龄值一般偏新这一特征，该岩带的形成时代应为早二叠世，该洋盆是晚古生代特提斯洋盆的一部分。

B 基性岩

出露在华力西—印支期的中基性岩主要为一些辉长闪长岩脉，侵入于晚古生代之中，呈零星状分布。

C 中酸性岩体

华力西—印支期中酸性岩体在研究区出露较为广泛，多呈岩株状出露。岩性主要为：闪长岩、石英闪长岩、斜长花岗岩、花岗岩、似斑状花岗岩等。

a 吾勒哈灰绿色闪长岩-角闪闪长岩体

吾勒哈灰绿色闪长岩-角闪闪长岩体侵入岩侵入于石炭纪（$C_2$），其区域上与三叠纪（T）地层呈不整合接触，岩株产出，长约3.5km，宽约0.5km，岩石普遍遭绿泥石化、碳酸盐化，而改变了浅色矿物的色调。

b 也日更浅灰绿色石英闪长岩体

也日更浅灰绿色石英闪长岩体出露于也日更一带，岩基状产出，被后期花岗闪长岩侵入破坏。形态不完整，侵入于晚石炭的浩特洛洼组中。岩体呈灰绿色，主要矿物为：角闪石、斜长石、石英等。块状构造，中细粒半自形显微柱粒状结构。

c 得尔龙-木提斜长花岗岩体

得尔龙-木提斜长花岗岩体出露于得尔龙—木提一带，围岩为石炭纪地层。以斜长花岗岩为主的花岗质杂岩体。岩体组成除斜长花岗岩外，南有石英闪长岩、花岗闪长岩，与围岩为侵入接触关系，在德龙一带岩体被肉红色花岗岩和闪长岩侵入。

## 5.2　多元地学信息提取与重点勘查区域圈定

多元地学信息系统对地学信息的提取主要分为两种方式：第一种方式是针对地质、物探、化探、遥感等地学空间数据，对数据进行组织生成各种专题图来突出感兴趣的地学信息；第二种方式是运用系统的空间分析模块、栅格分析模块、地质统计模块，对地质、物探、化探、遥感数据进行空间分析、栅格分析和地质统计分析，生成预测表面模型，得到勘查重点区域。

### 5.2.1　地质信息的提取

东昆仑地区矿床成矿特征明显，除地域和时间上表现明显外，在矿床（化）类型也是很有特征的，该区的大多数矿床成矿类型受制于中生代岩浆作用（胡正国等，1999）。

研究区包括果洛龙洼金矿、按纳格金矿、阿斯哈（可热）金矿、瓦勒尕金矿、达里吉格塘金矿点等五个区域，其中果洛龙洼金矿和阿斯哈（可热）金矿已经进行开采，按纳格金矿和瓦勒尕金矿开展了勘探工作，达里吉格塘金矿点正在开展详查工作（图5-5）。

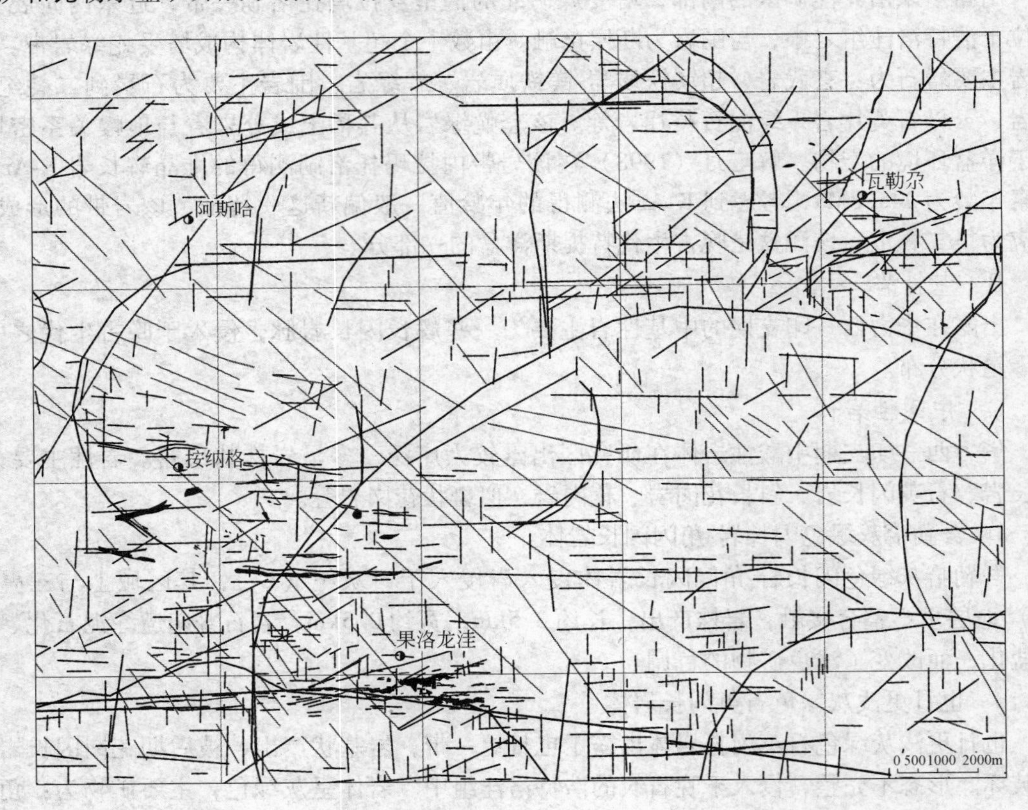


图5-5　研究区构造与矿体水平投影

根据对果洛龙洼金矿和外围3个矿点的调查，含矿地层是一套中低级变质岩，时代可能跨越较长，从古元古代至古生代，变质程度差异较大，从低绿片岩相至角闪岩相，甚至局部达到麻粒岩相。地层中中基性火山活动频繁，留下一套巨厚的火山-沉积建造。推测地层对金成矿作用可能提供了部分金的来源，同时提供了载金矿物黄铁矿的部分硫的来源。华力西—印支运动期间，强烈的中酸性岩浆活动对本区进行强烈地改造，在区域上形成有利于金成矿的岩石条件。

由于含金石英脉体通常受脆性断裂的控制，所以地层条件表现在岩性上的差异。果洛龙洼矿区石英脉主要发育于硅质板岩、硅化带、石英岩中，少量出现于闪长岩体中或岩体与千枚岩的接触带。因为这些部位岩石性脆，容易发生脆性破裂，为成矿溶液提供运移通道和矿化定位空间。

华力西—印支期中酸性岩体在果洛龙洼矿区外围出露较为广泛，多呈岩株状产出，其岩石有闪长岩、石英闪长岩、斜长花岗岩、花岗岩、似斑状花岗岩等。瓦勒尕矿床、达里吉格塘和可热矿点的金矿（化）体都是产于岩体中或岩体旁侧，按纳格矿区也已发现中酸性小岩体出露；果洛龙洼矿区尚未发现中酸性岩，而出露多个闪长岩小岩体。

中酸性岩体中 Au 平均含量低于地壳及酸性岩的丰度值。相比之下，果洛龙洼闪长岩 Au 含量更低，而酸性岩的含量稍高，且标准差较大。酸性岩单个样品 Au 含量相差较大，新鲜样品 Au 含量偏高，如 GP72、DI4 等样品分别达到 $5.4\times10^{-6}$、$8.7\times10^{-6}$，而遭受硅化、绢云母化、绿帘石化、绿泥石化、碳酸盐化的岩石含 Au 量普遍降低。说明岩浆含 Au 量较高，在蚀变过程中 Au 可能被部分活化进入成矿溶液，为成矿提供物质来源。

虽然许多矿体产于中酸性岩体中（或附近），但尚无证据表明这种岩体就是金矿的成矿母岩。尤其是因为岩体蚀变范围有限，与金矿化不相匹配，含矿的岩体可能是早期形成的岩体，只是充当容矿围岩而已。矿物流体包裹体资料表明，成矿流体是一种高盐度中温的含二氧化碳的水溶液，来源于深部，与岩浆活动有密切的关系。因此，可以推断，在矿区的深部还存在与金矿成矿作用有关的晚期岩体。这种岩体从深部带来了成矿热液，并萃取了基底地层中的有用元素，上升到浅部成矿定位。

研究区内东西向断裂和北西向断裂发育，可能均为昆中大断裂的次级断裂，是不同时期由不同的区域构造应力场派生出来的脆性断裂，在区内起到了重要的控岩、控矿作用，是区域性的导矿构造。金矿床和矿点均位于这些次级大断裂的旁侧，其分布受断裂的明显控制。这两个方向断裂带的交汇部位有可能是有利的成矿部位，但目前尚无发现，值得重视。

控矿构造主要为东昆中断裂的 NW-NWW 向次级断裂，华力西—印支期的岩浆活动造成的动力变质和热液蚀变与金矿的形成关系密切，先期动力变质作用为金的活化运移提供动力，也为金矿富集成矿提供了空间；后期的构造叠加和中酸性岩浆的侵入作用，使金矿得到了进一步的富集。已发现的矿体形态简单，呈脉状、串珠状，在走向及倾向上具有分枝复合、膨大收缩现象。果洛龙洼矿床矿体有向西侧伏的规律，这很可能也是全区的规律。

### 5.2.2 地球物理信息的提取

#### 5.2.2.1 区域重力场特征

在多元地学信息数据库中，提取布格重力异常等值线。使用多元地学信息系统的栅格分带统计功能得到布格重力异常的栅格分级图，如图 5-6 所示。

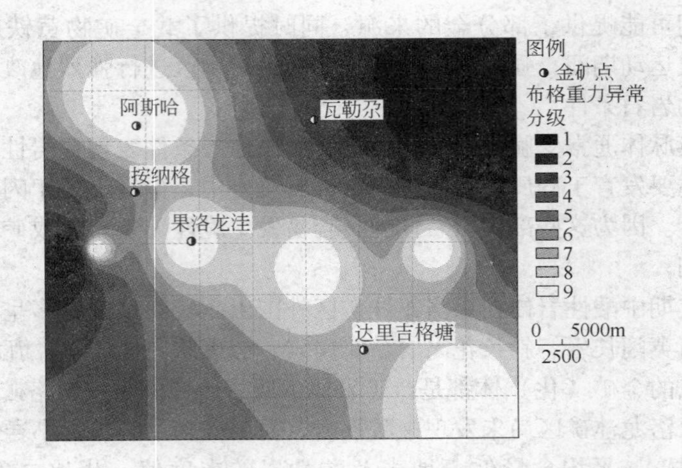


图 5-6　研究区布格重力异常图

布格重力异常在整个区域的变化趋势和特征与深部构造分区密切相关，研究区位于北西西向展布的东昆仑陡变重力梯度级带的东端，其位置与昆中断裂带吻合，它揭示昆中断裂带是一条重要的构造单元分界，该重力梯级带在研究区的北西拐向北东，向东经都兰在兴海一带又转向南东，其位置相当于哇洪山—温泉断裂，是地质构造上的东昆仑东部边界。昆中断裂以北地区相对重力高，变化也平缓，说明元古代结晶基底广泛存在是形成昆中断裂以北地区相对于南部地区区域重力异常高的一个重要原因。

#### 5.2.2.2　区域磁场特征

同样，在多元地学信息数据库中，提取航磁异常等值线。使用多元地学信息系统的栅格分带统计功能得到航磁异常的栅格分级图，如图 5-7 所示。

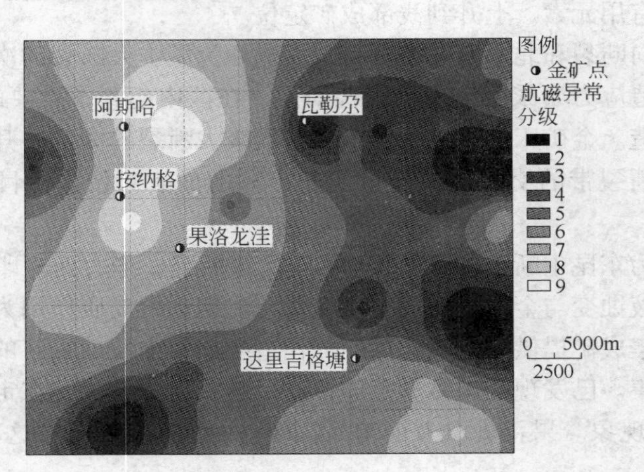


图 5-7　研究区航磁异常图

东昆仑地区在航磁异常上表现为一高强度异常带，异常呈近东西向展布，异常连续性好，强度高，正负伴生，表明东昆仑地区由多条近东西向展布的地质块体组成，各块体间以深大断裂为界，这些块体中有大量强磁性深变质岩或基性-超基性岩体，研究区位于该高强磁异常带的东端，具正负异常梯变带或次级异常波动跳跃特征，表明其与切割较深、规模较大的断裂带及广泛分布的基性-超基性岩体有关。

研究区内岩石磁性特征（表5-3）如下：

（1）各时代地层磁性不均匀，地层磁性多与火山岩、变质和蚀变等因素有关，而一般的沉积岩多无磁性或磁性微弱。

（2）晚元古代变质岩系为古老结晶基底，大多具弱-中等磁性，少量具强磁性，是区域磁场的场源体。

（3）侵入岩磁性随着基性程度的增加而增加，基性和超基性岩一般具中强磁性，中性或中基性侵入岩一般具中等磁性，而酸性侵入岩除少数外，一般为弱磁性。

**表5-3 研究区岩浆岩磁参数**

| 侵入时代 | 代 号 | 岩 性 | 磁化强度 ($4\pi\times10^{-6}$SI) | 剩余磁化强度 /mA·$m^{-1}$ |
|---|---|---|---|---|
| 燕山—印支期 | $\gamma_5$ | 花岗岩 | 0 | 0 |
| | $\eta\gamma_5$ | 二长花岗岩 | 210~2300 | 10~110 |
| | $\gamma\delta_5$ | 花岗闪长岩 | 280~1900 | 58~260 |
| | $\delta_5$ | 闪长岩 | 1300~2600 | 400~11900 |
| | $\delta\mu_5$ | 闪长玢岩 | 70~1600 | 0~300 |
| 华里西期 | $\gamma_4$ | 花岗岩 | 0~3210 | 0~840 |
| | $\gamma\delta_4$ | 花岗闪长岩 | 0~10300 | 0~1640 |
| | $\delta_4$ | 闪长岩 | 0~2700 | 0~940 |
| | $\delta\mu_4$ | 闪长玢岩 | 0~1750 | 60~1090 |
| | $\upsilon_4$ | 辉长岩 | 0~38400 | 0~80200 |
| | $\Sigma_4$ | 辉橄岩 | 1600~6800 | 630~2000 |
| 加里东期 | $\gamma\delta_3$ | 花岗岩 | 0 | 0 |
| | $\delta_3$ | 闪长岩 | 1200~3000 | 500~6000 |

## 5.2.3 地球化学信息的提取

### 5.2.3.1 元素丰度特征

以研究区内15种元素的含量平均值作为各元素在水系沉积物中的丰度估计值，与全省及东昆仑丰度估计值对比，见表5-4。与全省及东昆仑相比，研究区Au、Cu、Hg、W、Mo、Mn、Pb、Co、Ni等丰度较高，这些特点说明本区岩浆活动、变质作用及构造变形等较强，热液活动较强烈。

**表5-4 沟里与全省及东昆仑丰度统计**

| 元 素 | 沟里地区丰度 | 全省丰度 | 东昆仑丰度 |
|---|---|---|---|
| Ag | $46.6\times10^{-9}$ | $65.0\times10^{-9}$ | $51.0\times10^{-9}$ |
| As | $7.7\times10^{-6}$ | $13.6\times10^{-6}$ | $12.3\times10^{-6}$ |
| Au | $1.5\times10^{-9}$ | $1.35\times10^{-9}$ | $1.61\times10^{-9}$ |
| Sn | $2.01\times10^{-6}$ | $2.61\times10^{-6}$ | $2.36\times10^{-6}$ |

续表 5-4

| 元 素 | 沟里地区丰度 | 全省丰度 | 东昆仑丰度 |
|---|---|---|---|
| Bi | $0.27\times10^{-6}$ | $0.289\times10^{-6}$ | $0.33\times10^{-6}$ |
| Sb | $0.54\times10^{-6}$ | $0.93\times10^{-6}$ | $0.96\times10^{-6}$ |
| Cu | $20.7\times10^{-6}$ | $19.9\times10^{-6}$ | $20.2\times10^{-6}$ |
| Hg | $44.8\times10^{-9}$ | $27.0\times10^{-9}$ | $20.0\times10^{-9}$ |
| Mn | $725.0\times10^{-6}$ | $547.2\times10^{-6}$ | $535.0\times10^{-6}$ |
| Mo | $1.42\times10^{-6}$ | $0.639\times10^{-6}$ | $0.8\times10^{-6}$ |
| W | $1.84\times10^{-6}$ | $1.706\times10^{-6}$ | $1.9\times10^{-6}$ |
| Pb | $25.2\times10^{-6}$ | $19.97\times10^{-6}$ | $18.7\times10^{-6}$ |
| Zn | $54.7\times10^{-6}$ | $57.5\times10^{-6}$ | $58.3\times10^{-6}$ |
| Co | $17.0\times10^{-6}$ | $9.95\times10^{-6}$ | $9.95\times10^{-6}$ |
| Ni | $36.9\times10^{-6}$ | $21.62\times10^{-6}$ | $22.7\times10^{-6}$ |

#### 5.2.3.2 地层及岩浆岩中元素分布特征

通过对地层和岩浆岩的元素富集、贫化地球化学特征统计，可以看出元素的分布与地层、岩性有明显相互关联，且具有如下特点：

(1) 有玄武岩、安山岩等中基性火山岩成分的地层均显示了 Cr、Ni、Co、V 以及 Au、Cu 等元素的富集。

(2) 二叠纪及更老的含有碳酸盐岩成分的地层中 MgO、CaO 含量都比较高，反映了这一时期的海相沉积特点。

(3) 中酸性岩浆活动关系密切的元素 W、Bi、Pb、Sn、Ag 等元素在石炭纪-二叠纪-三叠纪中表现为富集，表明这一时期的中酸性岩浆活动频繁。

(4) 三叠纪、侏罗纪及新近纪地层则多数元素贫化，只有 $SiO_2$ 比较富集，反映了碎屑沉积富含长英、硅质的特点。

(5) 在中酸性岩浆岩中，W、Mo、Sn、Rb、Nb、Y、La、Th、U 含量均高于全区平均值；Cr、Ni、Co、V、Y、Mn、MgO 等多在基性、超基性岩中富集。不同时代的中酸性侵入体，其化学成分亦存在着很大差异：海西期的二长花岗岩、花岗闪长岩及闪长岩类岩石，$K_2O$ 含量低于 $Na_2O$，Rb/Sr 比值小；而在印支、燕山期间同类岩石中，$K_2O$ 含量高于 $Na_2O$，Rb/Sr 比值大。

#### 5.2.3.3 化探信息的提取

前人在沟里地区做过 1/50000 的水系沉积物化探异常，如图 5-8 所示。

因为对地球化学信息的提取是希望找出一个分级值来重新划分化探异常，将化探异常图转换为栅格分级图后与其他地学信息进行综合分析，所以尝试引入面金属量法来计算化探异常的分级值。

当工作为未知区，又要迅速给出对异常的评价意见时，可以应用面金属量法进行等级评价，指出异常的好坏及差异。

面金属量法是索洛沃夫等前苏联学者提出的一种评价地球化学异常的方法，是利用次生晕和分散流资料对矿体进行定量评价，研究某一水平截面上所含的成矿元素的金属量与

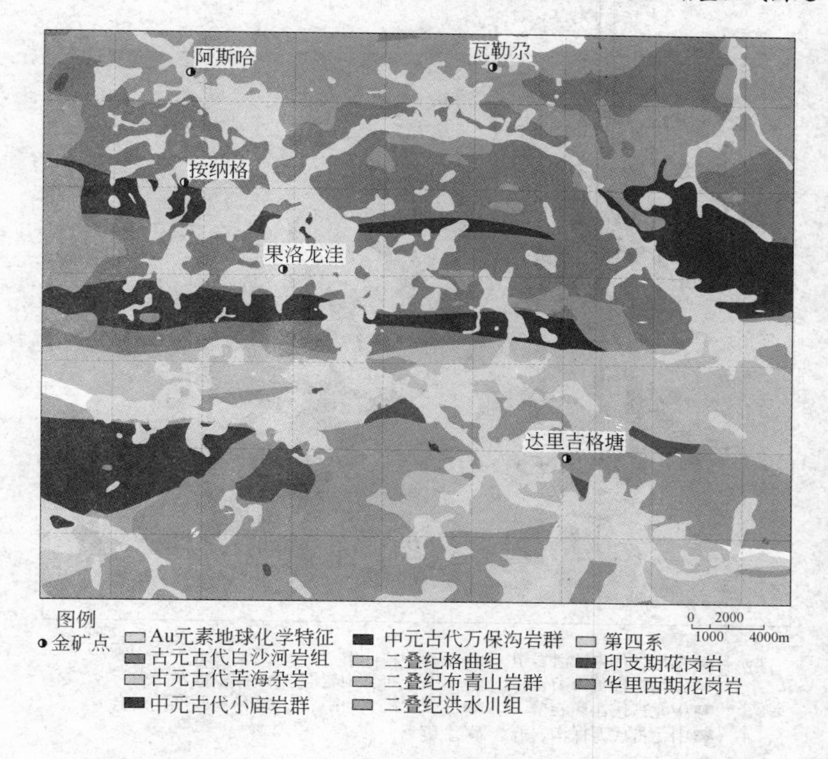


图 5-8　研究区地球化探异常

在同一水平上的矿体中所包含金属量之间的对应关系。面金属量法是沿平面在地球化学异常范围内研究超出背景值的金属量。

若 $P$ 为成矿元素的次生晕的面金属量，$\Delta S$ 为普查网的方格的面积，$C_x$ 为取样点金属元素的浓度，$C_\varphi$ 为地区性的地球化学次生晕背景值，则面金属量的计算公式如下：

$$P = \Delta S\left(\sum_{x=1}^{n} C_x - C_\varphi\right) \tag{5-1}$$

化探异常的分级值是在面金属量法基础上根据异常所占地层的权重来重新划分。把取样点按照地层重新划分，得到各个地层面金属量的平均值 $P'_i$，对化探元素等值线进行插值，提取化探异常面，不同地层所包含的化探异常面积为 $S_i$，各含矿地层的面积为 $S'_i$，则分级（$Q$）为：

$$Q = P'_i \cdot \frac{S_i}{\sum_{i=1}^{n} S_i} \Bigg/ \frac{S'_i}{\sum_{i=1}^{n} S'_i} \tag{5-2}$$

各地层的 Au 元素化探异常，如图 5-9 所示。

根据式（5-2），得到各个地层化探异常的权重值：古元古代白沙河岩组 0.124，古元古代苦海杂岩 0.134，中元古代小庙岩群 0.117，中元古代万保沟岩群 0.054，二叠纪格曲组 0.095，二叠纪布青山岩群 0.124，三叠纪洪水川组 0.103，第四系 0.084，印支期花岗岩 0.116，华里西期花岗岩 0.048。

将得到的各个地层化探异常的权重值导入权重属性字段中，在多元地学信息融合栅格

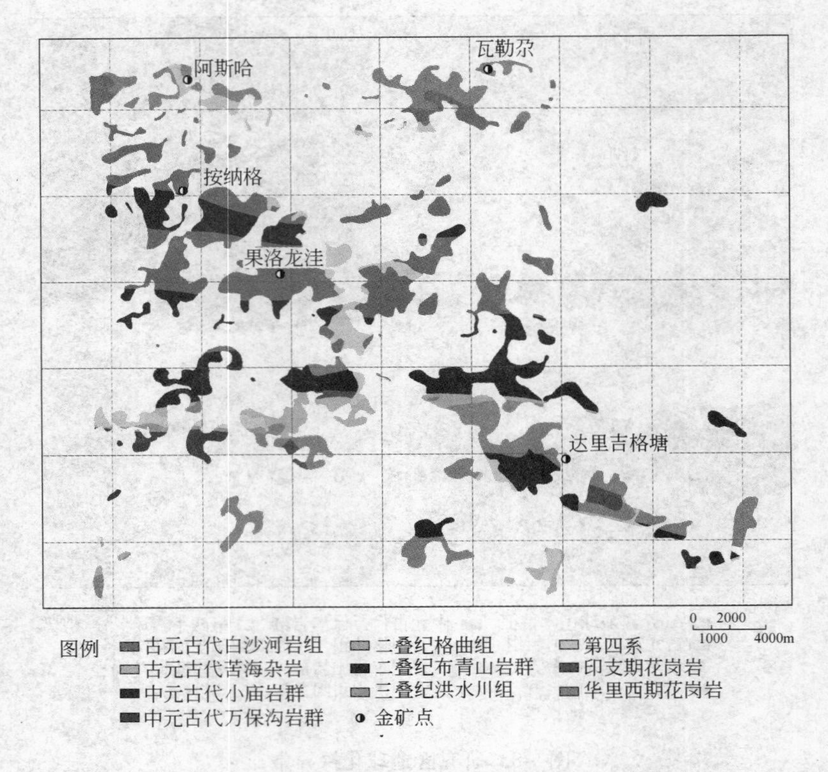


图 5-9　各地层地球化探异常

叠加的过程中，通过栅格分带统计的功能，把权重值作为参考信息之一与之叠加，得到重点勘查区域。

## 5.2.4　遥感信息的提取

### 5.2.4.1　遥感数据类型及预处理

研究区的遥感数据有中等分辨率的 ETM 数据 1 景和高分辨率的 QuickBird 数据 12 景，存储在多元地学信息遥感专题数据库中。ETM 数据经过几何校正后进行了多种图像处理工作，以期突出由围岩蚀变引起的色调异常和清晰显示宏观构造的特征。QuickBird 数据几何校正后进行图像镶嵌，图像清晰显示了局部构造及微地貌特征。

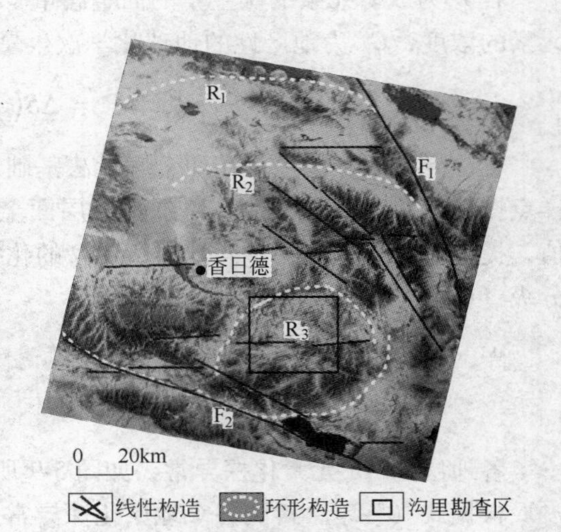


图 5-10　青海都兰地区 ETM 影像及线、环构造纲要图

$F_1$，$F_2$—线性构造带；$R_1$—都兰环；$R_2$—香日德环；$R_3$—阿-达环

### 5.2.4.2　区域遥感地质背景

研究区位于东昆仑构造带（成矿带）的中部，在都兰地区 ETM 遥感影像上，各类地质体和地质现象清晰显示，信息宏观连续，有利于分析研究区遥感地质背景，如图 5-10 所示。

都兰地区的影像线、环构造格局为一典型的环-线交切结构，即NW向的$F_1$线性构造带和NWW向$F_2$夹持形成楔状地块，在地块内发育一个规模巨大的等轴状偏心复式环形构造（$R_1$），其直径约170km，可称其为都兰环。其北部边界为较为模糊的弧形色调异常条带，西部边界已经在都兰幅影像之外，而东部和南部的边界分别与$F_1$线性构造带、$F_2$线性构造带共拥。

东西向线性构造带贯穿全区，是区域性的东西向东昆仑断裂带在影像上的显示。其线性特征模糊，但延续性良好，延伸和展布不受环形构造和其他方位的线性构造带的影响。东西向线性构造带具有等间距发育特点，带与带之间相距约40km。都兰地区发育三条东西向线性构造带，研究区位于中部和南部的东西向线性构造带之间。

都兰环（外环）内发育直径140km的香日德环形构造（$R_2$），为其内环。内环与外环之间的环带地区构造较为简单，但内环-香日德环内次级环形构造发育，数个直径60km的次级环形构造形成环群。研究区位于其南部一个次级环形构造（$R_3$）—阿斯哈—达里吉格塘环形构造（简称阿-达环）内。

#### 5.2.4.3　研究区及外围环形构造

研究区及其外围的环形构造可分为等轴状环形构造、NWW轴向透镜体及EW轴向椭圆形环形构造三种类型，如图5-11所示。

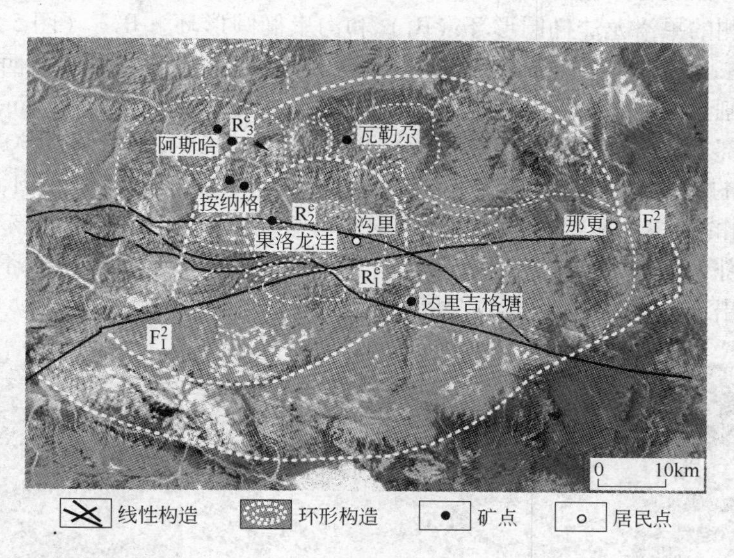


图5-11　研究区及外围地区ETMmineral影像及环形构造纲要图

A　等轴状环形构造

该类环形构造属于都兰环—香日德环—阿-达环这一复式环构造体系，阿-达环是研究区及外围的一级环形构造，在其内部及边缘发育众多的次级环形构造。

阿-达环以较模糊的弧形色调异常带及有别于背景的色调和影纹图案显示，并被NEE向的沟里—那更线性构造带$F_1^2$切割为特征迥异的南北两部分，具有以下特征：

（1）南半环直径超过90km，北半环直径仅60km；

（2）南半环反射率高，影纹粗糙，在图5-11上显示为大面积的浅青绿色-黄色图斑，北半环色调以红色为主，夹杂黄绿色碎斑，部分地区为青绿色，发育较密的树枝状水系花纹；

（3）南半环地形起伏大，海拔较高，普遍超过4000m，北半环海拔相对较低；

（4）南半环次级环形构造和线性构造不发育，而北半环内次级构造都比较发育。

根据以上特征，推测 $F_1^2$ 线性构造带形成晚于阿-达环，南半环为上升盘，北半环为下降盘。研究区内已知的 5 个矿（化）点除达里吉格塘矿点外，另外 4 个都位于北半环的西部。

阿-达环北半环内部及边缘发育多个直径约为20km的次级环形构造。从东向西依次为瓦勒尕东环形构造、果洛龙洼环形构造和阿斯哈环形构造。前者瓦勒尕东环形构造地表大面积出露侵入岩体，内部更次级的环形构造和线性构造均不发育；后两者却不同，内部更次级的环形构造和线性构造都比较发育，地表仅局部有侵入岩体出露。色调异常区的分布也存在类似特点，经过旨在突出含铁矿物信息图像处理的 ETMmineral 图像，在阿斯哈环形构造和果洛龙洼环形构造内部存在大量的黄绿色-橙红色的色调异常斑块，但瓦勒尕东环体内部色调异常斑块很少，仅在环形构造的边缘如瓦勒尕附近存在色调异常信息。

B　东西向椭圆形环形构造

研究区及外围发育少量的东西轴向椭圆形环形构造，其规模相差悬殊。规模较大的是位于沟里河西侧的果洛龙洼椭圆形环（$R_1^e$）和沟里椭圆形环（$R_2^e$）（图 5-11），其东西向轴长 12km 左右，南北轴长 5km 左右，以弧形沟谷为环体边界。环体在西部 1/3 处被 NS 向线性构造切割为东西两部分。西部三分之二部分反射率高，在 ETMmineral 图像上显示为青绿色；东部三分之一部分反射率低，色调以红色为主，夹杂黄绿色碎斑。

值得注意的是位于阿斯哈矿点南部的一个小型东西轴向椭圆形环形构造 $R_3^e$（图 5-11），在不同的图像处理影像上，该环形构造均清晰显示（图 5-12）。该环被 NW 向线性构造切割为两部分，其中环体的西南部分地表出露花岗岩体，而东北半环地表仍为围岩。在环体的周围出现大面积的色调异常斑块。

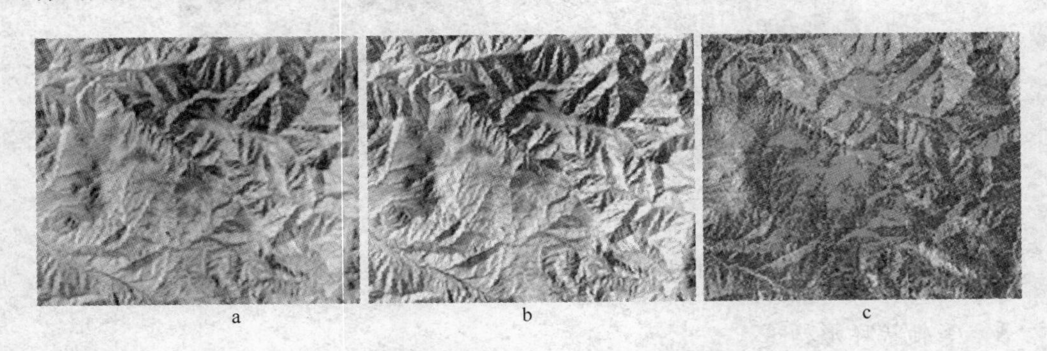


图 5-12　阿斯哈南部东西轴向环形构造 $R_3^e$

a—ETM32；b—ETM754；c—ETMmineral

C　北西轴向透镜体

在果洛龙洼至达里吉格塘一带，两条 NWW 向弧形线性构造带围限及内部独特的影纹图案显示该区存在一总体轴向 NWW 的透镜体。NWW 向轴长 60km，NE 向轴长 8km，在中部沟里附近被 NEE 向弧形线性构造带交切，并使其南部边界有 S 形转弯。果洛龙洼矿床位于透镜体的西北边缘，透镜体内部的线性构造也呈弧形线性特点。

#### 5.2.4.4 研究区及外围线性构造

研究区内发育 EW 向、NS 向、NE 向、NW 向线性构造以及 NWW 向弧形构造，线性构造发育不均衡，各方位的线性构造特征也不尽相同。按照其显示清晰程度依次为 NWW 弧形构造、NE 向、NW 向、EW 向和 NS 向。研究区及外围线性构造如图 5-13 所示。

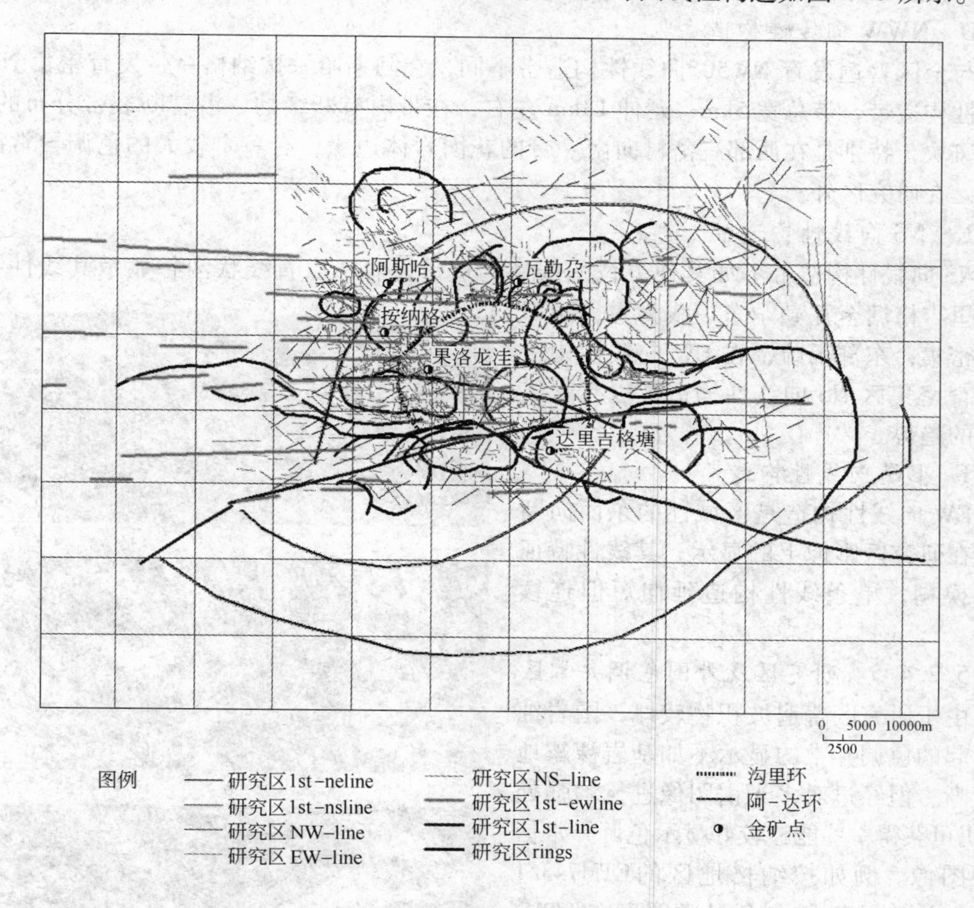


图 5-13 研究区及外围线性构造

A NWW 向弧形构造

在果洛龙洼至达里吉格塘一带，发育两条向北东凸出的弧形线性构造带，称之为 NWW 向弧形构造。弧形构造带规模巨大，线性特征清晰，单条线性构造延伸长且连续性好。其北带经过果洛龙洼矿床，呈简单的弧形线性构造特征，南东端与其南带相交尖灭，北西端与南带相交后延伸出研究区外；南带呈舒缓波状，距北带约 5km，从达里吉格塘南侧经过。两者相互交切，在研究区内延伸 60km 有余，其夹持地块形成一个 NWW 轴向的透镜体。透镜体内部的线性构造也呈弧形线性特征。

B NEE 向弧形线性构造带

NEE 向弧形线性构造带即为将阿-达环切割为南北两部分的 $F_1^2$ 沟里—那更弧形线性构造带，该带限制了阿-达环南半环内的侵入岩体展布，并且已有断续的断裂带出露地表，因此推测该带为一条比较重要的隐伏断裂带在影像上的显示。

C　NE 向和 NW 向线性构造带

NE 向和 NW 向线性构造带两者影像特征相似，常常以直线状沟谷显示其线性特征，局部地段表现为直线状的色调异常分界面。其线性特征清晰，单条线性构造延伸长，但刻痕浅。其展布方位分别为 NE60°和 NW50°，两者常相伴产出，将研究区切割为菱形地块。

D　NWW 向线性构造

与全区普遍发育 NW50°向线性构造带不同，在阿斯哈—按纳格一带发育密集 NW70°向线性构造带，带总宽 5km，延伸 13km 左右，在带内有断续的、沿着断裂带分布的色调异常斑块，特别是在西部三岔村向南一带的花岗岩体边缘，有一个较大的色调异常区域，部分已在研究区外。

E　NS 向线性构造带

NS 向线性构造带不如其他方位的线性构造带发育，以直线状沟谷显示其线性特征。以达里吉格塘至瓦勒尕东一线为界，西部发育密集，东部稀疏，在 EW 向线性构造带发育密集区 NS 向线性构造带也有密集发育的趋势。

F　EW 向线性构造带

EW 向线性构造是区域性的东西向断裂带在研究区影像上的显示，其线性特征相对模糊，单条线性构造延伸短但连续性好。

### 5.2.4.5　研究区及外围色调异常区

由于研究区普遍坡积物较厚，围岩蚀变引起的色调异常的显示不如基岩裸露地区清晰。但经过对多光谱图像进行增强处理，仍可获得一些能够较好显示色调异常信息的图像。例如按纳格地区的ETM743/1 图像上的黄绿色-橙红色异常图斑在 ETM-mineral 图像上显示为酱紫色的图斑，而在 QuickBird 图像上该区则可观察到大面积的基岩裸露区，说明这一地段抗风化能力强，且岩层中 Fe 的含量较高。在 ETM-mineral 图像上大面积出露的侵入岩体常显示为浅蓝色-蓝色图斑，而黄绿色-橙红色的小图斑形成异常环带，围绕在浅蓝色-蓝色区域（侵入岩体）的周围，如图 5-14 所示。果洛龙洼地区和阿斯哈地区也具有相似特点，如图 5-15、图 5-16 所示。

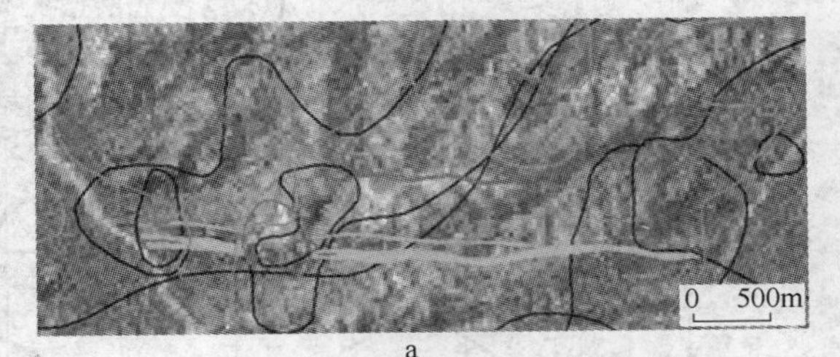


a

b

c

1　2　3　4　5　6　7

图 5-14　按纳格地区不同增强处理图像上色调异常及化探异常图

a—ETM743/1 图像；b—ETMmineral 图像色调异常；c—QuickBird 图像

1—ETM743/1 图像色调异常；2—ETMmineral 图像色调异常；3—Au 异常；4—Cu 异常；5—闪长岩及石英脉；6—矿体；7—含金蚀变带；

通过将 ETM743/1 图像、ETMmineral

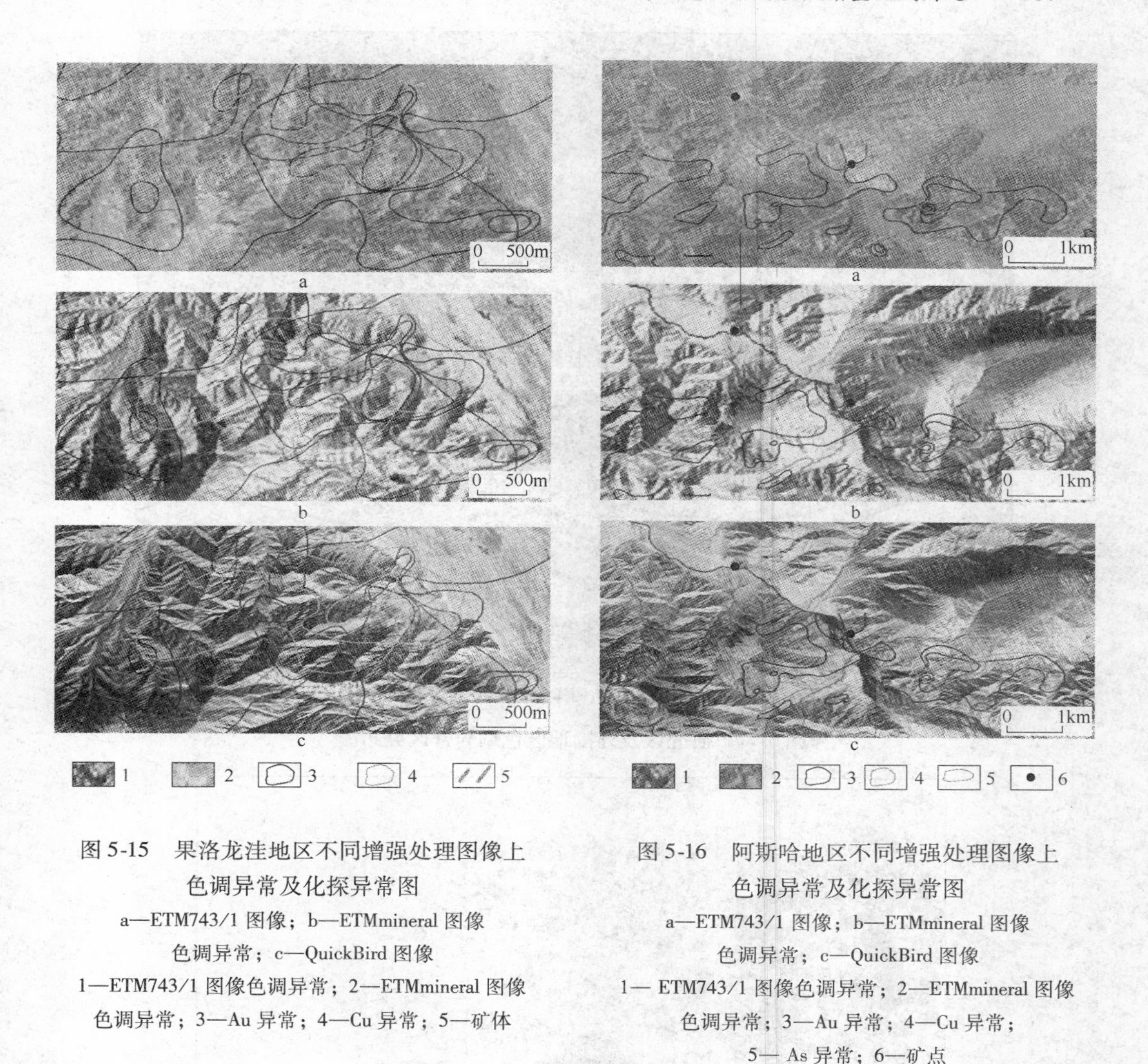


图5-15 果洛龙洼地区不同增强处理图像上色调异常及化探异常图
a—ETM743/1图像；b—ETMmineral图像色调异常；c—QuickBird图像
1—ETM743/1图像色调异常；2—ETMmineral图像色调异常；3—Au异常；4—Cu异常；5—矿体

图5-16 阿斯哈地区不同增强处理图像上色调异常及化探异常图
a—ETM743/1图像；b—ETMmineral图像色调异常；c—QuickBird图像
1— ETM743/1图像色调异常；2—ETMmineral图像色调异常；3—Au异常；4—Cu异常；5— As异常；6—矿点

图像和QuickBird图像对比分析，提取62个色调异常区域，如图5-17所示。色调异常区域集中分布于果洛龙洼环体边缘或其内部、周围卫星次级环体内，与研究区的Au、As、Cu化探异常对比有较高的吻合度，如图5-18所示。特别是阿斯哈至按纳格一带NWW向线性构造带与果洛龙洼环交叠的地区，异常区面积大，色调信息强烈，又处于侵入岩与围岩的接触带部位，是一个较好的远景区。

### 5.2.5 多元地学信息融合与重点勘查区域的圈定

根据ETM与QuickBird遥感影像解译的结果，研究区内明显存在5条东西向线性构造带，对其按照500m的范围进行缓冲区分析。发现东西向的线性构造带等间距特征明显，间距约3.5km。从北向南可以依次分为阿斯哈—瓦勒尕带、按纳格北带、按纳格南带、果洛龙洼北带、果洛龙洼南带，如图5-19所示。

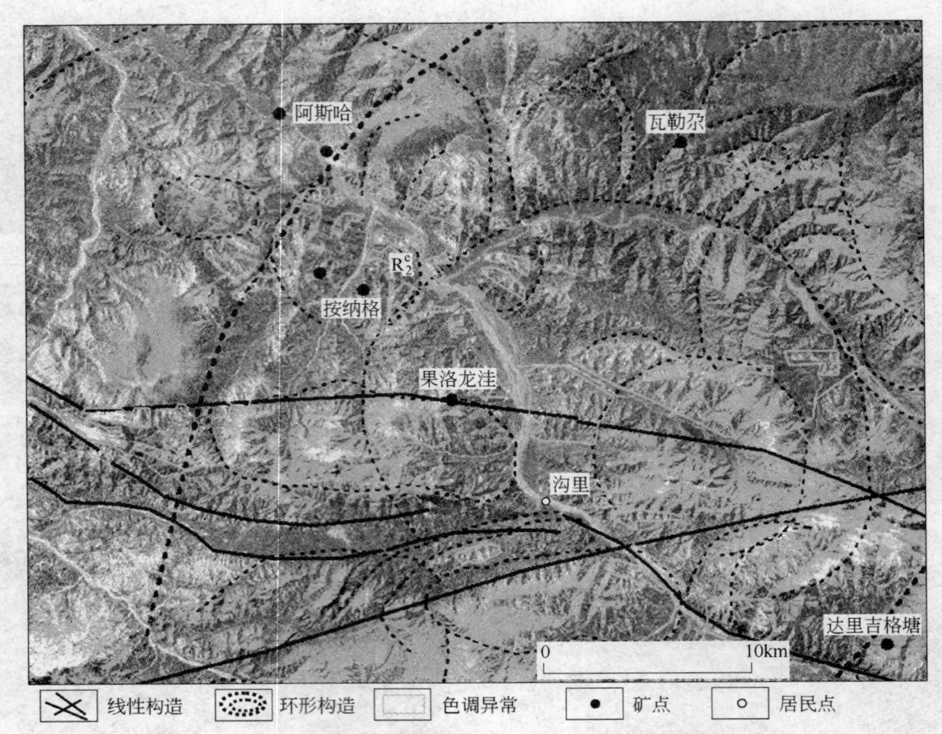


图 5-17　研究区及外围地区色调异常区分布图

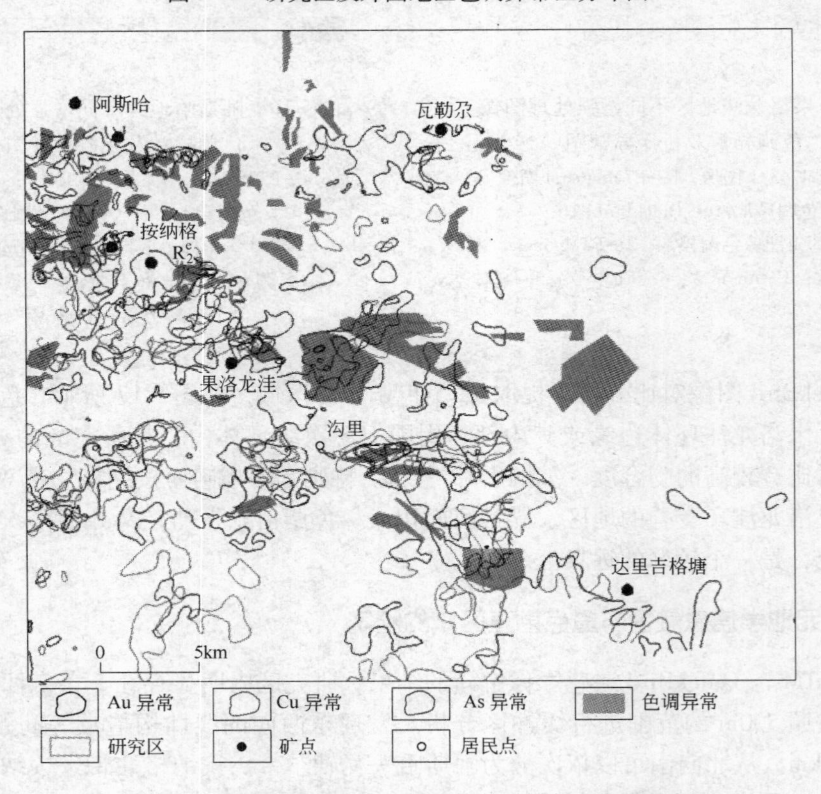


图 5-18　研究区及外围地区色调异常区分布及化探异常图

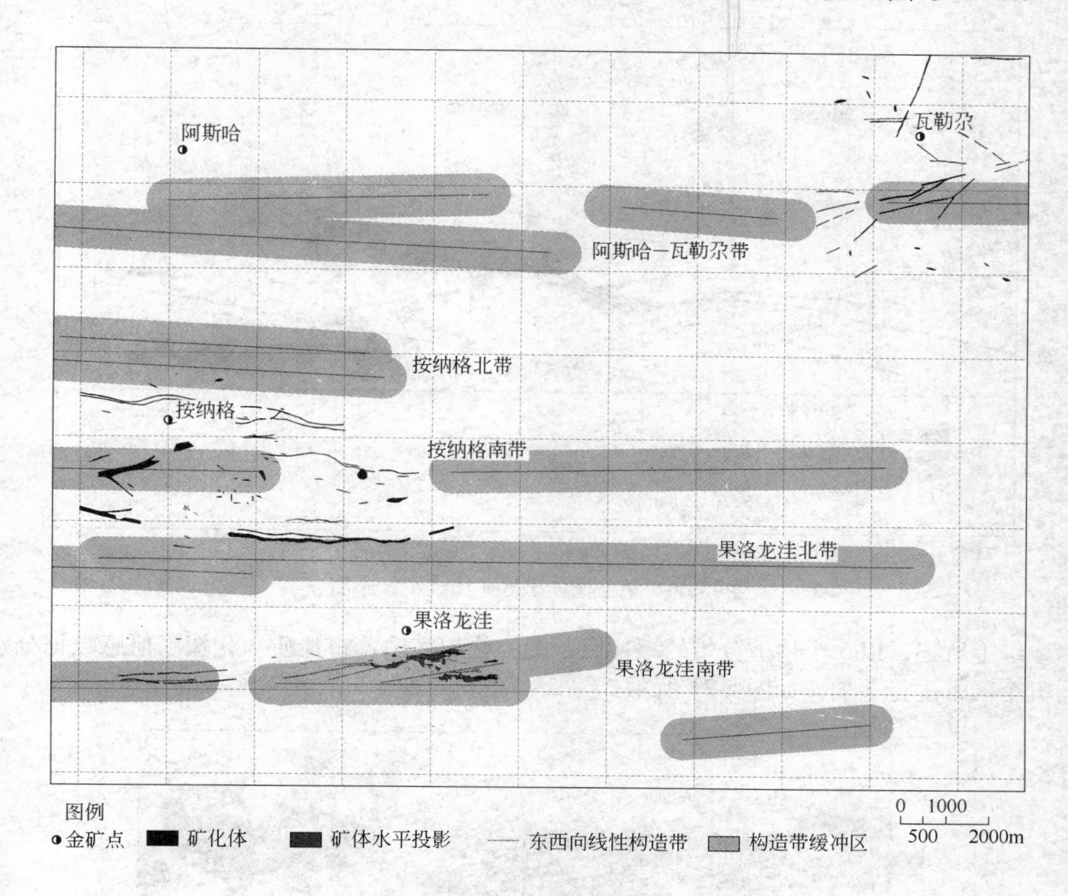


图 5-19 研究区构造分带

在果洛龙洼矿区控矿断裂构造中，NWW-EW 向断裂是矿区内规模较大、形成较早、发育程度较高的一组脆性断裂，是主要容矿控矿断裂。整体走向 NWW-EW，可见沿走向分支复合及 S 形扭转的特征。主矿体 I 被近东西向的 $F_1$ 主断裂所控制。地貌上这些断裂带多呈负地形，平面分布上具集群和等距规律。

从果洛龙洼南带上矿化体和矿体的水平投影可以清晰地看出，Ⅳ、Ⅵ矿群与 I 矿群和周围矿化体与昆中断裂走向方向近于平行，初步认为昆中断裂向北倾，控制 I 矿群的构造 $F_1$ 与控制Ⅳ、Ⅵ矿群的构造 $F_2$ 向南倾，与昆中断裂组成“入”字形构造，“入”字形构造具有舒缓波特征。矿体可能有继续下延的趋势，推断延深深度应大于“入”字形构造交接点以下，如图 5-20 所示。

果洛龙洼北带与按纳格南带经过按纳格金矿区，目前已控制两条成矿带，圈定的金矿脉长度大于 3.5km，石英脉分布较连续，可作为深部找矿的优选部位。

按纳格北带分布于按纳格金矿区北部，由于工作条件与交通因素，尚未开展有效的地质工作。对研究区作为整体考虑，推测岩石受力与变形应在统一构造应力场，受力变形应具有一定的规律性，也可以作为找矿优选区域。

阿斯哈—瓦勒尕带上已经证实有金矿存在，断裂构造分布于岩体之中，整体呈近东西向展布，北西-南东向线性构造极为发育并且存在与成矿有关的色调异常区。

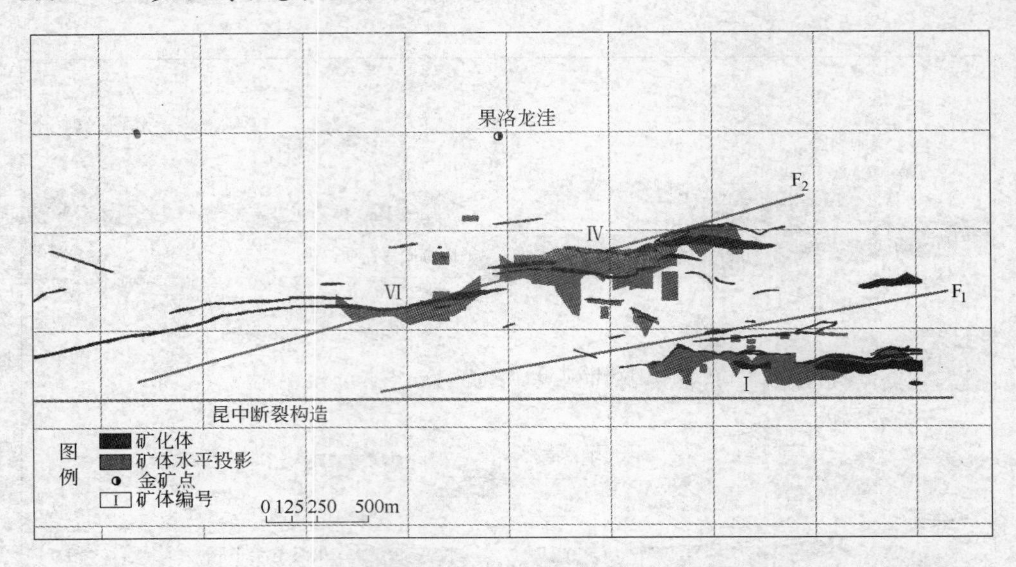


图 5-20　果洛龙洼矿区矿体水平投影图

综上所述，以 5 个构造分带的缓冲区范围为叠加底图，将地质、化探、遥感数据分别与五个区带进行叠加，如图 5-21 所示。

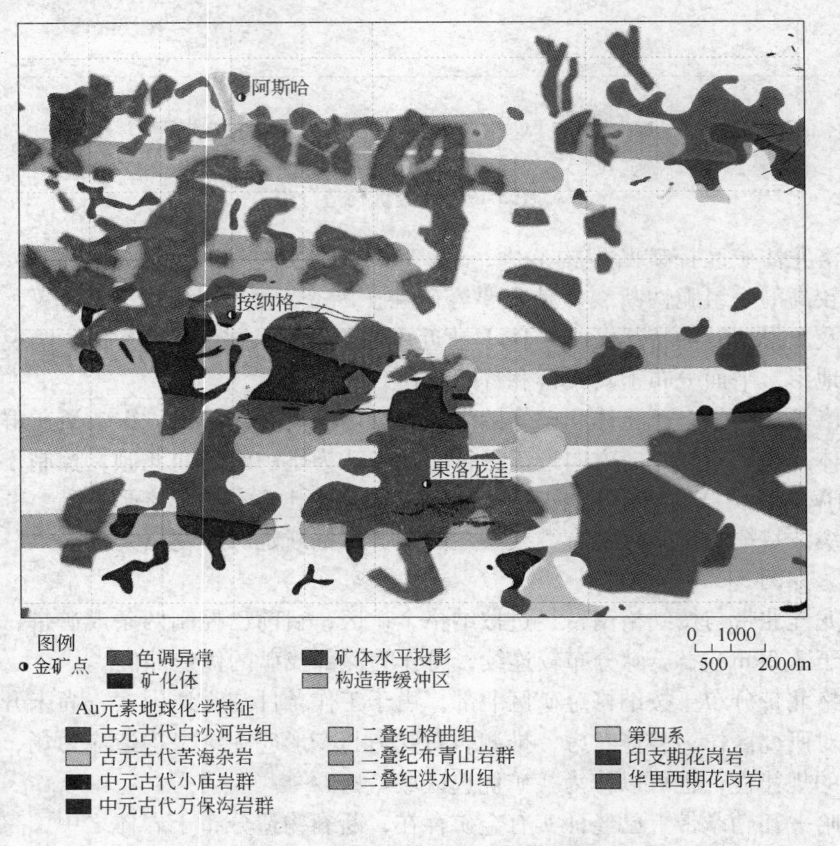


图 5-21　研究区多元地学信息叠加

从多元地学信息叠加的结果可以发现，不同区带叠加后所携带的地学信息量也不相同；携带信息量的计算参照式（5-2），根据矿（化）体、化探、色调异常数据与区带叠合的比值得出，见表5-5。

**表5-5 多元地学信息叠加情况**

| 区 带 | 矿（化）体 | 化探信息 | 色调异常 |
|---|---|---|---|
| 果洛龙洼南带 | 0.26 | 0.32 | 0.19 |
| 果洛龙洼北带 | 0.15 | 0.08 | 0.05 |
| 按纳格南带 | 0.27 | 0.11 | 0.07 |
| 按纳格北带 | 0 | 0.21 | 0.28 |
| 阿斯哈—瓦勒尕带 | 0 | 0.10 | 0.22 |

对于果洛龙洼南带，选择矿体延展两侧的化探异常区为最优，其次为色调异常区。果洛龙洼北带与按纳格南带的矿化体所在区域为最优，其次为化探异常区。按纳格北带和阿斯哈—瓦勒尕带的色调异常区与北西-南东向线性构造叠合区域为最优，其次为化探异常区。

按照栅格分带统计的结果对多元地学信息进行栅格叠加，分带统计叠加的结果以9级为最优，1级为最差。在5个构造分带上共获得了6个重点勘查区域，分别是位于果洛龙洼南带的Ⅰ区、Ⅱ区、Ⅲ区；果洛龙洼北带和按纳格南带之间的Ⅳ区；按纳格北带的Ⅴ区；阿斯哈—瓦勒尕带的Ⅵ区，如图5-22所示。

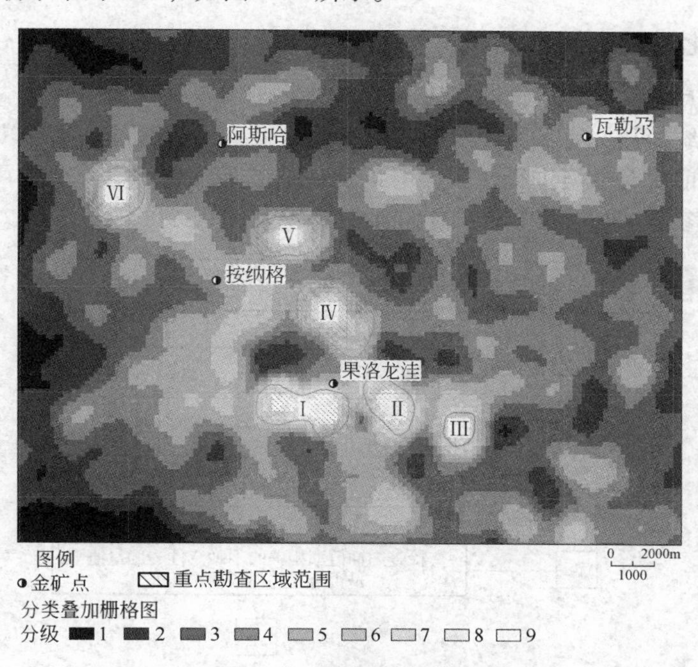


图5-22 重点勘查区域的圈定

## 5.3 研究区地质统计分析

按照多元地学信息融合所圈定的6个重点勘查区域（即图5-22所示Ⅰ-Ⅵ区），于2011年9月在沟里金矿（化）集区分别对6个区域开展了构造原生晕地球化学采样，采集了地球化学样品2500余件，送青海省有色地质矿产勘查局进行加工分析，共分析Au、

Cu、Ag、Pb、Zn、Sb、Bi、As、Hg 等 9 个元素。运用多元地学信息系统的地质统计模块建立变异函数评价模型和地球化学模型，生成预测表面图和概率图，表述研究区地球化学元素的分布与迁移特性，进一步为地质找矿工作提供依据。

### 5.3.1　地质统计学在地球化学异常评价中的应用

从区域地球化学数据中提取致矿异常信息主要需要完成两个任务：一是研究成矿元素在区域上的空间分布特征，确定元素的背景和异常；二是确定与成矿有关元素的共生组合规律，研究元素共生组合在空间上的异常分布规律。

元素在区域上的地球化学含量是一种空间变量，具有结构性和随机性双重特性，可表征为区域化变量应用地质统计学的区域化变量理论与方法对其空间变化特征进行研究。地球化学元素的空间自相关性可能代表了特定地质过程的某些连续性变化，但这种连续性的变化一般是多种地质作用叠加造成的，所得到信息的结构性也是多种主要地质作用规律性变化的一种综合，次要的、规律性不强的地质作用则以随机变化的形式表现出来。

地质统计学方法研究区域地球化学元素具有以下特点：

(1) 研究地球化学元素的空间变化规律性，建立元素空间变化的数学模型；

(2) 研究元素空间分布特征及浓集趋势；

(3) 研究元素异常的空间分布特征。

### 5.3.2　研究区化探数据分析

多元地学信息系统的地质统计模块（图 5-23）是用于分析和预测与空间现象或时空现象相关联的值的统计数据类，因此与几乎所有数据驱动研究相同，包括以下几个步骤：对数据进行分析之前要对数据进行探索，要识别数据的异常值，研究变异函数的经验模型，找出最优的设置参数和拟合参数。由于样本数据较大，下文仅列出部分数据和分析结果。

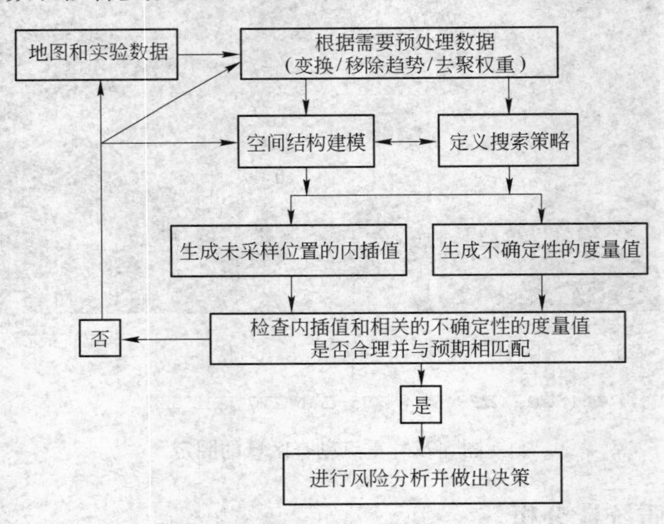


图 5-23　地质统计建模流程

地质统计学的克立金方法依赖于平稳性的假设，这种假设要求所有数据值在某种程度上都服从变异性相同的分布。多元地学信息系统的地质统计模块提供了数据统计分析功能，可以建立数据的直方图、累积频率图、正态QQ图、变异函数云图，让用户在建立克立金模型前，对数据进行检验，判断数据的分布特征。

#### 5.3.2.1 直方图与累积频率图

直方图与累积频率图可以描述数据的分布，也可以判断数据的离散程度和异常值，以Au元素为例，其含量分布累积频率图如图5-24所示。

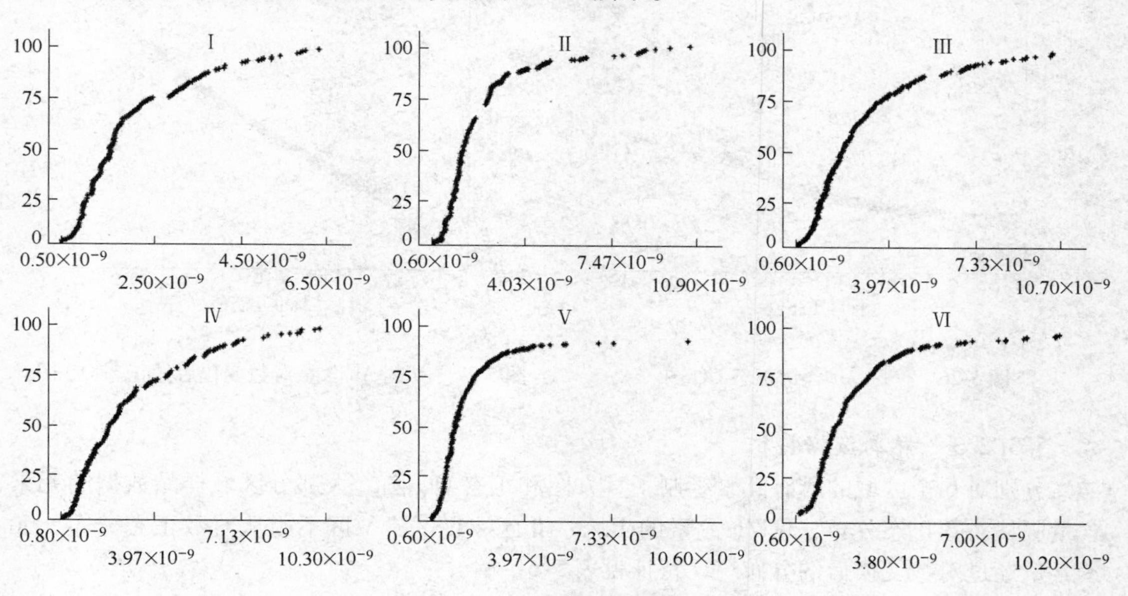


图5-24 Au含量累积频率图

从图5-24中可以看出，大部分样品Au含量值在$0 \sim 5 \times 10^{-9}$的区间范围内，且服从对数正态分布，原始采样数据进行对数变换后，如图5-25所示。

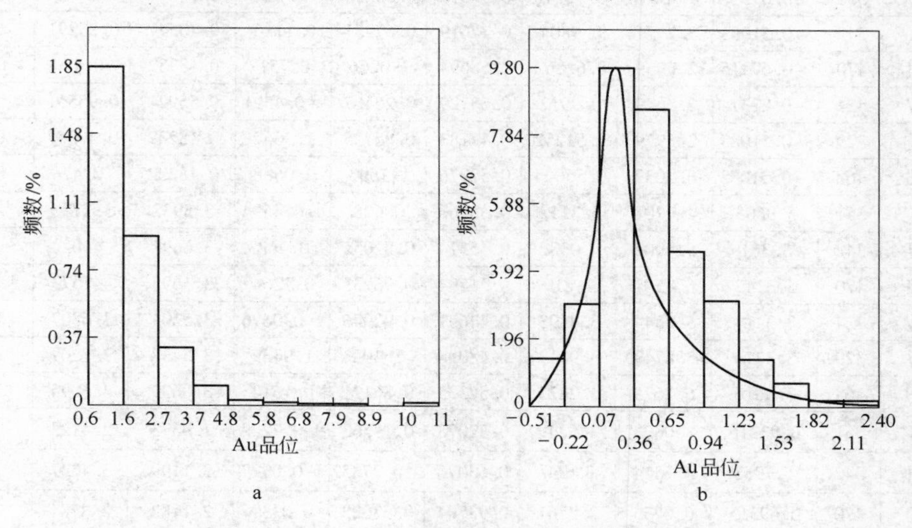


图5-25 V区Au含量（数量级为$10^{-9}$）对数变换前后直方图

#### 5.3.2.2 正态QQ图

为了对整体数据进行检验，还绘制了正态QQ（分位数-分位数）图，QQ图是两种分布的分位数相对彼此进行绘制的图。QQ 图是为了研究数据的分布以及评估数据变化对数据产生的影响。Ⅴ区 Au 含量正态 QQ 图及对数变化后的正态 QQ 图如图 5-26、图 5-27 所示。

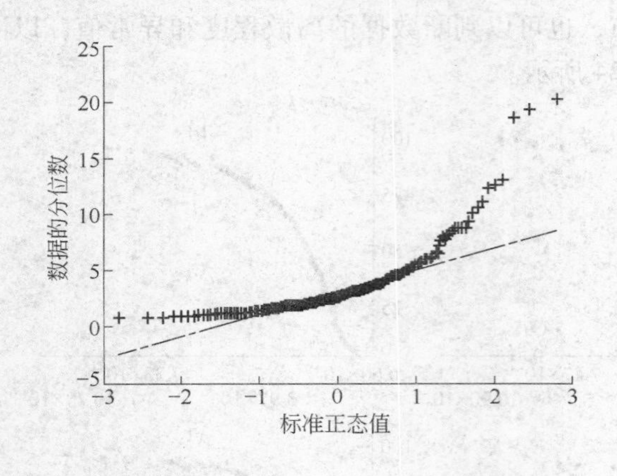


图 5-26 Ⅴ区 Au 含量正态 QQ 图

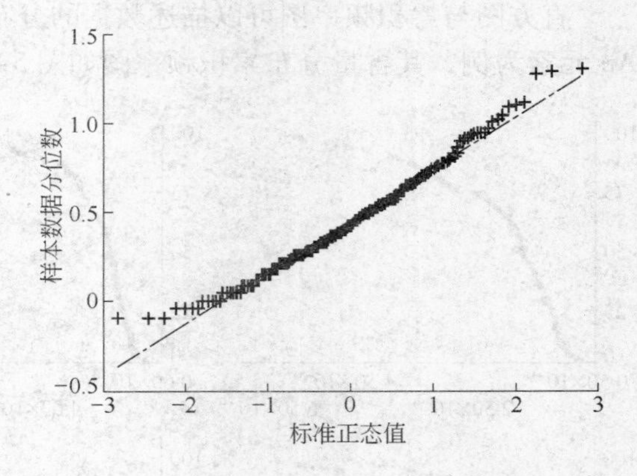


图 5-27 Ⅴ区 Au 含量对数变化后的正态 QQ 图

#### 5.3.2.3 样本数据特征

分别对 6 个区域的所有元素绘制了直方图和正态 QQ 图，大部分区域样品数据的元素含量服从对数正态分布，仅 Zn 元素的Ⅰ区、Ⅱ区、Ⅳ区、Ⅴ区不服从对数正态分布，元素含量经过对数变换后的分布统计特征见表 5-6。

**表 5-6 元素含量对数变换后的分布统计特征**

| 元素 | 区域 | 总数 | 最小值 | 最大值 | 平均值 | 标准差 | 偏度 | 峰度 | 1/4 分位数 | 中位数 | 3/4 分位数 |
|---|---|---|---|---|---|---|---|---|---|---|---|
| Au | Ⅰ | 351 | -0.69315 | 1.8718 | 0.57147 | 0.57872 | 0.38435 | -0.6218 | 0.16057 | 0.47 | 0.95551 |
|  | Ⅱ | 342 | -0.51083 | 3.2771 | 0.9804 | 0.77619 | 0.67251 | 0.1116 | 0.40547 | 0.83291 | 1.417 |
|  | Ⅲ | 470 | -0.69315 | 2.9339 | 0.62862 | 0.68694 | 1.0266 | 0.751 | 0.18232 | 0.47 | 0.91629 |
|  | Ⅳ | 424 | -0.22314 | 2.5649 | 0.9912 | 0.63129 | 0.26467 | -0.4591 | 0.55921 | 0.95551 | 1.4351 |
|  | Ⅴ | 329 | -0.51083 | 2.3979 | 0.51252 | 0.47183 | 0.87726 | 1.3667 | 0.18232 | 0.40547 | 0.78846 |
|  | Ⅵ | 468 | -0.51083 | 3.3032 | 0.55005 | 0.57976 | 1.1593 | 2.0688 | 0.18232 | 0.47 | 0.87547 |
| Ag | Ⅰ | 351 | 3.3603 | 4.7707 | 3.8512 | 0.33566 | 0.628 | -0.4594 | 3.5932 | 3.7796 | 4.083 |
|  | Ⅱ | 342 | 3.381 | 5.4902 | 4.0382 | 0.45314 | 0.82052 | 0.468 | 3.6697 | 4.02 | 4.2857 |
|  | Ⅲ | 470 | 3.3142 | 6.8501 | 4.219 | 0.71594 | 0.96933 | 0.7264 | 3.5695 | 4.1573 | 4.5747 |
|  | Ⅳ | 424 | 3.3214 | 5.2544 | 3.8893 | 0.44657 | 0.92946 | -0.0696 | 3.5204 | 3.6807 | 4.2239 |
|  | Ⅴ | 329 | 3.3214 | 5.8749 | 3.9019 | 0.48098 | 1.402 | 1.9439 | 3.5438 | 3.7209 | 4.14 |
|  | Ⅵ | 468 | 3.3616 | 6.1675 | 4.2823 | 0.52333 | 0.36121 | 0.1612 | 3.8639 | 4.3095 | 4.624 |
| Cu | Ⅰ | 351 | 0.93216 | 4.0828 | 2.5249 | 0.72073 | 0.17563 | -0.7229 | 1.9573 | 2.4123 | 3.1444 |
|  | Ⅱ | 342 | 1.7967 | 4.7514 | 3.468 | 0.63076 | -0.27852 | -0.0927 | 3.1499 | 3.4337 | 3.9455 |
|  | Ⅲ | 470 | 0.69315 | 6.0735 | 2.8761 | 0.93704 | 0.53023 | 0.0339 | 2.1782 | 2.8784 | 3.2581 |
|  | Ⅳ | 424 | 1.2 | 5.534 | 3.6865 | 0.74897 | 0.084002 | 0.5034 | 3.2139 | 3.5382 | 4.1486 |
|  | Ⅴ | 329 | 1.1474 | 4.9684 | 3.1177 | 0.74019 | -0.48201 | 0.3286 | 2.8039 | 3.1847 | 3.5683 |
|  | Ⅵ | 468 | 0.98954 | 4.9296 | 3.0211 | 0.65664 | -0.40932 | 0.4283 | 2.6532 | 3.2068 | 3.3259 |

续表 5-6

| 元素 | 区域 | 总数 | 最小值 | 最大值 | 平均值 | 标准差 | 偏度 | 峰度 | 1/4 分位数 | 中位数 | 3/4 分位数 |
|---|---|---|---|---|---|---|---|---|---|---|---|
| Pb | Ⅰ | 351 | 1.3376 | 3.2116 | 2.3277 | 0.39201 | -0.15608 | -0.0965 | 2.0804 | 2.3599 | 2.5913 |
| | Ⅱ | 342 | 1.2641 | 4.3678 | 2.6211 | 0.57319 | 0.12472 | -0.4006 | 2.1801 | 2.5945 | 3.0928 |
| | Ⅲ | 470 | 1.454 | 5.531 | 2.9462 | 0.55958 | 0.96235 | 3.3199 | 2.6369 | 2.8828 | 3.1942 |
| | Ⅳ | 424 | 1.2179 | 3.3683 | 2.6606 | 0.47471 | -0.37361 | -0.6718 | 2.3031 | 2.5787 | 3.1542 |
| | Ⅴ | 329 | 1.2355 | 4.4401 | 2.9443 | 0.39019 | -0.29501 | 2.1057 | 2.7314 | 2.9872 | 3.1856 |
| | Ⅵ | 468 | 0.69315 | 4.4712 | 2.7971 | 0.53659 | -0.93842 | 2.4421 | 2.542 | 2.9134 | 3.0942 |
| Zn | Ⅰ① | 351 | 2.76 | 4.8559 | 4.2871 | 0.32877 | -1.8096 | 5.3019 | 4.2148 | 4.3157 | 4.4962 |
| | Ⅱ① | 342 | 2.2061 | 4.6953 | 4.0616 | 0.43769 | -2.2788 | 5.6175 | 4.0384 | 4.1799 | 4.257 |
| | Ⅲ | 470 | 1.8278 | 6.4166 | 3.6115 | 0.85742 | 0.073557 | -0.4708 | 2.8685 | 3.8079 | 4.2274 |
| | Ⅳ① | 424 | 2.7259 | 4.8149 | 4.0745 | 0.32252 | -1.2161 | 2.6299 | 3.941 | 4.1551 | 4.2357 |
| | Ⅴ① | 329 | 1.5665 | 5.1996 | 4.1292 | 0.61183 | -1.7019 | 3.2027 | 3.9516 | 4.2439 | 4.5007 |
| | Ⅵ | 468 | 1.712 | 5.3383 | 4.0094 | 0.61513 | -1.3424 | 1.752 | 3.7734 | 4.2214 | 4.3326 |

注：Au、Ag 含量的数量级为 $10^{-9}$，Cu、Pb、Zn 含量的数量级为 $10^{-6}$。

①不服从对数正态分布区域。

### 5.3.3 异常值处理

因为在地质统计学模型构建前必须对异常值进行处理，识别出异常值属于全局异常还是局部异常。全局异常值是相对数据集中的所有值具有非常高值或非常低值的已测量采样点。局部异常值是一个已测量采样点，具有整个数据集正常范围内的值，但相对于周围点，其值显得异常高或异常低。识别异常值很重要的原因有两个：一方面，这些异常值可能是现象中的异常情况；另一个方面，这些值可能是错误测量或记录的。如果异常值是现象中的真实异常情况，那么这可能是研究和理解现象的最重要的点。如果异常值是由数据输入过程中的错误导致的，那么在创建表面之前应该进行校正或移除。因为异常值对变异函数建模和相邻值的影响，会对预测表面产生不利影响。

异常值的识别可以根据经验将数据限制在一定的范围之内，或利用经验可以接受的直方图（如 95 个百分点处的数据）或统计参数（如平均值 +2 倍的标准差）的方法处理。还可以根据公式判别，使用 Krige 提出的邻域法：

$$I = \frac{n(G - m)^2}{(n + 1)\sigma^2} \tag{5-3}$$

经过比较发现，使用公式法会剔除实际中感兴趣的数据，并且研究的目的是为了得到重点区域的预测图，所以采用绘制含量变异函数云的方法，通过查找对全局影响较大的数据来进行异常值的分析。如图 5-28 所示，可以看到Ⅰ区 Au 的变异函数云中有 2 个明显的全局异常，其中之一对整个区域的影响如图 5-29 所示。

对异常值的处理有多种方法，使用最广泛的是截平法，是对样本数据中的异常值按特定阈值进行替换或删除。因为变异函数云对异常值的判断仅针对全局异常，所以采用直接删除异常值的处理方式，虽然这种处理方式过于草率，但是使用变异函数云的方法查出的异常值相对于公式法来说要少，所以仅对本次研究来讲，这种处理异常值的方法不会对预测图的可信性产生较大的影响。

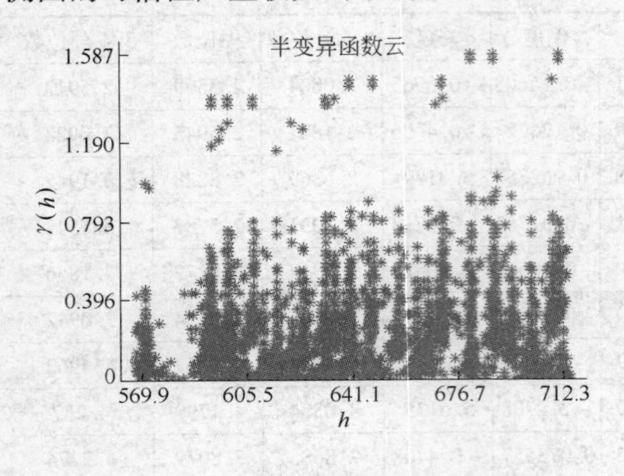


图 5-28　变异函数云图

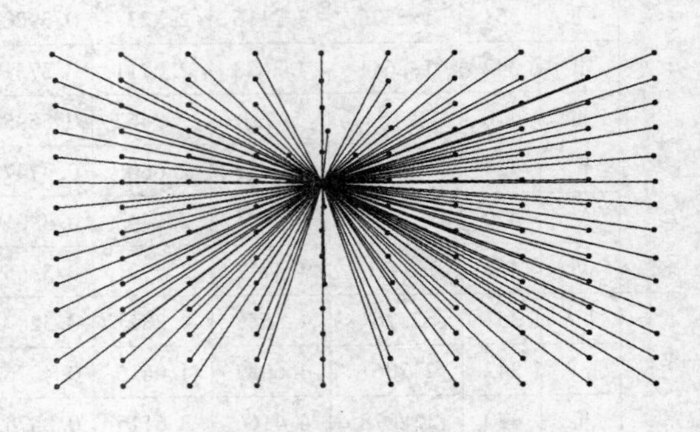

图 5-29　全局异常值对整体数据的影响

## 5.3.4　空间建模

空间建模，也称为结构分析或变异分析，在变异函数的空间建模中，可对自相关性进行检查和量化。变异函数模型的建立包含了几个重要的参数，参数的选择决定了预测模型的准确性。在建模的过程中，可以根据不同的参数来调整模型，最终选择最优模型来进行预测。变异函数建模的主要参数有步长（滞后距）、最大有效滞后距、块金值、基台值、变程、各向同性、各项异性、拟合函数的选择等。

### 5.3.4.1　空间自相关

空间自相关可能仅依赖于两个样本位置之间的距离，这被称为各向同性。而不同的方向，不同的距离也可能出现相同的自相关值，这被称为各向异性。各向异性也可以理解为，对于较长的距离，样本在某些方向上比在其他方向上更相似。查找各向异性很重要，因为如果空间自相关在方向上存在差异，就可以在变异函数模型中考虑这些差异，这反过来又会对地质统计预测的结果产生影响。图 5-30、图 5-31 所示分别为Ⅲ区各向同性与各向异性变异函数模型。

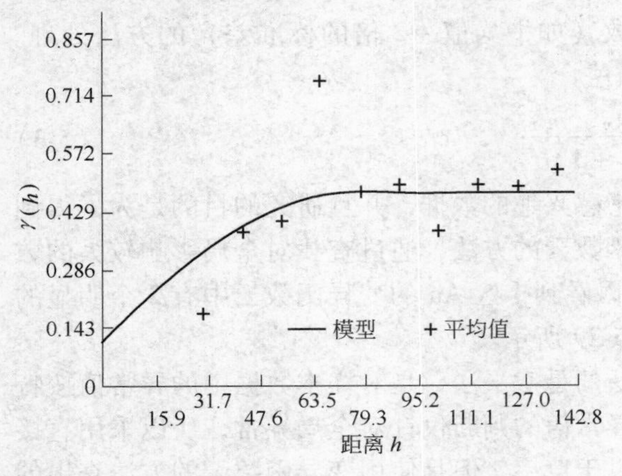


图 5-30　Ⅲ区各向同性变异函数模型

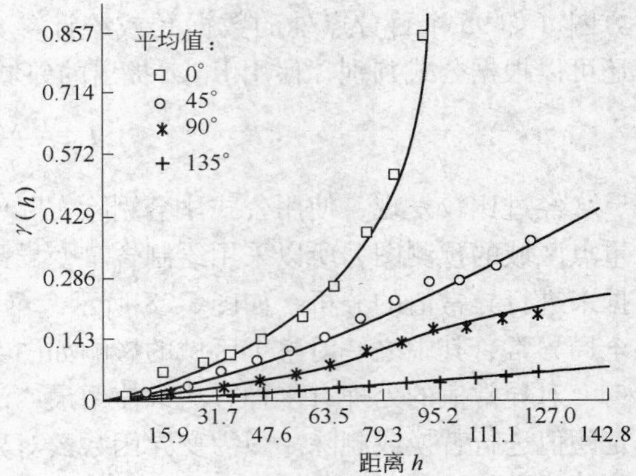


图 5-31　Ⅲ区各向异性变异函数模型

#### 5.3.4.2 步长的选择

步长大小的选择对变异函数有重要影响。如果步长过大，短程自相关可能会被掩盖。如果步长过小，可能会无法获得每个预测单元的典型平均值。当样本位于采样格网上时，格网间距通常可作为步长的大小。使用非规则或随机采样方案获取数据，一般的做法是按照步长数乘以步长大小等于所有点之间最大距离的一半左右。

#### 5.3.4.3 块金值、基台值

在构建变异函数的过程中，发现预测平均值随着块金值的增大有微弱的上升，随着块金值的增大，变异函数的变程也随之明显增加，这说明每个采样点样本所影响的范围也在扩大。可以推断出这是由于对样本中异常值的处理不足导致的，异常值所影响的范围随着块金值的增大而增大，提高了预测结果的平均值。块金值与基台的比值称为基底效应，反映了样本间的变异特征，基底效应越大，表示样本间的变异更多是由随机因素引起的。块金与基台的差值称为偏基台，偏基台与基台之间的关系也反映数据之间空间相关性的强弱。偏基台与基台的比值越大，空间相关性越强。

#### 5.3.4.4 空间模型的建立

克立金法包括普通克立金法、简单克立金法、泛克立金法、概率克立金法、指示克立金法和析取克立金法，通常用到的是普通克立金法。

通过多元地学信息系统的地质统计模块，对研究区内6个勘查区的化探数据建立了变异函数模型，通过对比不同参数设置，计算出最优的克立金方法、参数及拟合函数。步长的设置根据采样网格的密度，分别设了35m、40m、50m、75m、100m、200m等6个长度。大部分数据经过对数变换后建模，也实验了一小部分未经过对数变换的原始数据。针对部分数据分别探讨了各向同性、各向异性的变异函数模型。由于多元地学信息系统的地质统计模块仅开发了普通克立金和泛克立金的插值方法，且数据服从对数正态分布，所以还对普通克立金法、泛克立金法进行了比较。为了突出空间相关性，大部分数据取了较小的块金值，部分实验数据的变异函数模型见表5-7。

**表5-7 地质统计分析建模方法比较**

| 区域 | 模型 | 元素 | 变程 | 块金 | 基台 | 步长 | 预测平均值 | 均方根预测误差 | 标准平均值 | 标准均方根预测误差 | 平均标准误差 | 决定系数 | 空间相关性 |
|---|---|---|---|---|---|---|---|---|---|---|---|---|---|
| I | Spherical | Au | 71 | 0.078 | 0.344 | 35 | −0.035 | 1.312 | −0.171 | 1.462 | 1.036 | 0.053 | 0.227 |
| | Spherical | Au | 72 | 0.011 | 0.343 | 50 | 0.056 | 1.330 | −0.069 | 1.076 | 1.439 | 0.335 | 0.032 |
| | Spherical | Au | 64 | 0.009 | 0.336 | 75 | 0.051 | 1.330 | −0.075 | 1.096 | 1.415 | 0.151 | 0.027 |
| | Spherical | Au | 92 | 0.006 | 0.338 | 100 | 0.061 | 1.303 | −0.031 | 0.947 | 1.519 | 0.589 | 0.018 |
| | Exponential | Au | 44 | 0.032 | 0.341 | 35 | 0.045 | 1.395 | −0.175 | 1.430 | 1.249 | 0.091 | 0.094 |
| | Exponential | Au | 102 | 0.045 | 0.348 | 50 | 0.048 | 1.381 | −0.147 | 1.339 | 1.295 | 0.381 | 0.129 |
| | Exponential | Au | 84 | 0.037 | 0.337 | 75 | 0.043 | 1.388 | −0.168 | 1.408 | 1.253 | 0.177 | 0.110 |
| | Exponential① | Au | 108 | 0.034 | 0.339 | 100 | 0.054 | 1.303 | −0.038 | 0.968 | 1.493 | 0.659 | 0.100 |
| | Gaussian | Au | 150 | 0.078 | 0.361 | 35 | 0.056 | 1.353 | −0.097 | 1.173 | 1.391 | 0.222 | 0.216 |
| | Gaussian① | Au | 62 | 0.051 | 0.343 | 50 | 0.055 | 1.315 | −0.050 | 1.015 | 1.470 | 0.336 | 0.149 |
| | Gaussian | Au | 55.4 | 0.045 | 0.336 | 75 | 0.040 | 1.349 | −0.113 | 1.227 | 1.326 | 0.160 | 0.134 |
| | Gaussian | Au | 79.6 | 0.047 | 0.338 | 100 | 0.056 | 1.352 | −0.095 | 1.167 | 1.395 | 0.589 | 0.139 |

续表 5-7

| 区域 | 模型 | 元素 | 变程 | 块金 | 基台 | 步长 | 预测平均值 | 均方根预测误差 | 标准平均值 | 标准均方根预测误差 | 平均标准误差 | 决定系数 | 空间相关性 |
|---|---|---|---|---|---|---|---|---|---|---|---|---|---|
| Ⅲ | Spherical | Au | 71 | 0.001 | 0.388 | 35 | −0.050 | 2.058 | −0.146 | 1.444 | 1.745 | 0.802 | 0.003 |
| | Spherical | Au | 65 | 0.001 | 0.394 | 50 | −0.045 | 2.059 | −0.141 | 1.427 | 1.766 | 0.378 | 0.003 |
| | Spherical | Au | 70 | 0.007 | 0.405 | 75 | −0.038 | 2.040 | −0.118 | 1.349 | 1.825 | 0.605 | 0.017 |
| | Spherical | Au | 108 | 0.018 | 0.416 | 100 | −0.032 | 2.054 | −0.124 | 1.368 | 1.828 | 0.581 | 0.043 |
| | Exponential | Au | 100 | 0.028 | 0.396 | 35 | −0.073 | 2.011 | −0.135 | 1.471 | 1.630 | 0.856 | 0.071 |
| | Exponential | Au | 113 | 0.040 | 0.402 | 50 | −0.071 | 2.062 | −0.197 | 1.756 | 1.450 | 0.632 | 0.100 |
| | Exponential | Au | 123 | 0.044 | 0.407 | 75 | −0.070 | 2.013 | −0.138 | 1.505 | 1.601 | 0.705 | 0.108 |
| | Exponential | Au | 156 | 0.056 | 0.420 | 100 | −0.073 | 2.031 | −0.157 | 1.602 | 1.525 | 0.718 | 0.133 |
| | Gaussian | Au | 57.5 | 0.001 | 0.389 | 35 | −0.052 | 2.038 | −0.131 | 1.396 | 1.763 | 0.816 | 0.003 |
| | Gaussian | Au | 57.2 | 0.037 | 0.395 | 50 | −0.048 | 2.021 | −0.112 | 1.336 | 1.805 | 0.383 | 0.094 |
| | Gaussian | Au | 60.6 | 0.048 | 0.405 | 75 | −0.038 | 2.042 | −0.120 | 1.359 | 1.816 | 0.605 | 0.119 |
| | Gaussian① | Au | 93.5 | 0.062 | 0.416 | 100 | −0.029 | 2.032 | −0.104 | 1.304 | 1.868 | 0.584 | 0.149 |
| | Spherical | Ag | 59 | 0.013 | 0.481 | 75 | −4.655 | 104.227 | −0.119 | 1.441 | 79.772 | 0.510 | 0.027 |
| | Spherical | Ag | 90 | 0.017 | 0.484 | 100 | −5.548 | 102.899 | −0.104 | 1.557 | 69.318 | 0.698 | 0.035 |
| | Spherical | Ag | 179 | 0.046 | 0.518 | 200 | −7.241 | 111.288 | −0.522 | 2.998 | 50.433 | 0.109 | 0.089 |
| | Spherical② | Ag | 78 | 500 | 10750 | 100 | −0.770 | 113.413 | −0.005 | 1.128 | 100.510 | 0.179 | 0.047 |
| | Exponential | Ag | 63 | 0.044 | 0.481 | 75 | −4.771 | 103.733 | −0.114 | 1.435 | 78.941 | 0.571 | 0.091 |
| | Exponential | Ag | 93 | 0.047 | 0.484 | 100 | −5.122 | 105.346 | −0.159 | 1.624 | 73.806 | 0.714 | 0.097 |
| | Exponential | Ag | 201 | 0.088 | 0.520 | 200 | −6.032 | 106.680 | −0.243 | 2.074 | 61.243 | 0.129 | 0.169 |
| | Exponential② | Ag | 66 | 1150 | 10750 | 100 | −0.217 | 106.640 | −0.001 | 1.003 | 106.199 | 0.169 | 0.107 |
| | Gaussian | Ag | 50 | 0.066 | 0.480 | 75 | −4.688 | 104.059 | −0.116 | 1.431 | 79.832 | 0.547 | 0.138 |
| | Gaussian | Ag | 78 | 0.074 | 0.484 | 100 | −3.533 | 113.126 | −0.293 | 2.046 | 74.274 | 0.699 | 0.153 |
| | Gaussian | Ag | 154 | 0.096 | 0.518 | 200 | −6.253 | 116.394 | −0.701 | 3.620 | 48.211 | 0.113 | 0.185 |
| | Gaussian② | Ag | 65 | 1890 | 10750 | 100 | −0.807 | 113.665 | −0.005 | 1.139 | 99.756 | 0.179 | 0.176 |
| Ⅴ | Spherical | Au | 91.3 | 0.000 | 0.213 | 35 | −0.030 | 1.241 | −0.114 | 1.473 | 0.941 | 0.766 | 0.000 |
| | Spherical | Au | 50 | 0.002 | 0.211 | 40 | −0.026 | 1.222 | −0.071 | 1.330 | 1.028 | 0.114 | 0.009 |
| | Spherical | Au | 63 | 0.005 | 0.216 | 50 | −0.028 | 1.225 | −0.084 | 1.373 | 0.992 | 0.705 | 0.023 |
| | Spherical | Au | 82 | 0.014 | 0.221 | 100 | −0.024 | 1.259 | −0.133 | 1.526 | 0.931 | 0.213 | 0.063 |
| | Spherical | Au | 185 | 0.024 | 0.234 | 200 | −0.061 | 1.265 | −0.283 | 2.268 | 0.662 | 0.033 | 0.103 |
| | Exponential | Au | 132 | 0.000 | 0.218 | 35 | −0.041 | 1.235 | −0.142 | 1.709 | 0.824 | 0.735 | 0.000 |
| | Exponential | Au | 46 | 0.018 | 0.212 | 40 | −0.026 | 1.220 | −0.073 | 1.338 | 1.018 | 0.288 | 0.085 |
| | Exponential | Au | 69 | 0.022 | 0.217 | 50 | −0.026 | 1.221 | −0.079 | 1.371 | 0.993 | 0.649 | 0.101 |
| | Exponential | Au | 81 | 0.029 | 0.221 | 100 | −0.025 | 1.222 | −0.081 | 1.387 | 0.985 | 0.233 | 0.131 |
| | Exponential | Au | 216 | 0.045 | 0.235 | 200 | −0.045 | 1.226 | −0.141 | 1.751 | 0.797 | 0.038 | 0.191 |
| | Gaussian | Au | 69 | 0.000 | 0.213 | 35 | −0.027 | 1.287 | −0.184 | 1.709 | 0.866 | 0.812 | 0.000 |
| | Gaussian | Au | 42 | 0.028 | 0.212 | 40 | −0.027 | 1.211 | −0.070 | 1.323 | 1.023 | 0.184 | 0.132 |
| | Gaussian① | Au | 54 | 0.032 | 0.216 | 50 | −0.027 | 1.213 | −0.078 | 1.354 | 0.997 | 0.703 | 0.148 |
| | Gaussian | Au | 69 | 0.038 | 0.221 | 100 | −0.024 | 1.240 | −0.121 | 1.498 | 0.934 | 0.213 | 0.172 |
| | Gaussian | Au | 158 | 0.047 | 0.233 | 200 | −0.058 | 1.279 | −0.366 | 2.589 | 0.606 | 0.033 | 0.202 |
| | Spherical | Ag | 31.5 | 0.025 | 0.194 | 35 | −0.192 | 30.040 | −0.052 | 1.139 | 27.753 | 0.000 | 0.129 |

续表 5-7

| 区域 | 模型 | 元素 | 变程 | 块金 | 基台 | 步长 | 预测平均值 | 均方根预测误差 | 标准平均值 | 标准均方根预测误差 | 平均标准误差 | 决定系数 | 空间相关性 |
|---|---|---|---|---|---|---|---|---|---|---|---|---|---|
| V | Spherical | Ag | 75 | 0.010 | 0.189 | 40 | −0.653 | 30.127 | −0.090 | 1.261 | 24.371 | 0.937 | 0.053 |
| | Spherical① | Ag | 70 | 0.009 | 0.189 | 50 | −0.609 | 29.968 | −0.079 | 1.229 | 24.970 | 0.837 | 0.048 |
| | Spherical | Ag | 87 | 0.010 | 0.184 | 100 | −0.785 | 30.674 | −0.130 | 1.384 | 22.558 | 0.378 | 0.054 |
| | Spherical | Ag | 150 | 0.106 | 0.186 | 200 | −0.831 | 29.622 | −0.077 | 1.316 | 23.179 | 0.042 | 0.570 |
| | Exponential | Ag | 21 | 0.035 | 0.194 | 35 | −0.779 | 29.777 | −0.081 | 1.280 | 23.876 | 0.000 | 0.180 |
| | Exponential | Ag | 102 | 0.025 | 0.190 | 40 | −0.697 | 29.886 | −0.082 | 1.278 | 24.037 | 0.945 | 0.132 |
| | Exponential | Ag | 90 | 0.026 | 0.190 | 50 | −0.627 | 29.840 | −0.075 | 1.244 | 24.715 | 0.886 | 0.137 |
| | Exponential | Ag | 87 | 0.022 | 0.184 | 100 | −0.738 | 29.840 | −0.081 | 1.263 | 24.349 | 0.380 | 0.120 |
| | Exponential | Ag | 114 | 0.022 | 0.186 | 200 | −0.979 | 29.815 | −0.097 | 1.342 | 22.775 | 0.041 | 0.118 |
| | Gaussian | Ag | 72 | 0.049 | 0.195 | 35 | −0.592 | 30.275 | −0.094 | 1.274 | 24.195 | 0.000 | 0.251 |
| | Gaussian | Ag | 64 | 0.030 | 0.189 | 40 | −0.658 | 30.111 | −0.089 | 1.262 | 24.372 | 0.939 | 0.159 |
| | Gaussian | Ag | 61 | 0.031 | 0.189 | 50 | −0.610 | 29.989 | −0.080 | 1.233 | 24.908 | 0.842 | 0.164 |
| | Gaussian | Ag | 74 | 0.032 | 0.185 | 100 | −0.808 | 30.595 | −0.127 | 1.382 | 22.530 | 0.378 | 0.173 |
| | Gaussian | Ag | 123 | 0.034 | 0.186 | 200 | −1.180 | 31.831 | −0.292 | 2.006 | 16.450 | 0.042 | 0.183 |
| | Spherical | Cu | 31.5 | 0.081 | 0.565 | 35 | 1.751 | 21.618 | −0.025 | 0.844 | 31.993 | 0.000 | 0.143 |
| | Spherical① | Cu | 60 | 0.001 | 0.528 | 40 | 0.965 | 21.985 | −0.078 | 0.988 | 27.569 | 0.731 | 0.002 |
| | Spherical | Cu | 53 | 0.021 | 0.538 | 50 | 1.246 | 21.624 | −0.045 | 0.899 | 29.524 | 0.177 | 0.039 |
| | Spherical | Cu | 79 | 0.035 | 0.544 | 100 | 1.032 | 22.935 | −0.139 | 1.150 | 26.377 | 0.175 | 0.064 |
| | Spherical | Cu | 126 | 0.001 | 0.510 | 200 | 0.200 | 24.434 | −0.479 | 2.213 | 18.214 | 0.000 | 0.002 |
| | Exponential | Cu | 90 | 0.117 | 0.565 | 35 | 1.231 | 21.863 | −0.059 | 0.953 | 28.141 | 0.000 | 0.207 |
| | Exponential | Cu | 66 | 0.049 | 0.529 | 40 | 0.991 | 21.687 | −0.062 | 0.956 | 27.830 | 0.604 | 0.093 |
| | Exponential | Cu | 51 | 0.062 | 0.538 | 50 | 1.243 | 21.598 | −0.045 | 0.903 | 29.379 | 0.188 | 0.115 |
| | Exponential | Cu | 72 | 0.068 | 0.544 | 100 | 1.121 | 21.751 | −0.058 | 0.946 | 28.183 | 0.186 | 0.125 |
| | Exponential | Cu | 90 | 0.038 | 0.510 | 200 | 0.523 | 21.890 | −0.105 | 1.091 | 24.985 | 0.000 | 0.075 |
| | Gaussian | Cu | 72 | 0.164 | 0.565 | 35 | 1.190 | 22.750 | −0.114 | 1.086 | 27.172 | 0.000 | 0.290 |
| | Gaussian | Cu | 52 | 0.074 | 0.528 | 40 | 1.009 | 21.801 | −0.065 | 0.954 | 28.089 | 0.706 | 0.140 |
| | Gaussian | Cu | 45 | 0.086 | 0.538 | 50 | 1.252 | 21.625 | −0.044 | 0.899 | 29.545 | 0.177 | 0.160 |
| | Gaussian | Cu | 66 | 0.096 | 0.544 | 100 | 0.999 | 22.674 | −0.122 | 1.108 | 26.537 | 0.175 | 0.176 |
| | Gaussian | Cu | 35 | 0.076 | 0.510 | 200 | 1.013 | 21.501 | −0.054 | 0.934 | 28.782 | 0.000 | 0.149 |
| | Spherical③ | Au | 147 | 0.152 | 0.218 | 50 | −0.035 | 1.178 | −0.060 | 1.388 | 0.928 | 0.541 | 0.697 |
| | Spherical③ | Au | 162 | 0.149 | 0.198 | 100 | −0.034 | 1.181 | −0.062 | 1.407 | 0.919 | 0.671 | 0.753 |
| | Exponential③ | Au | 103 | 0.115 | 0.217 | 50 | −0.036 | 1.179 | −0.065 | 1.426 | 0.909 | 0.265 | 0.530 |
| | Exponential③ | Au | 147 | 0.109 | 0.181 | 100 | −0.033 | 1.180 | −0.064 | 1.427 | 0.910 | 0.482 | 0.602 |
| | Gaussian③ | Au | 117 | 0.160 | 0.219 | 50 | −0.034 | 1.190 | −0.073 | 1.379 | 0.945 | 0.623 | 0.731 |
| | Gaussian③ | Au | 132 | 0.159 | 0.204 | 100 | −0.032 | 1.182 | −0.062 | 1.393 | 0.929 | 0.478 | 0.779 |
| | Spherical③ | Au | 63 | 0.100 | 0.626 | 40 | −0.028 | 1.168 | −0.052 | 1.249 | 0.956 | 0.669 | 0.160 |
| | Spherical③ | Au | 600 | 0.198 | 0.268 | 50 | −0.038 | 1.213 | −0.066 | 1.457 | 0.933 | 0.462 | 0.739 |
| | Exponential③ | Au | 240 | 0.166 | 0.234 | 40 | −0.037 | 1.204 | −0.064 | 1.460 | 0.921 | 0.521 | 0.709 |
| | Gaussian③ | Au | 208 | 0.185 | 0.228 | 40 | −0.035 | 1.205 | −0.063 | 1.466 | 0.921 | 0.750 | 0.811 |

注：Spherical 为球面模型；Exponential 为指数模型；Gaussian 为高斯模型。

①最优模型。

②未经对数变换，按 90°方向搜索。

③泛克立金法。

通过表5-7可以看出，地质统计模块对模型的评价计算包括：预测平均值、均方根预测误差、标准平均值、标准均方根预测误差、平均标准误差、决定系数、空间相关性等7项，决定系数和空间相关性是其中的重要评价指标，但是并不能决定最优模型的选择，还需要与其余5项评价指标一起综合考虑来选取最优模型。

最优模型的选取依3.7.5.2节所述，如果变异函数在原点附近表现为线性行为，则适用球面模型或者指数模型。如果变异函数在原点附近的连续性好，高斯模型则是最佳的选择。在预测标准误差有效时，标准均方根预测误差应接近于1。预测误差统计的目标是具有接近0的标准平均值，较小的均方根预测误差，接近均方根预测误差的平均标准误差，接近于1的标准均方根预测误差，接近1的决定系数以及小于0.25的空间相关性。

## 5.4 预测模型的建立

根据表5-7所得到的结果，选择最优参数和拟合函数建立重点勘查区域Au元素分布预测模型，应用系统的地质统计模块的克立金插值方法生成了预测图。将预测图分成1~9级来进行显示，8级、9级是Au元素含量最为富集的区域，级别越高，矿化的富集程度越高、出露范围越大、矿化范围越大，随着分级的降低，富集程度依次减弱。

Ⅰ勘查区Au元素分布预测如图5-32所示，从图5-32中可以看到，Au元素富集区域分布较分散，9级区域仅有Ⅰ-1区；Ⅰ-2、Ⅰ-3、Ⅰ-4、Ⅰ-5、Ⅰ-6、Ⅰ-7、Ⅰ-8区为8级区域。大部分富集区域位于勘查区内。

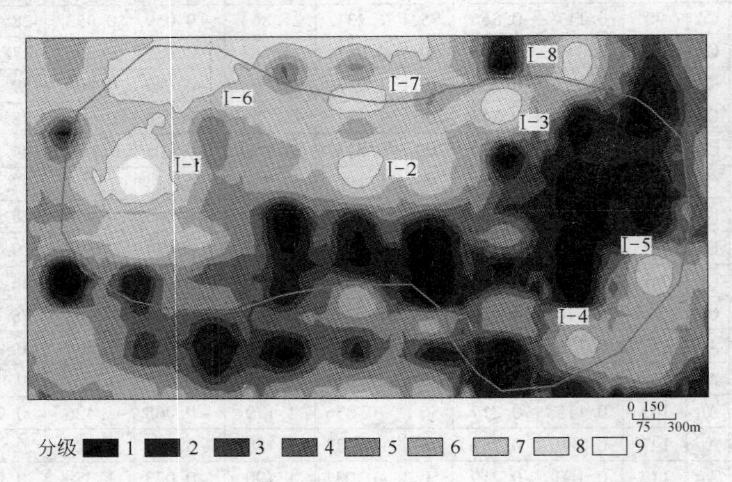


图5-32 Ⅰ勘查区Au元素分布预测图

Ⅱ勘查区Au元素分布预测如图5-33所示，Au元素富集区分布非常分散，数量很少，范围较小。Ⅱ-1区为9级区域，其余为8级区域。

Ⅲ勘查区Au元素分布预测如图5-34所示，整个区域Au元素富集区较少，但等级较高，Ⅲ-1、Ⅲ-2区为9级区域，富集程度较高。

Ⅳ勘查区Au元素分布预测如图5-35所示，整个区域范围内无高等级（8、9级）的Au元素富集区。

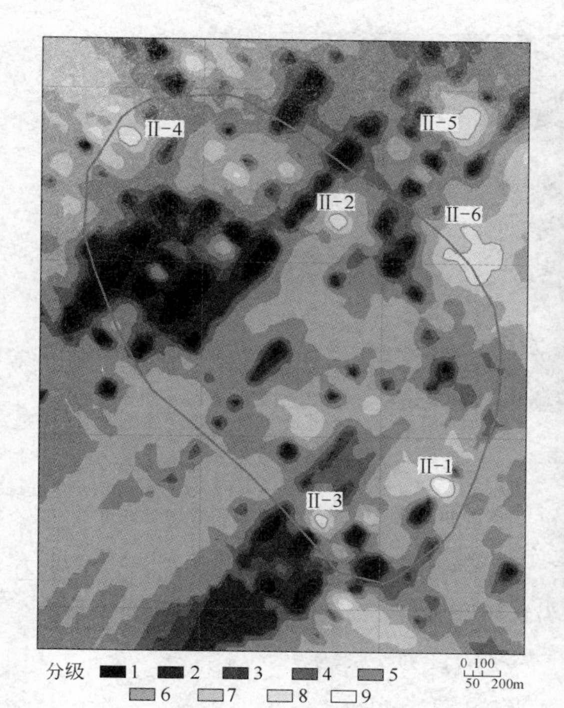


图 5-33 Ⅱ勘查区 Au 元素分布预测图

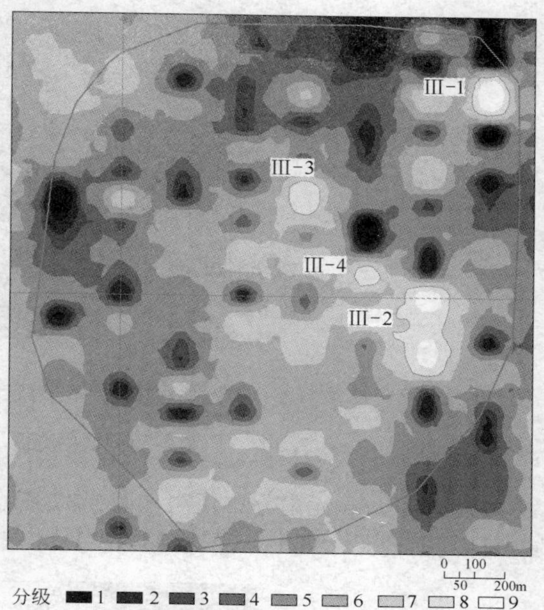


图 5-34 Ⅲ勘查区 Au 元素分布预测图

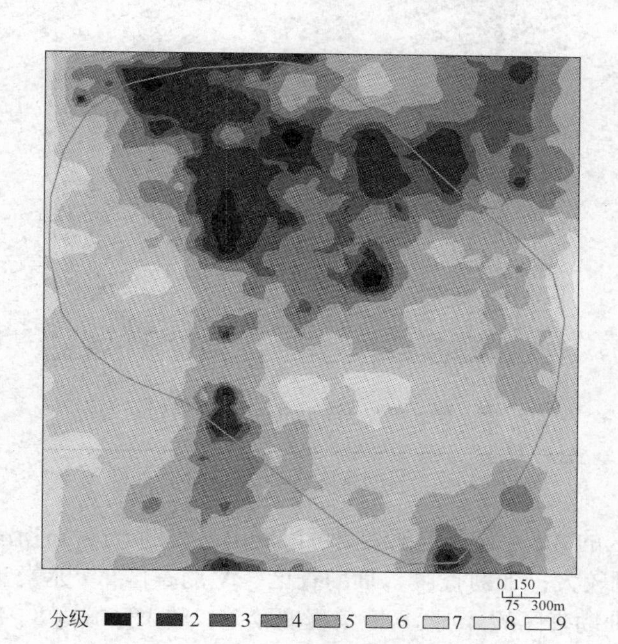


图 5-35 Ⅳ勘查区 Au 元素分布预测图

Ⅴ勘查区 Au 元素分布预测如图 5-36 所示，Au 元素富集区在整个区域分布较为零散，但 9 级区域较多，Ⅴ-1、Ⅴ-2、Ⅴ-3、Ⅴ-4 均为 9 级区域，Ⅴ-5、Ⅴ-6 为 8 级区域。

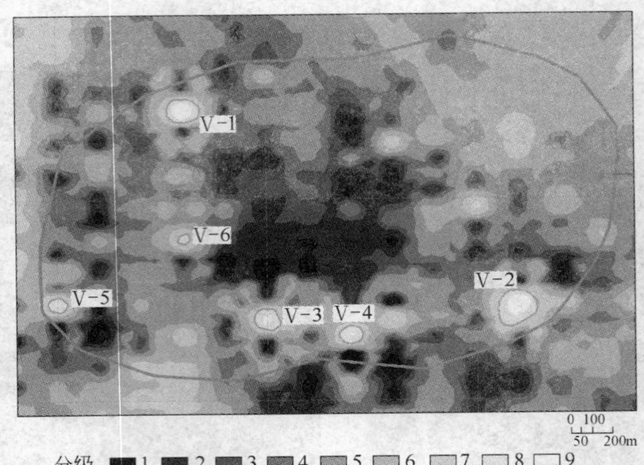


图 5-36　V勘查区 Au 元素分布预测图

Ⅵ勘查区 Au 元素分布预测如图 5-37 所示，Au 元素富集区分布较为集中，8、9 级区域多且范围较大，Ⅵ-1、Ⅵ-2、Ⅵ-3、Ⅵ-4 区为 9 级区域。

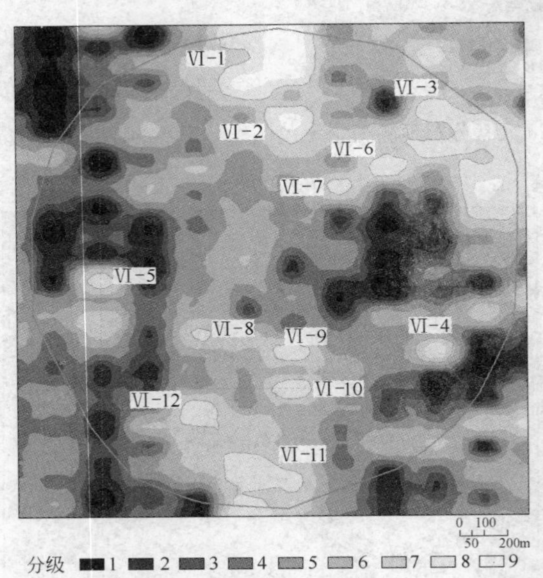


图 5-37　Ⅵ勘查区 Au 元素分布预测图

通过 6 个勘查区的 Au 元素分布预测图可以看出，Ⅵ勘查区 Au 元素富集程度最高，8、9 级区域集中且范围较大；Ⅰ勘查区、Ⅲ勘查区、Ⅴ勘查区 Au 元素富集程度一般，8、9 级区域比较分散；Ⅱ勘查区的 Au 元素富集程度较差，整个区域内 8、9 级区域很少且范围较小，分布非常分散；Ⅳ勘查区范围内没有高等级（8、9 级）的 Au 元素富集区域。总体来看，Ⅵ勘查区的 Au 元素富集特征明显、分布范围大，具有最好的找矿前景，建议实施工程验证；其余区域可以根据 Au 元素的富集程度与分布范围加强地质研究，局部地段可进行必要的工程验证。

# 6 多元地学信息系统主要功能

## 6.1 系统登录

启动系统时会提示输入用户名与用户密码，并与个人 iKey 相匹配，验证用户名、密码与个人 iKey 后，登录系统，登录后的主界面如图 6-1 所示。

图 6-1 系统主界面

（1）地图显示区域：用户显示当前所打开的地图图层，当某一图层为可编辑状态时在此区域可进行图层的编辑工作。

（2）资源列表：在基础数据模式下显示数据库中当前已存在的所在数据库及数据库下所有图层、地图及布局，资源列表中可新建、移除数据库，创建、删除图层以及新建、删除地图等操作；在文档资源模式下显示当前所选地图要素所关联的文档资源，可在此添加、删除及重新组织文档资源。

（3）工具栏：系统提供了多个工具栏以加快对数据库中各类信息的访问。通过工具栏可方便打开数据库、编辑图层及查看文档资源等。

（4）菜单：菜单是各个模块的主要入口。

（5）布局显示区：显示当前已创建的布局或编辑布局中的要素等操作。

(6) 图层管理工具：可进行图层的移除、设定显示参数、制作专题图、更改图层风格等操作。

(7) 状态栏：显示当前坐标、地图编辑状态等信息。

## 6.2　数据管理

系统主工具栏功能见表6-1。

表 6-1　系统主工具栏功能

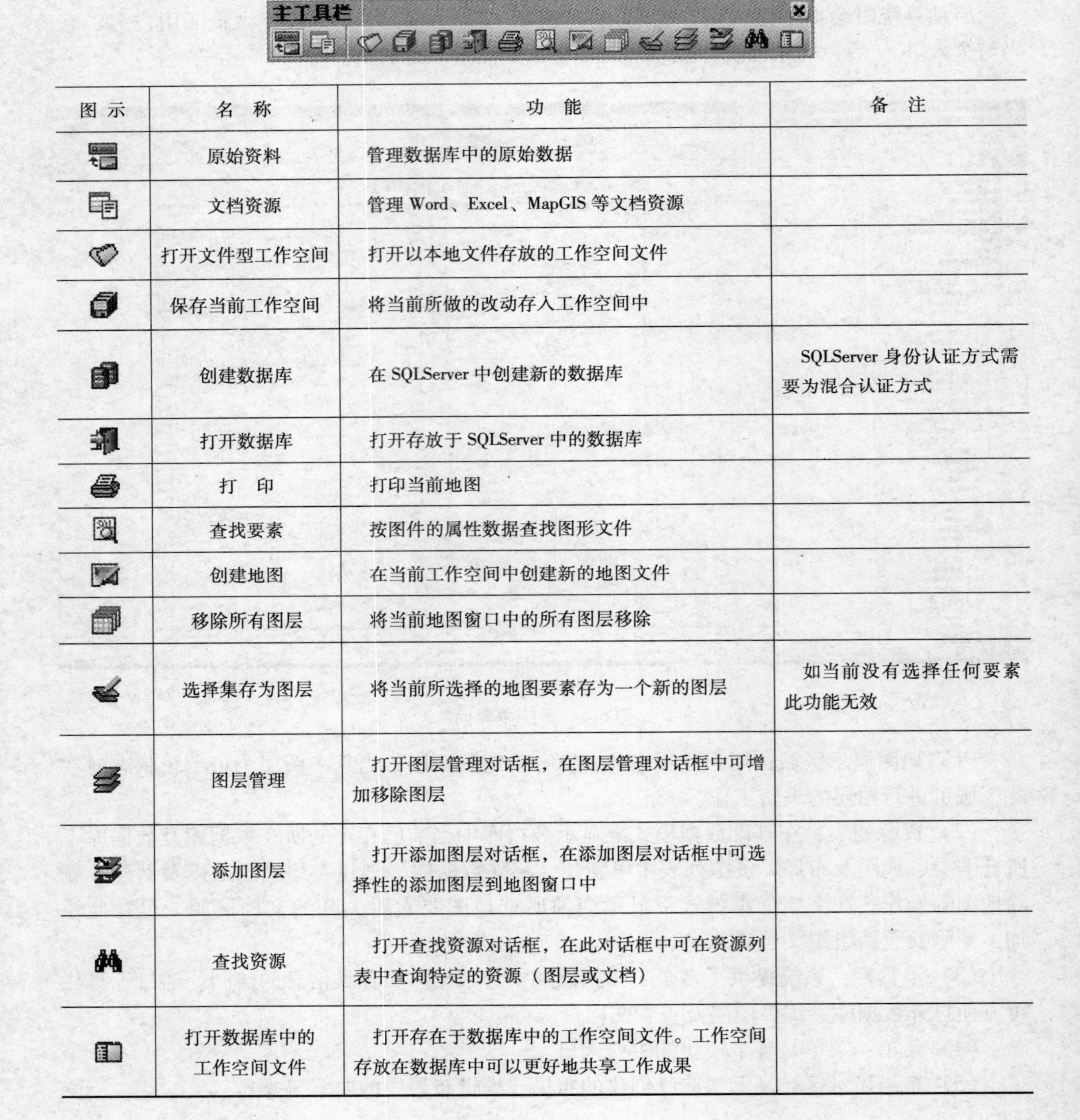


| 图示 | 名称 | 功能 | 备注 |
|---|---|---|---|
| | 原始资料 | 管理数据库中的原始数据 | |
| | 文档资源 | 管理 Word、Excel、MapGIS 等文档资源 | |
| | 打开文件型工作空间 | 打开以本地文件存放的工作空间文件 | |
| | 保存当前工作空间 | 将当前所做的改动存入工作空间中 | |
| | 创建数据库 | 在 SQLServer 中创建新的数据库 | SQLServer 身份认证方式需要为混合认证方式 |
| | 打开数据库 | 打开存放于 SQLServer 中的数据库 | |
| | 打　印 | 打印当前地图 | |
| | 查找要素 | 按图件的属性数据查找图形文件 | |
| | 创建地图 | 在当前工作空间中创建新的地图文件 | |
| | 移除所有图层 | 将当前地图窗口中的所有图层移除 | |
| | 选择集存为图层 | 将当前所选择的地图要素存为一个新的图层 | 如当前没有选择任何要素此功能无效 |
| | 图层管理 | 打开图层管理对话框，在图层管理对话框中可增加移除图层 | |
| | 添加图层 | 打开添加图层对话框，在添加图层对话框中可选择性的添加图层到地图窗口中 | |
| | 查找资源 | 打开查找资源对话框，在此对话框中可在资源列表中查询特定的资源（图层或文档） | |
| | 打开数据库中的工作空间文件 | 打开存在于数据库中的工作空间文件。工作空间存放在数据库中可以更好地共享工作成果 | |

### 6.2.1 工作空间管理

工作空间用于保存用户的工作环境，包括当前打开的数据源（位置、别名和打开方式）、地图、专题地图、布局等。任何时候只能存在一个工作空间，因此不能同时打开多个工作空间。一般来说，一个工作空间保存着一个日常工作的任务。在系统中可使用数据库中的工作空间与文档型工作空间两种。

工作空间管理功能用于存在于数据库中的工作空间的管理，包括授权工作空间给其他用户、删除工作空间。

如图6-2所示，单击“数据→工作空间→工作空间管理”菜单，打开工作空间管理窗口。

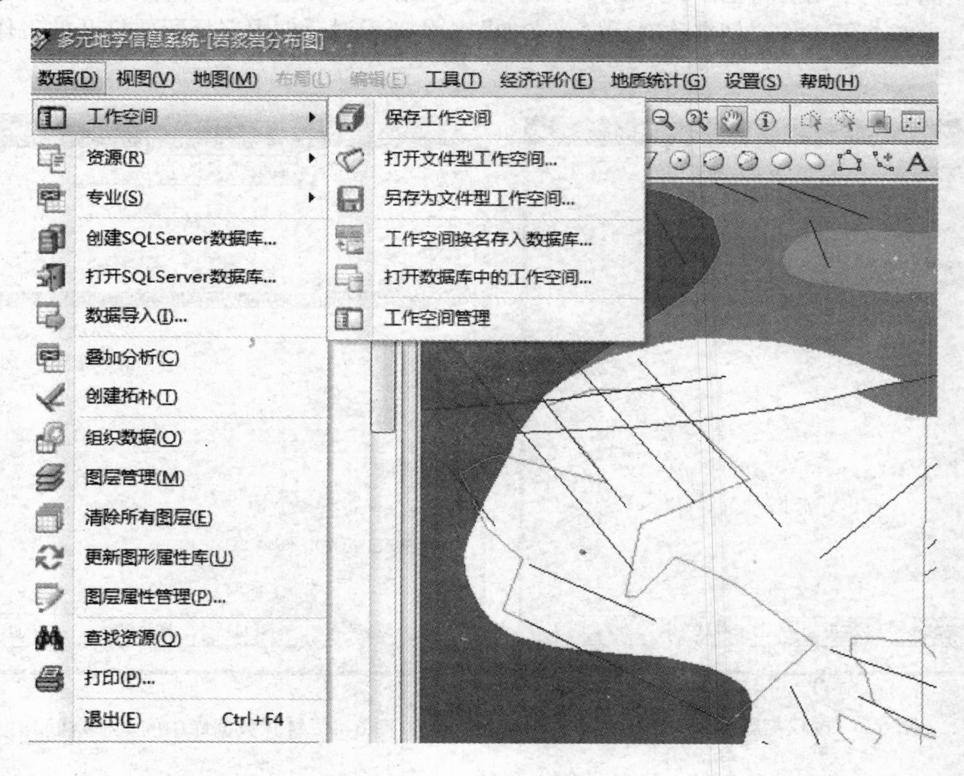


图6-2 工作空间管理

在工作空间管理窗口中可实现工作空间的授权与删除功能，如图6-3所示。

（1）工作空间的授权：单击想要授权给其他用户使用的工作空间名后，在授权给用户列表中选择所要授权的用户名即可。

（2）工作空间的删除：选中所要删除的工作空间名后单击“删除”按钮即可删除所选择的工作空间。

（3）保存工作空间：保存当前所做的所有修改到工作空间中。

（4）打开文件型工作空间：文件型工作空间为保存在硬盘中以“.smw”为扩展名的工作空间文件，文件型工作空间不利于用户间工作成果的共享。

（5）在打开工作空间对话框选择所要打开的工作空间文件后单击“打开”按钮即可打开文件型工作空间。

（6）另存为文件型工作空间：可以将当前所打开的工作空间（存在于数据库中及文件型工作空间）另存为保存于本机的文件型工作空间。

（7）工作空间换名存入数据库：可以将当前打开的工作空间（存在于数据库中及文件型工作空间）更换名称后存入数据库中以方便工作成果的共享。

输入工作空间名称后单击“确定”按钮即可（所输入的工作空间名称不能与当前数据库中已存在的工作空间名称相同）。

（8）打开数据库中的工作空间：打开存储在服务器数据库中的工作空间，数据库型的工作空间有利于用户间工作成果的共享。单击“数据→工作空间→打开数据库中的工作空间库”菜单打开工作空间名称对话框。在如图 6-4 所示对话框中选择所要打开的工作空间即可。

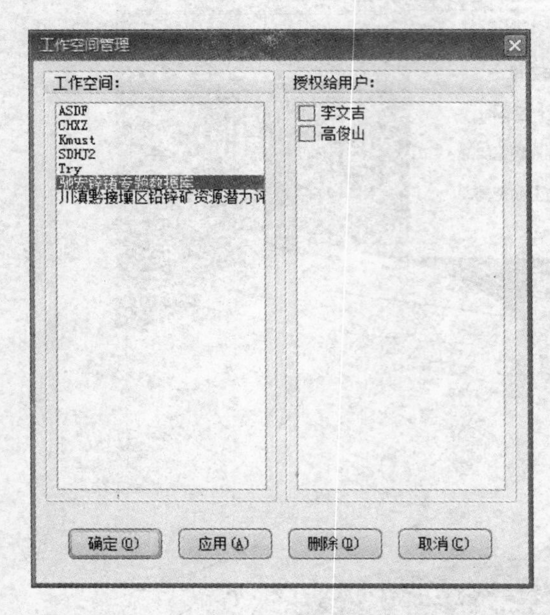


图 6-3　授权与删除工作空间

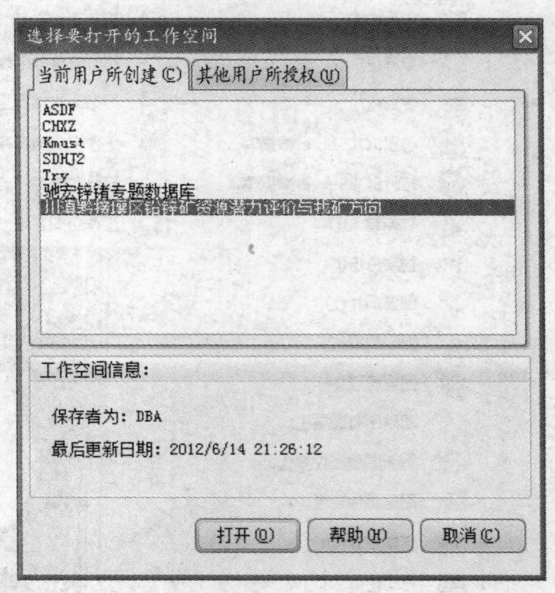


图 6-4　打开数据库中的工作空间

（9）当前用户所创建：为当前登录用户所创建（或另存）的工作空间列表。

（10）其他用户所授权：由其他用户所创建并授权给当前登录用户使用的工作空间。

### 6.2.2　数据库管理

创建 SQLServer 数据库的方法为单击“数据→创建 SQLServer 数据库”菜单打开创建 SQLServer 数据库对话框，创建 SQLServer 数据库对话框中输入必要的参数，如图 6-5 所示。

（1）SQL 服务器：Microsoft SQLServer 2005 的名称，如不知道此名称，可在 SQLServer 中查看此信息（如“COMPUTER\SQLEXPRESS”）。

（2）数据库名称：所在新建的数据库名称，数据库名称不能重名。

（3）数据库别名：所显示在矿产资源信息系统中的名称。

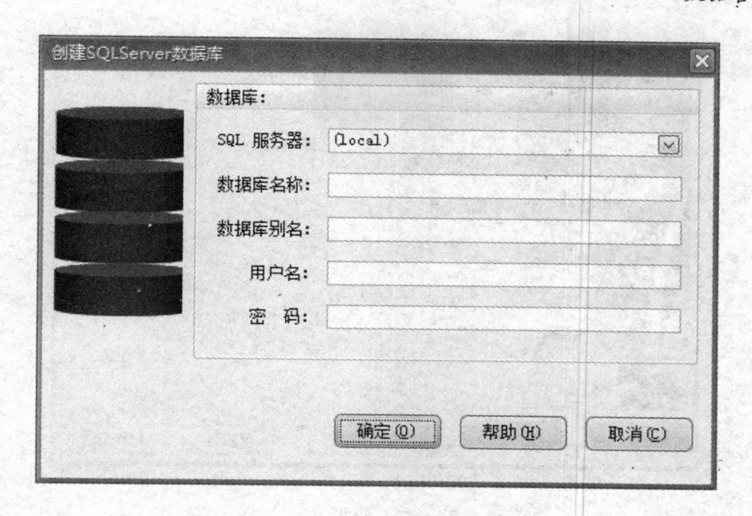


图 6-5 创建 SQLServer 数据库

(4) 用户名:在安装或配置 SQLServer 2005 所设定的用户名称,一般为“sa”

(5) 密码:用户“sa”所对应的密码。要使用创建数据库功能,SQLServer 的身份验证方式必须为“SQLServer 身份验证”方式。

(6) 打开 SQLServer 数据库:单击“数据→打开 SQLServer 数据库”菜单打开已存在的 SQLServer 数据库对话框,在打开已存在的 SQLServer 数据库对话框中输入必要的参数后单击“确定”按钮,各项参数请参见创建 SQLServer 数据库。

(7) 导入数据:系统支持将多种格式的数据(矢量数据、删除数据与属性表)导入数据库,以实现数据的集中统一管理,单击“数据→数据导入”菜单打开转入数据集对话框,如图 6-6 所示,在转入数据集窗口中选择所要转入的数据类型。

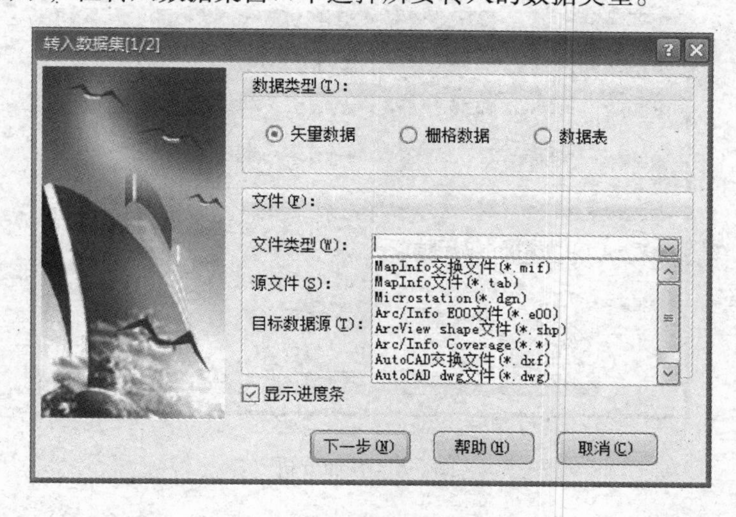


图 6-6 转入数据集(一)

在“文件”参数中选择文件类型、源文件及目标数据源,单击“下一步”按钮,选择是“GIS 图层”或“CAD 图层”及所导入的“图层类别”,如图 6-7 所示。

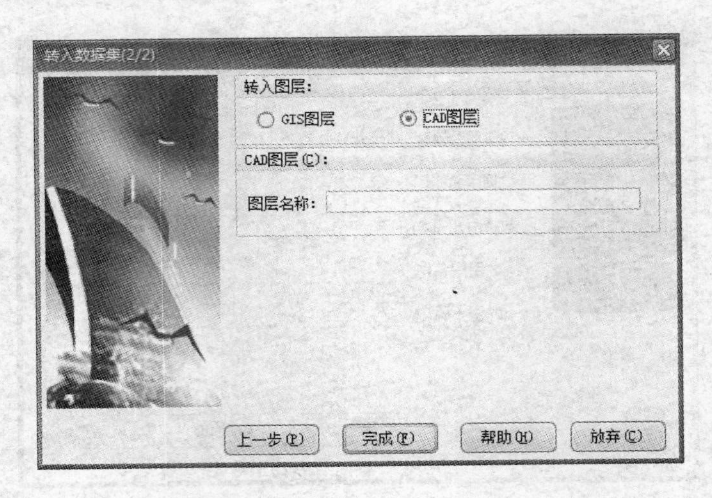


图 6-7　转入数据集（二）

## 6.2.3　叠加分析

叠加分析是指在两个数据集之间进行的一系列集合运算，是 GIS 中的一项非常重要的空间分析功能。例如，需要了解某一个行政区内的土壤分布情况，可根据全国的土地利用图和行政区规划图这两个数据集进行叠加分析，然后得到所需结果，从而进行各种分析评价。叠加分析涉及两个资料集，其中一个数据集为源数据集，必须为面数据集；另一个数据集为叠加数据集，除合并运算和对称差运算必须是面资料集外，其他运算可以是点、线、面、复合数据集或者路由数据集。可以进行点与面的叠加、线与面的叠加、多边形与面的叠加等。单击“数据→叠加分析”菜单打开叠加分析窗口，如图 6-8 所示。

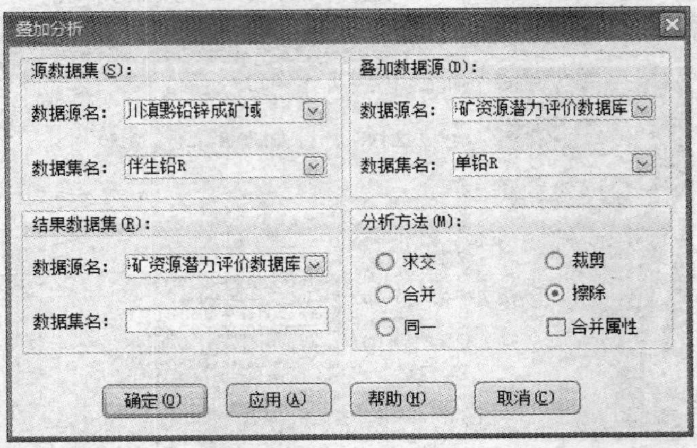

图 6-8　叠加分析

选择源数据集、叠加数据源及分析方法等参数后，单击“确定”按钮即可。

## 6.2.4　拓扑处理

空间数据在采集和处理的过程中，经常会出现一些错误，如线重复、自相交，面重叠或者出现裂隙，多边形不封闭等。这些错误通常会产生悬线、重复线、假节点、冗余节点等拓扑错误，导致空间数据的拓扑关系和实际地物之间的拓扑关系不符合，影响数据的精度、质量和可用性。这些数据错误具有量大、隐蔽和不易识别等特点，通过手工方法难以去除，需要进行拓扑处理来消除这些冗余和错误。

单击“数据→创建拓扑”菜单打开拓扑处理窗口，设定拓扑处理的相关参数后，单击“确定”按钮即可，如图 6-9 所示。

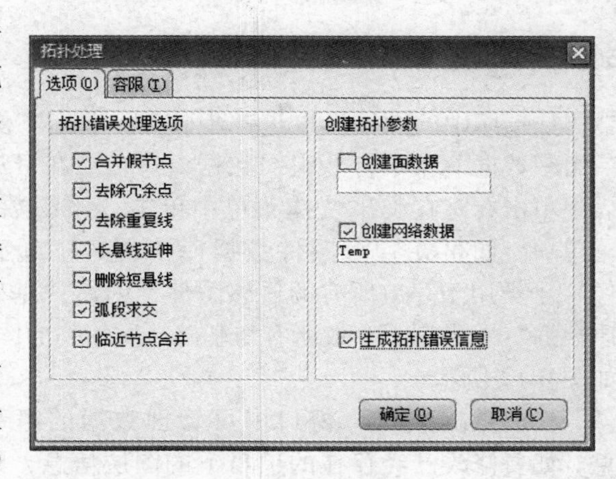


图 6-9 拓扑处理

在进行拓扑处理的过程中会对原始数据进行修改，所以拓扑处理前需要备份好原始数据，如图 6-10 所示。

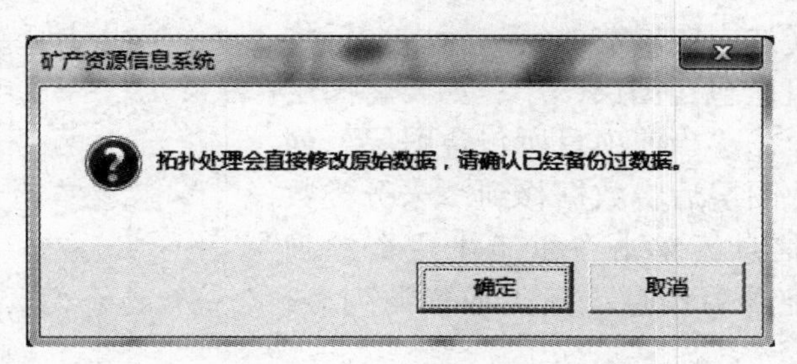


图 6-10 拓扑处理确认

在进行拓扑处理时，可以对数据集的精度、容限进行设定，如图 6-11 所示。容限的不同会对拓扑处理的结果产生巨大的影响，设定合适的容限才可以得到想要的分析、处理结果。

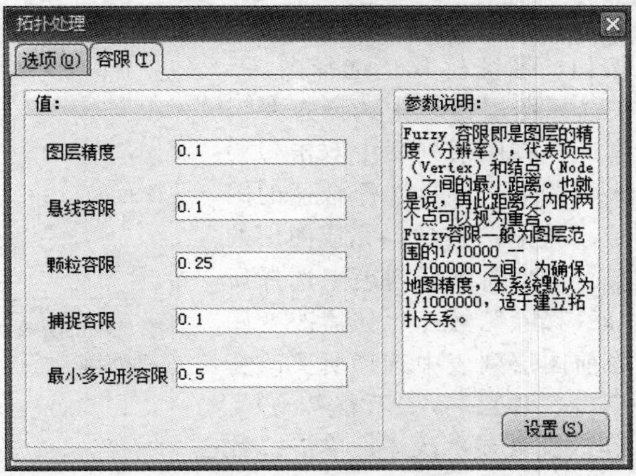

图 6-11 拓扑处理容限

### 6.2.5　组织数据

数据库中的图件可以进一步分类，单击“数据→组织数据”菜单打开组织数据窗口，或在资源列表中单击右键在弹出快捷菜单中单击“组织数据”菜单项。如可在青海图件数据库中创建“遥感影像”子类用于存放所有的遥感图件，创建“基础地质数据”子类用于存放所有与基础地质相关的图件，如图 6-12 所示。

在“数据组织”窗口中可管理数据的组织信息。如要修改已经存在的项目下的图层信息，则在已创建项目下选择要更改的项目名称；如需新建项目则单击“管理”按钮打开项目管理对话框。如果需要增加图层到所选项目，在“未分类数据”中选择所要增加的图层（选中图层前的复选标志）后将数据移到“当前项目所包含图层”中；如要将图层从所选项目中移除，在“当前项目所包含图层”列表中选择所要移除的图层后将数据移到“未分类数据”中。更改项目信息后单击“重新生成资源列表”按钮，可按当前项目信息重新生成资源列表，如图 6-13 所示。

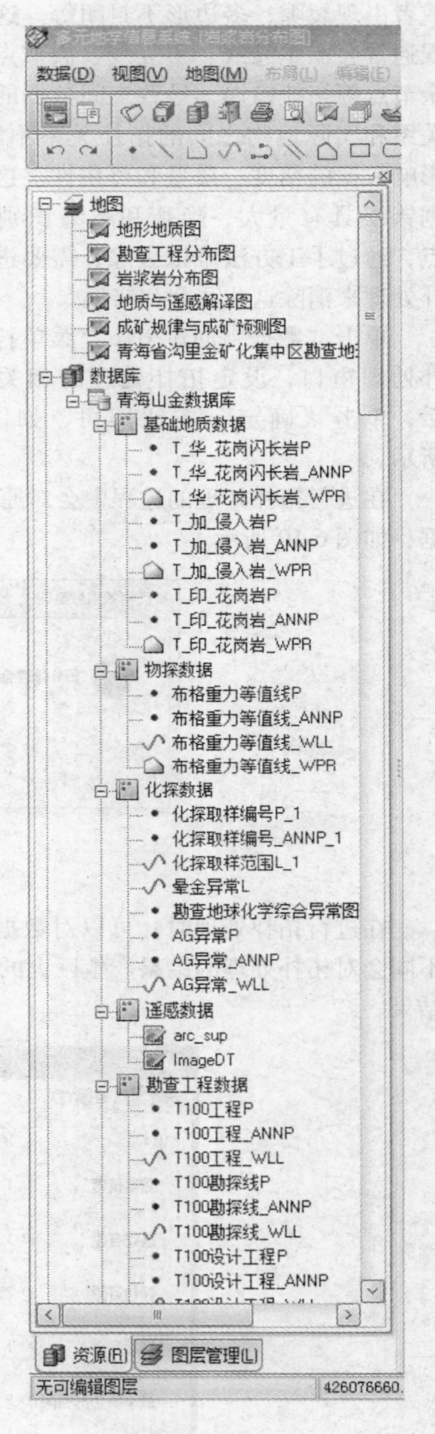


图 6-12　组织数据

### 6.2.6　图层管理

图层管理模块提供图层的添加、移除、更改显示次序等功能，单击“数据→图层管理”菜单项或工具栏上的快捷方式图标，打开“图层管理”对话框，如图 6-14 所示。

单击“添加”按钮，系统打开“选择图层”窗口（图 6-15），在选择图层窗口中选择想要添加的图层所在的数据库，在图层列表中双击想要添加的图层将其加入右侧列表中，选择合适的图层后单击“应用”或“确定”按钮，完成图层的添加；如需移除图层，在当前图层列表中选择所要移除的图层，单击“移除”按钮；如需改变图层的显示顺序，在当前图层列表中选择所要改变显示次序的图层，单击“顶层”、“上移”、“下移”、“底层”等按钮改变其显示次序；单击“数据→清除所有图层”菜单项或工具栏上的快捷图标，可清除当前地图窗口中的所有图层。

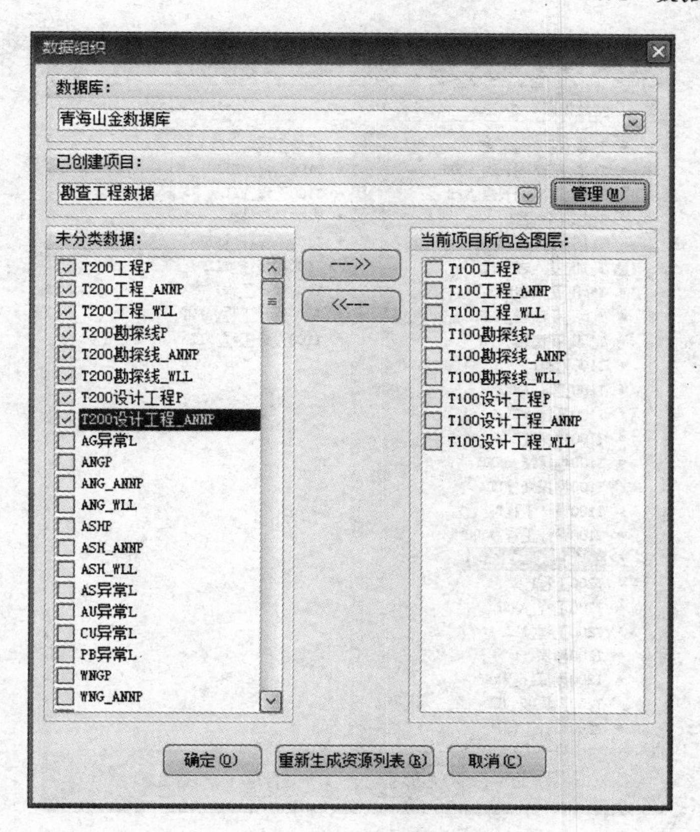


图 6-13　数据组织

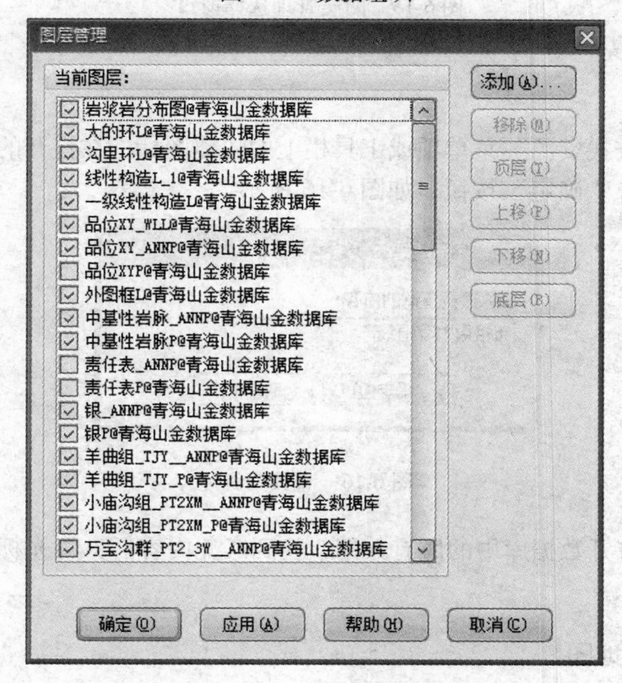


图 6-14　图层管理

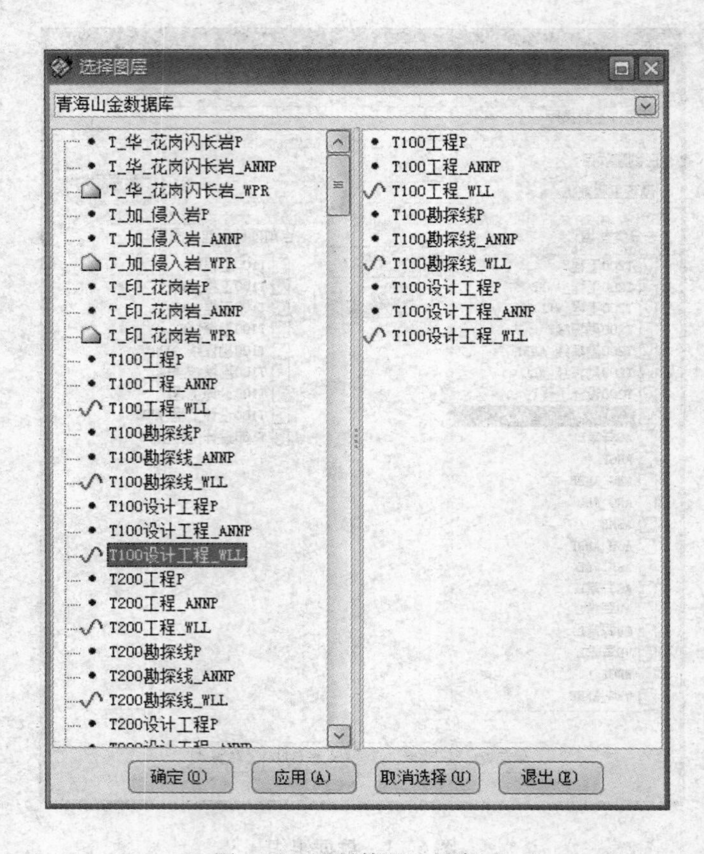


图 6-15　图层管理选择窗口

## 6.2.7　资源查找

单击“数据→查找资源”菜单项或工具栏上的快捷图标，在打开的对话中输入所要查找的资源名称后单击“确定”按钮，如图 6-16 所示。

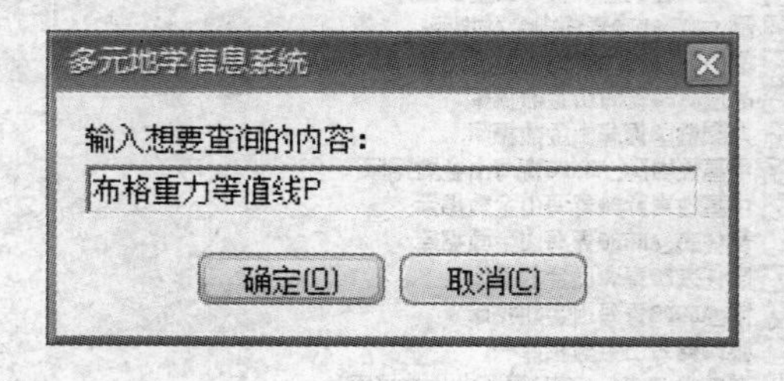


图 6-16　查找资源

系统查找当前打开数据库中的所有数据，找到匹配内容后，将光标移到该资源处，如图 6-17 所示。

## 6.2.8　按属性查询地图

单击工具栏上的“SQL 查询”图标，打开“按属性查询”对话框，在对话框中输入或选择生成查询条件，如图 6-18 所示。输入或选择生成查询条件后单击“应用”或“确定”按钮，查询结果如图 6-19 所示。

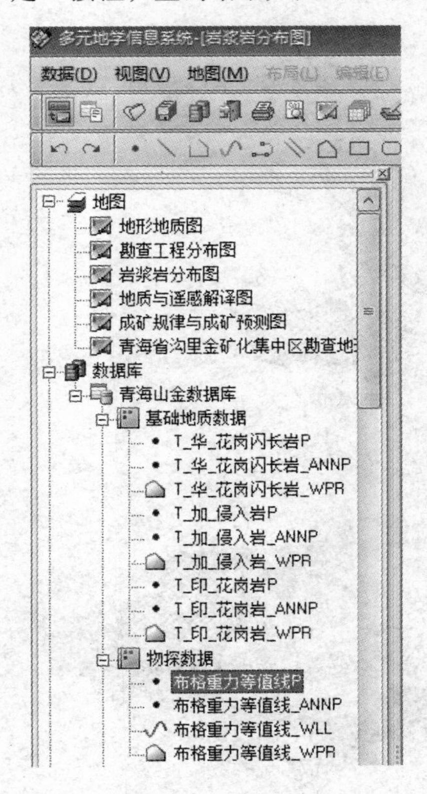


图 6-17 定位查找资源

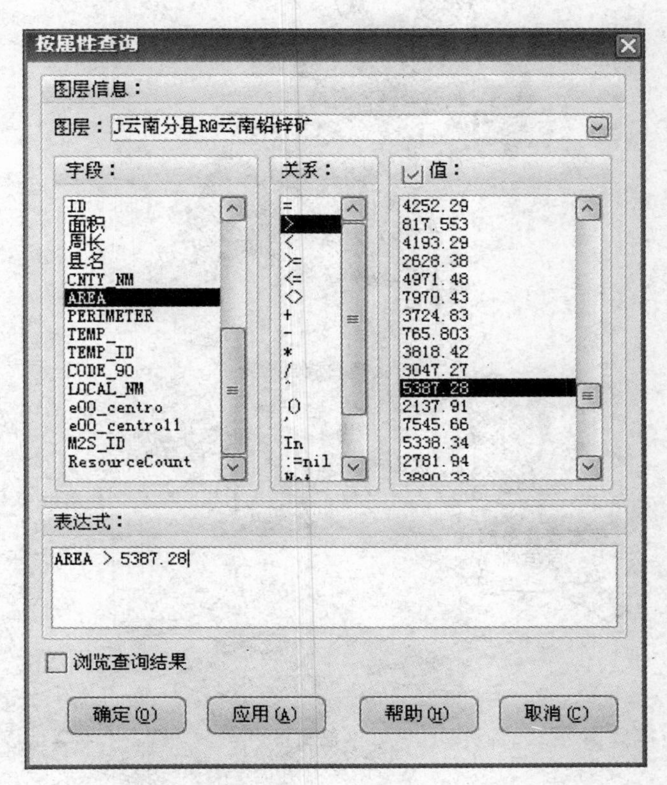


图 6-18 按属性查询地图

### 6.2.9 导出数据

在想要导出的图层上单击右键，在打开的菜单上单击“导出”菜单，在打开的窗口中选择所要导出的文件格式后单击“确定按钮”，完成图层的导出，如选中导出后打开所在文件夹，则导出完成系统自动打开导出文件所在目录，如图 6-20 所示。

### 6.2.10 数据库间拷贝

选中所要拷贝的图层后单击右键打开快捷菜单，在打开的菜单上单击“拷贝至→数据库名称”，系统打开拷贝对话框，如图 6-21 所示。

### 6.2.11 属性数据管理

在 GIS 中，空间数据是用于表示事物或现象的分布位置，属性数据则用于说明事物和现象是什么，因而属性数据在地理信息系统中是不可或缺的。在想要查看属性数据的图层上单击右键，系统打开快捷菜单，单击“属性数据”菜单，打开属性数据管理窗口，如图 6-22 所示。

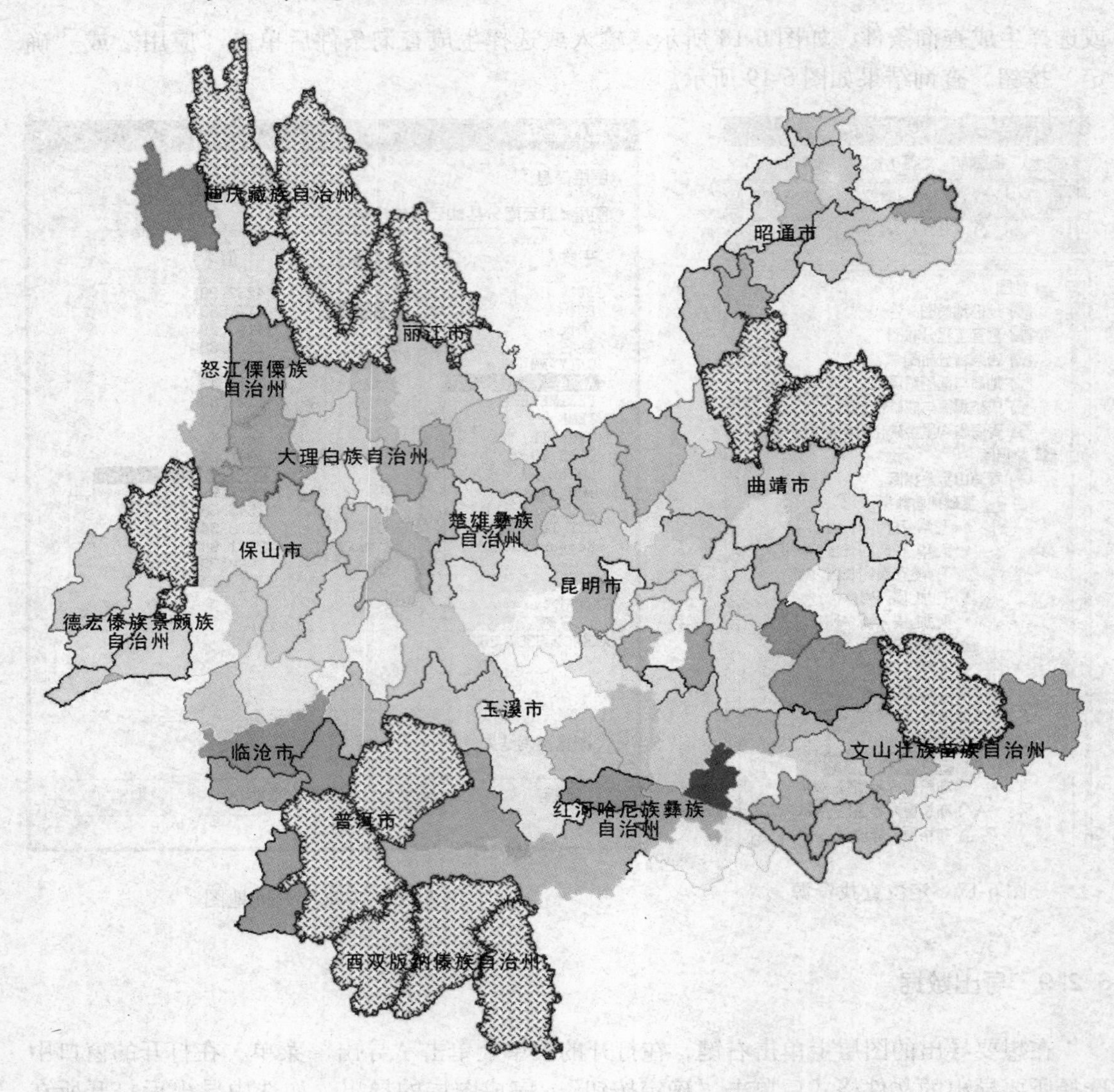


图 6-19 查询结果显示

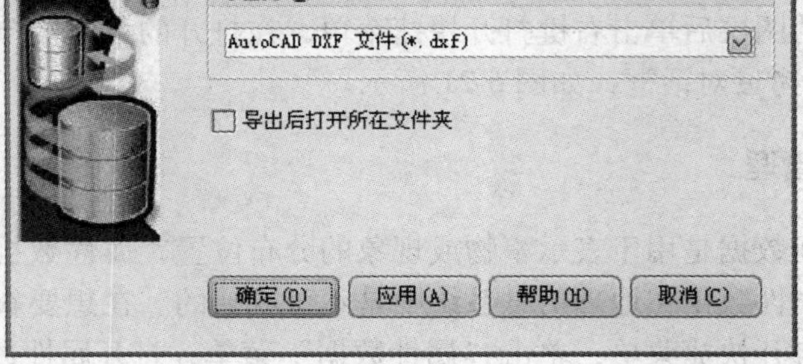

导出伴生铅锌R为：

导出为(E)：

AutoCAD DXF 文件(*.dxf)

导出后打开所在文件夹

确定(O) 应用(A) 帮助(H) 取消(C)

图 6-20 导出数据

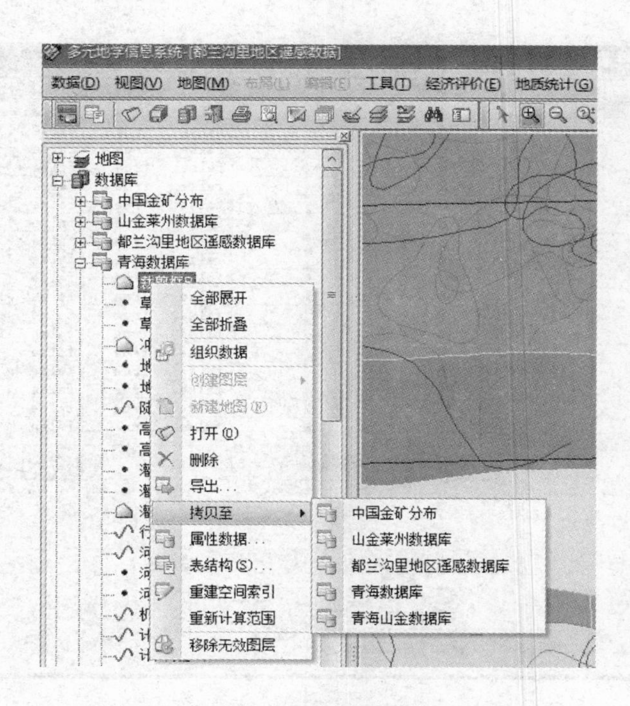


图 6-21　数据库间数据拷贝

J云南分县R属性数据

| 编号 | 周长 | 县名 | CNTY_NM | ARE |
|---|---|---|---|---|
| 1 | 1525.231576 | 丽江纳西族自治县 | Lijiang Naxizu Zizhixian | 7488 |
| 2 | 951.813243 | 巧家县 | Qiaojia Xian | 3606 |
| 3 | 826.328086 | 兰坪白族普米族自治县 | Lanping Bai-Pumizu Zizhixian | 4324 |
| 4 | 1006.850909 | 永胜县 | Yongsheng Xian | 4965 |
| 5 | 614.866983 | 华坪县 | Huaping Xian | 2160 |
| 6 | 1101.208593 | 会泽县 | Huize Xian | 582 |
| 7 | 534.958762 | 剑川县 | Jianchuan Xian | 2278 |
| 8 | 640.763308 | 鹤庆县 | Heqing Xian | 2305 |
| 9 | 1117.063143 | 云龙县 | Yunlong Xian | 4379 |
| 10 | 709.770281 | 洱源县 | Eryuan Xian | 2856 |
| 11 | 600.436037 | 永仁县 | Yongren Xian | 2079 |
| 12 | 582.96915 | 东川市市辖区 | Dongchuan Shi Shixiaqu | 1610 |
| 13 | 860.935112 | 大姚县 | Dayao Xian | 4050 |
| 14 | 836.604925 | 禄劝彝族苗族自治县 | Luquan Yi-Miaozu Zizhi Xian | 4216 |
| 15 | 686.767135 | 宾川县 | Binchuan Xian | 2531 |
| 16 | 787.212835 | 武定县 | Wuding Xian | 3019 |
| 17 | 658.984002 | 元谋县 | Yuanmou Xian | 1980 |
| 18 | 558.765209 | 大理市 | Dali Shi | 1435 |
| 19 | 606.603984 | 漾彝族自治县漾 | Yangbi Yizu Zizhixian | 1880 |

图 6-22　属性数据管理

## 6.2.12　表结构管理

在想要查看表结构的数据上单击右键，系统打开快捷菜单，单击“表结构”菜单，打开属性表结构管理窗口，如图 6-23 所示。

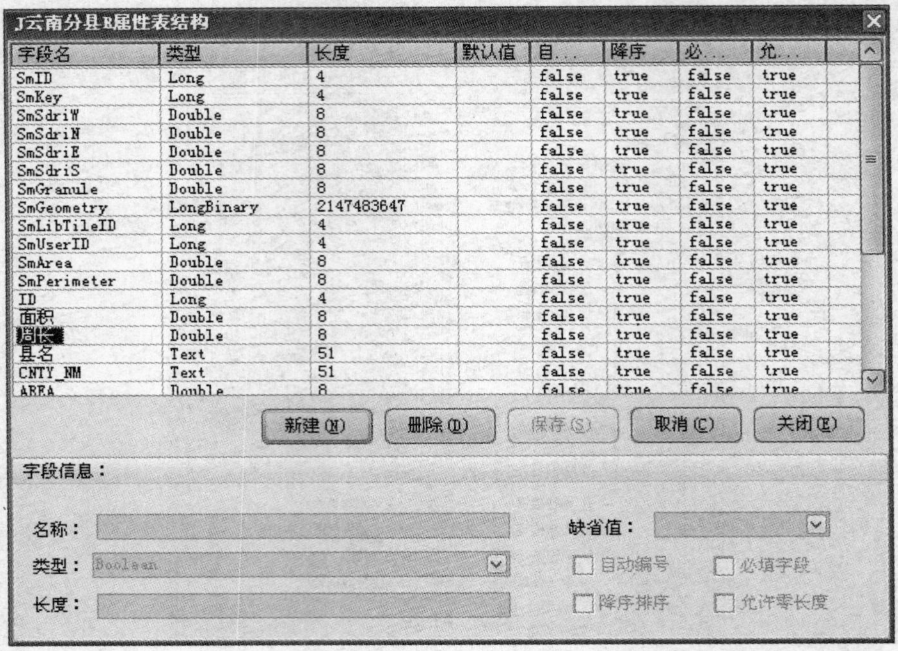

J云南分县R属性表结构

| 字段名 | 类型 | 长度 | 默认值 | 自... | 降序 | 必... | 允... |
|---|---|---|---|---|---|---|---|
| SmID | Long | 4 | | false | true | false | true |
| SmKey | Long | 4 | | false | true | false | true |
| SmSdriW | Double | 8 | | false | true | false | true |
| SmSdriN | Double | 8 | | false | true | false | true |
| SmSdriE | Double | 8 | | false | true | false | true |
| SmSdriS | Double | 8 | | false | true | false | true |
| SmGranule | Double | 8 | | false | true | false | true |
| SmGeometry | LongBinary | 2147483647 | | false | true | false | true |
| SmLibTileID | Long | 4 | | false | true | false | true |
| SmUserID | Long | 4 | | false | true | false | true |
| SmArea | Double | 8 | | false | true | false | true |
| SmPerimeter | Double | 8 | | false | true | false | true |
| ID | Long | 4 | | false | true | false | true |
| 面积 | Double | 8 | | false | true | false | true |
| 周长 | Double | 8 | | false | true | false | true |
| 县名 | Text | 51 | | false | true | false | true |
| CNTY_NM | Text | 51 | | false | true | false | true |
| AREA | Double | 8 | | false | true | false | true |

新建(N)　删除(D)　保存(S)　取消(C)　关闭(E)

字段信息：

名称：　缺省值：

类型：Boolean　自动编号　必填字段

长度：　降序排序　允许零长度

图 6-23　属性表结构

表结构窗体分为三个主要区域，最上部为当前已定义的字段信息，中间部分为按钮区，最下部为新建字段信息录入部分。

“新建”按钮用来创建新的字段；“删除”按钮用来删除已经存在的字段，如删除字段，相关记录一并删除；“保存”按钮是新建字段信息录入后，更改表结构。

字段信息包括：

(1)“字段名”，是新建字段的名称，新名称不能与当前已有名称相同；

(2)“类型”，用来确定字段所存放的数据类型，如文本、数值等；

(3)“长度”，用来定义文本字段所能存放的数据最大长度。注意汉字为双字节，一个汉字的长度为2；

(4)“缺省值”，当某一字段为布尔型时可设定其缺省值（如没用输入值则自动采用该值）；

(5)“自动编号”，不需输入值系统会自动提供值；

(6)“必填字段”，如选中此项，在录入数据时必需输入值。

### 6.2.13　重建空间索引与计算范围

重建空间索引是对数据集重新计算，建立新的空间索引，以便于进行快速查寻，可以批量处理多个数据集。

重新计算范围是当某一数据库中图层进行了较多的编辑操作后，可对当前数据库重新计算范围，如删除对象时，有时会出现对象删除后，全幅显示时却没有正确的显示，这时就需要重新计算范围。

### 6.2.14 地图窗口

地图窗口是用来显示和查询浏览图层对象的工作窗口，可进行对象的创建编辑、专题信息的分类显示、查询分析等。将数据集添加到地图窗口中，被赋予了显示属性，如显示风格、专题地图等，就成为图层。一个或者多个图层按照某种顺序叠放在一块，显示在一个地图窗口中，就可以成为一个地图。一般而言，一个图层对应着一个数据集；同一个数据集可以被多次添加到不同的地图窗口中，而且可以赋予不同的显示风格。对于不存储风格的数据集（点数据集、线数据集、面数据集），在显示时系统将赋予默认的风格；存储风格的数据集（复合数据集和文本数据集）则按每个对象内置的风格来显示。地图窗口中图层的风格可以随时根据需要进行修改，通过修改图层风格或制作专题地图两种方法即可实现。地图工具栏的功能见表6-2。

**表6-2 地图工具栏的功能**

| 图标 | 名称 | 功能 |
|---|---|---|
| | 选择对象 | 选择地图上的点、线、面等地图要素。以便编辑、拷贝等操作 |
| | 放大地图 | 放大当前地图 |
| | 缩小地图 | 缩小当前地图 |
| | 自由缩放 | 在地图窗口是按下鼠标左键的同时上下移动鼠标可放大或缩小地图 |
| | 平移地图 | 移动当前 |
| | 点选属性信息 | 选择此图示后在地图上单击左键可查看所选要素的属性信息 |
| | 多边形选择 | 选中此图示后，可在地图上绘制一个多边形。绘制完成后单击右键即可选择地图要素 |
| | 圆形选择 | 选中此图示后，可在地图上绘制圆。绘制完成后即可选择地图要素 |
| | 矩形选择 | 选中此图示后，可在地图上绘制一个矩形。绘制完成后即可选择地图要素 |
| | 选择全部地图要素 | 单击此按钮可选择当前地图窗口中的第一个图层上的所有要素 |
| | 量测长度 | 可测量地图窗口中的长度，测量结果显示在状态区上（如量测某一地图要素的长度建议打开地图捕捉功能） |
| | 量测面积 | 可测量地图窗口中的面积，测量结果显示在状态区上（如量测某一地图要素的面积建议打开地图捕捉功能） |
| | 按矩形裁剪 | 可按用户所绘制的矩形裁剪当前地图窗口中的所有图层。裁剪结果存放于数据库中 |
| | 按多边形裁剪 | 可按用户所绘制的多边形裁剪当前地图窗口中的所有图层。裁剪结果存放于数据库中 |
| | 地图全幅显示 | 将地图窗口恢复到全图状态 |

## 6.2.15　布局操作

布局就是地图（包括专题图）、图例、地图比例尺、方向标图片、文本等各种不同地图内容的混合排版与布置，主要用于电子地图和打印地图。而布局窗口就是制作布局（布置和注释地图内容）以供打印输出的窗口。需要注意的是，布局是工作空间的一部分，要把布局保存下来，就一定要把工作空间也同时保存下来，否则布局不会真正保存下来，如图6-24所示。

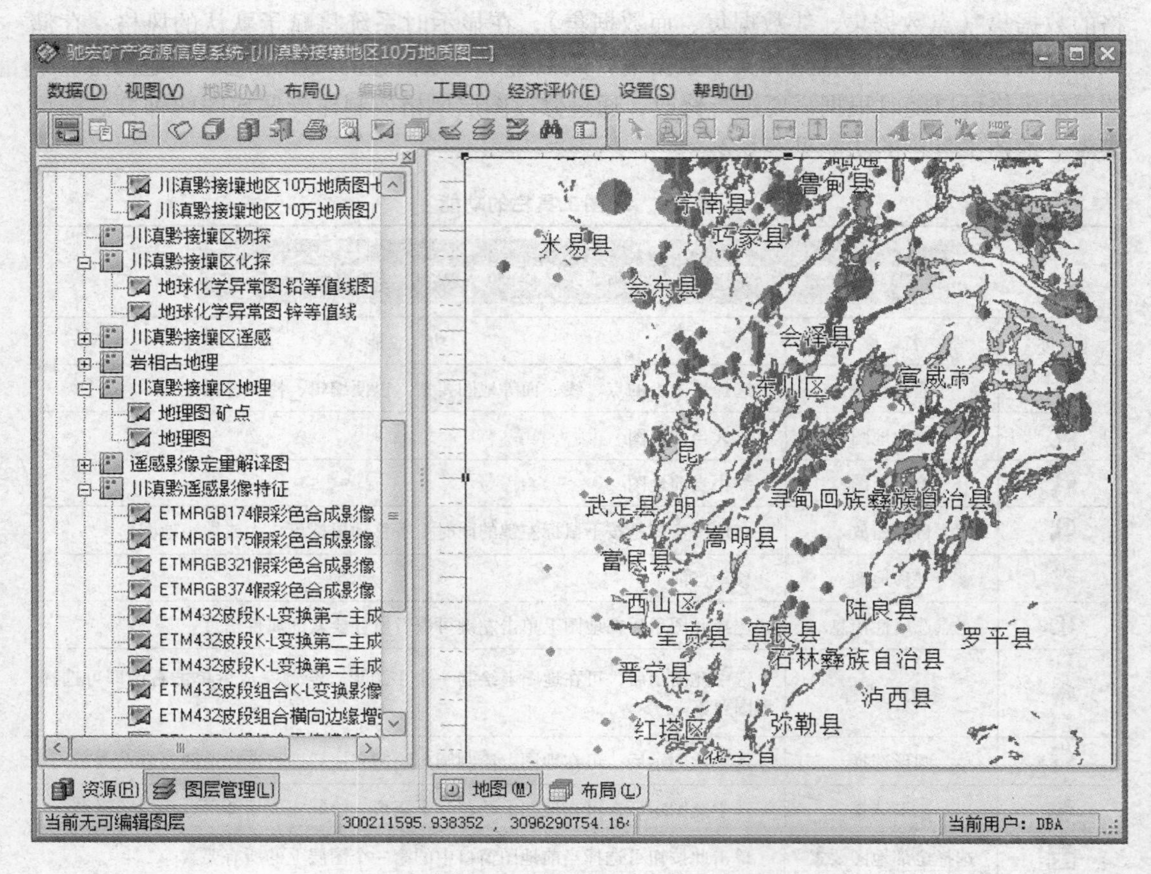


图6-24　布局窗口

当切换到布局视图时布局工具栏自动出现，各按钮功能见表6-3。

**表6-3　布局工具栏的功能**

| 图　示 | 名　称 | 功　能 | 备　注 |
|---|---|---|---|
|  | 选择对象 | 选择布局中的要素 |  |
|  | 放　大 | 放大布局窗口 |  |
|  | 缩　小 | 缩小布局窗口 |  |

续表 6-3

| 图示 | 名称 | 功能 | 备注 |
| --- | --- | --- | --- |
|  | 平移 | 平移布局窗口 |  |
|  | 适合页宽 | 调整布局窗口以适合页宽显示 |  |
|  | 适合页高 | 调整布局窗口以适合页高显示 |  |
|  | 整页显示 | 显示布局窗口中的所有要素。 |  |
|  | 艺术文字 | 在布局窗口中绘制艺术文字 |  |
|  | 地图对象 | 在布局窗口中绘制地图对象 |  |
|  | 方向标 | 在布局窗口中绘制方向标 | 布局窗口中要已存在地图对象，且地图对象处于选中状态 |
|  | 比例尺 | 在布局窗口中绘制比例尺 | 布局窗口中要已存在地图对象，且地图对象处于选中状态 |
|  | 绘制图例 | 在布局窗口中绘制图例 | 布局窗口中要已存在地图对象，且地图对象处于选中状态 |
|  | 表格 | 在布局窗口中绘制表格（属性表） | 布局窗口中要已存在地图对象，且地图对象处于选中状态 |
|  | 创建图例 | 在布局窗口中创建专题图图例 | 布局窗口中要已存在地图对象，且地图对象处于选中状态 |
|  | 点状符号 | 在布局窗口中绘制点状符号 |  |
|  | 直线 | 在布局窗口中绘制直线 |  |
|  | 矩形 | 在布局窗口中绘制矩形 |  |
|  | 圆角矩形 | 在布局窗口中绘制圆角矩形 |  |
|  | 椭圆 | 在布局窗口中绘制椭圆 |  |
|  | 圆弧 | 在布局窗口中绘制圆弧 |  |
|  | 多边形 | 在布局窗口中绘制多边形 |  |
|  | 折线 | 在布局窗口中绘制折线 |  |
| A | 文本 | 在布局窗口中添加文本 |  |
|  | 图片 | 在布局窗口中添加图片 |  |
|  | 设置 | 布局窗口总体设置 |  |

## 6.3 地图编辑

当对地图进行编辑时弹出编辑工具栏，各按钮功能见表 6-4。

表 6-4　地图编辑工具栏的功能

| 图示 | 名称 | 功能 | 备注 |
|---|---|---|---|
| ↶ | 撤销 | 撤销前一步操作 | |
| ↷ | 重复 | 重复前一步操作 | |
| ╲ | 画线 | 画线 | |
| | 画折线 | 画折线 | |
| | 弧 | 弧 | |
| | 编辑节点 | 编辑节点 | |
| | 画平行线 | 画平行线 | |
| | 绘制多边形 | 绘制多边形 | |
| □ | 绘制矩形 | 绘制矩形 | |
| ◇ | 两点绘制矩形 | 两点绘制矩形 | |
| ⬭ | 绘制椭圆 | 绘制椭圆 | |
| | 绘制斜椭圆 | 绘制斜椭圆 | |
| | 精确编辑点 | 精确编辑点 | |
| | 增加节点 | 增加节点 | |
| A | 添加文字 | 添加文字 | |
| | 编辑点 | 编辑点 | |
| | 属性 | 属性 | |
| ✕ | 删除 | 删除 | |
| | 编辑 | 编辑 | |

### 6.3.1　编辑节点

在可编辑图层中选中一个对象，选择菜单“编辑→增加节点”，则选中对象的每个节点处以小绿框标识。移动鼠标到想要增加节点处，鼠标左键点击就可以在对象上增加节点。

编辑节点是通过移动、删除线的节点来编辑面对象或线对象的形状。在可编辑图层中选中一个对象，选择菜单“编辑→编辑节点”，对象的每个节点处都会以一个填满的小绿框标识出来，这时就可以对这些节点进行移动、删除等编辑了。选中单个节点只需点击某一个节点，则该节点的小绿框会比其他没有选中的节点的大。选中一个节点后，若按住 Shift 键再点击另一个节点，则可选中两个节点之间最少的节点数；若按住 Ctrl 键再点击另一个节点，则可选中两个节点之间最多的节点数。点击一个选中的节点并拖动到新的位置，而其他也被选中的节点也跟着移动到新的位置。选中节点后，按 Delete 键，可删除节点。需要注意的是，对于只有三个节点的面对象或者只有两个节点的线对象不能再进行删除节点的操作。

### 6.3.2 精确输入

选择菜单“编辑→精确输入”，弹出输入坐标窗口，在打开的对话框中输入坐标值后，单击“添加面”按钮，如图 6-25 所示。

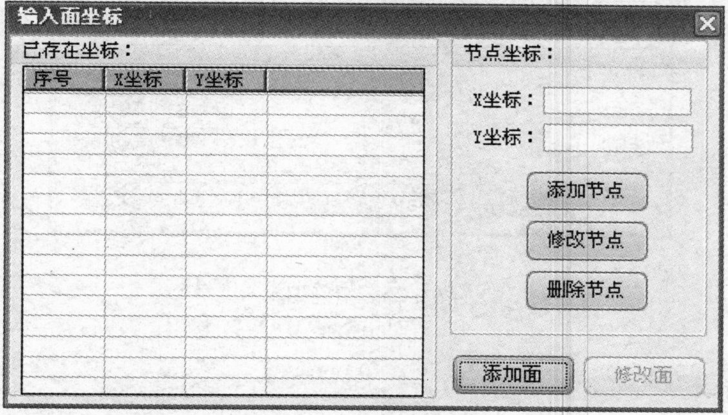

图 6-25 输入坐标窗口

### 6.3.3 精确编辑

确保图层处于可编辑状态，在地图窗口选中一个地图要素，单击“编辑→精确定编辑”菜单，在“精确编辑对象”窗体中显示出当前所选对象的所有坐标值，如图 6-26 所示。

选择想要修改的某一个点后在编辑区修改其坐标值，修改完成后单击“确定”按钮，完成编辑。

### 6.3.4 合并对象

在图上选择两个或两个以上的对象，单击“编辑→合并对象”菜单，打开“对象合并”对话框，如图 6-27 所示。

在合并对象对话中输入新的数据集名称，或另存到已有数据集，单击“确定”按钮完

图 6-26 精确编辑

成对象合并。

## 6.3.5 对象异或

选择两个或两个以上的对象，单击“编辑→异或”菜单，打开“对象异或”对话框，在对象异或对话中输入新的数据集名称，或另存到已有数据集，单击“确定”按钮完成对象异或，如图 6-28 所示。

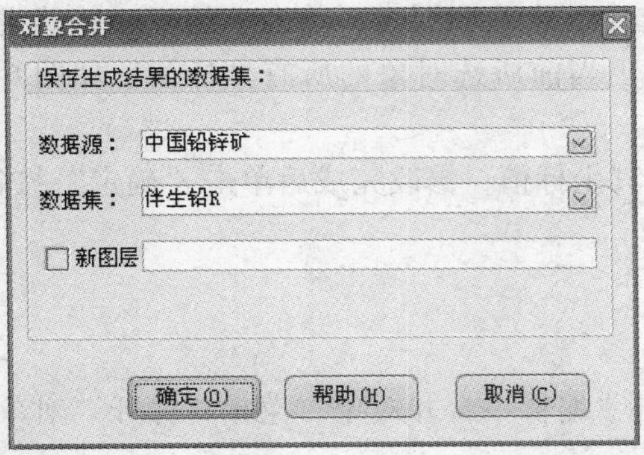

图 6-27 合并对象

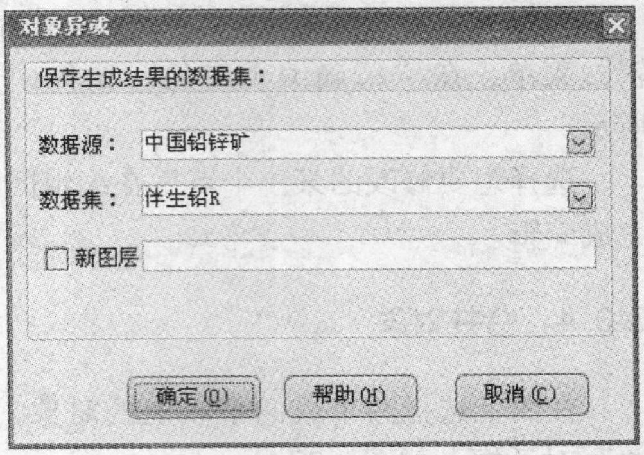

图 6-28 对象异或

### 6.3.6 面、线转换

选中一个或多个面对象，单击“编辑→面转换为线”菜单，打开“面转换为线”对话框，在“面转换为线”对话中输入新的数据集名称或另存到已有数据集，单击“确定”按钮，如图 6-29 所示。

### 6.3.7 选择集另存为图层

使用选择工具（对象选择、矩形选择、按表达式查询）选中地图要素，单击工具栏上的“选择集”图标，打开“选择集另存为”对话框，选择所要存入的数据库及输入图层名称后单击“确定”按钮，将地图要素存储到目标图层，如图 6-30 所示。

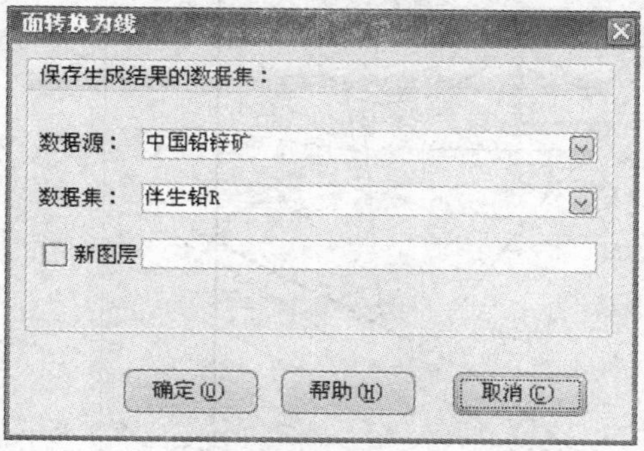

图 6-29　面转换为线

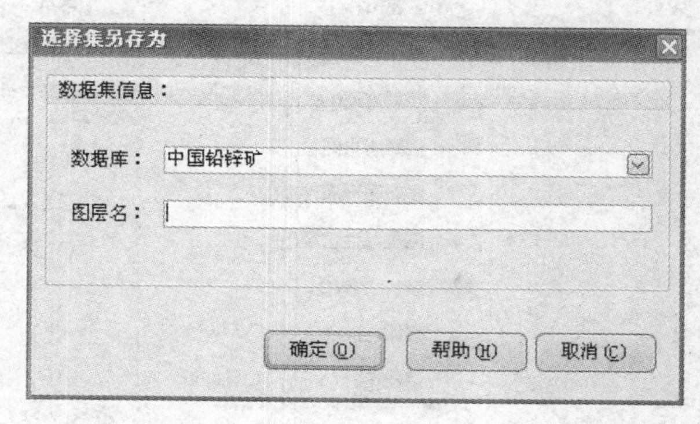


图 6-30　选择集另存为图层

## 6.4 文档资源管理

### 6.4.1 文档资源关联

单击工具栏上的“文档管理”图标，切换至文档资源管理模式，当切换到文档资源管理模式后自动打开文档资源工具栏，也可以通过“数据→资源”菜单访问文档资源（图 6-31）。

在文档资源管理模式下也可以管理已经入库的图件，在地图上单击选中想要关联资源的要素（可以是点、线、面任意类型），使文档资源工具栏上的“已入库图件”图标处于按下状态，在左侧的资源列表中单击右键，在打开的快捷菜单上单击“新增”，如图 6-32 所示。

在打开的“已入库图件”窗口中选择想要添加的图层或地图，在窗口下方选择合适的分类后，单击“应用”或“确定”按钮，如图 6-33、图 6-34 所示。

在地图上单击选中想要查看资源的要素，使文档资源工具栏上的“已入库图件”图标处于按下状态。此时在资源列表中显示当前已关联的资源，双击资源名称即可打开所关联的已入库图件，其他类型资源的操作方法与之相似。

在地图上单击选中想要查看资源的要素，使文档资源工具栏上的“三维地质模型”图标处于按下状态，如图 6-35 所示，此时在资源列表中显示当前已关联的三维地质模型资源。

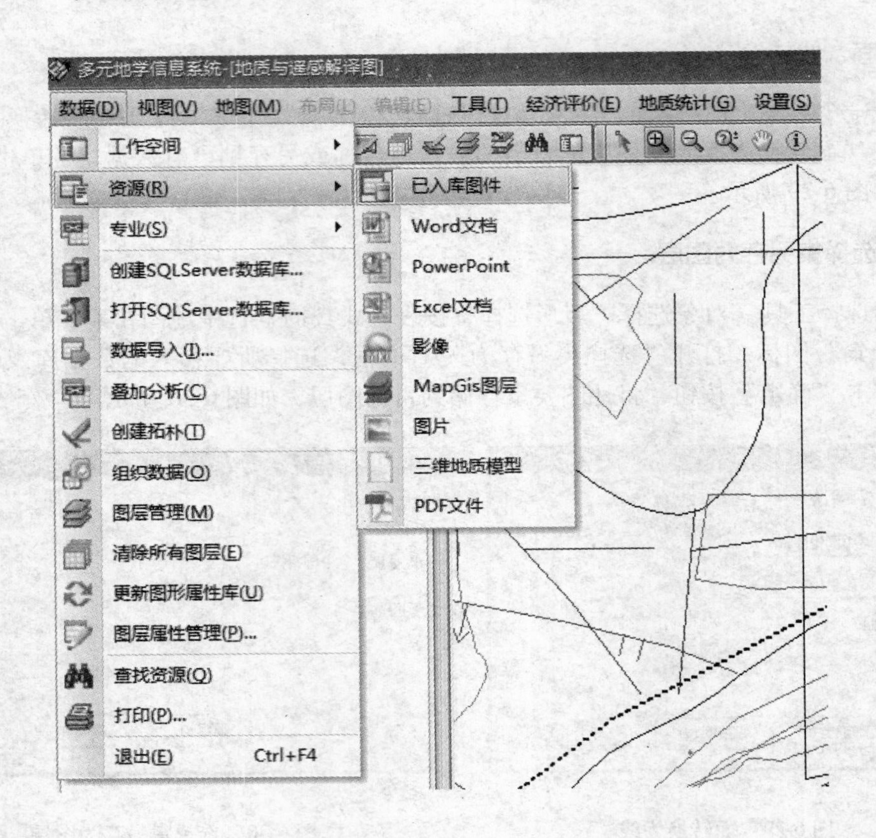


图 6-31　文档资源管理

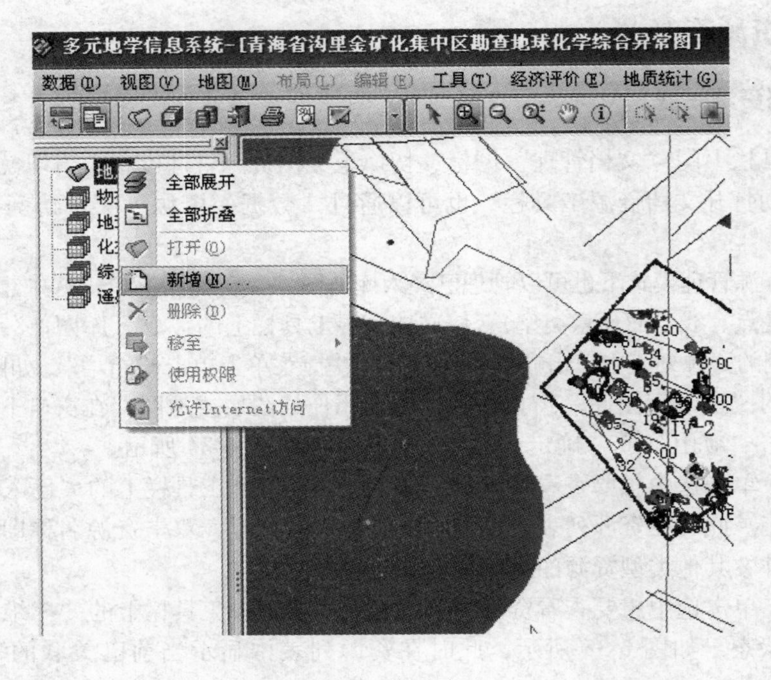


图 6-32　新增关联

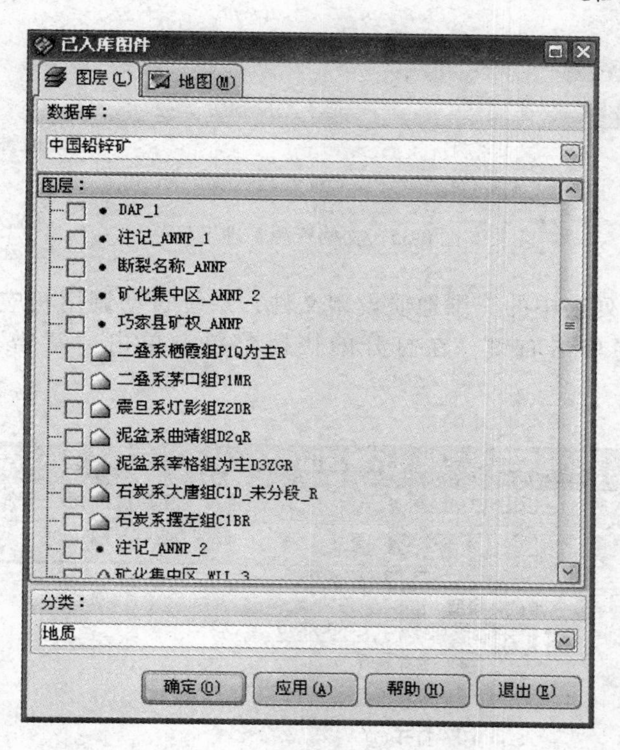


图 6-33　选择已入库图件

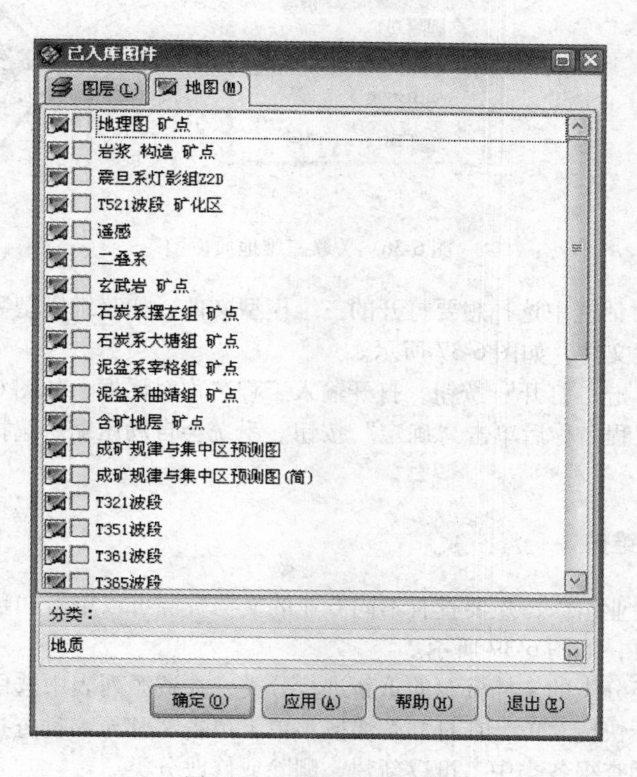


图 6-34　选择已入库地图

图 6-35　文档资源管理工具栏

点击打开资源列表中的三维地质模型文件，系统自动调用相应的软件打开三维模型。在资源列表中单击右键，在打开的快捷菜单上单击“新增”菜单，如图 6-36 所示。

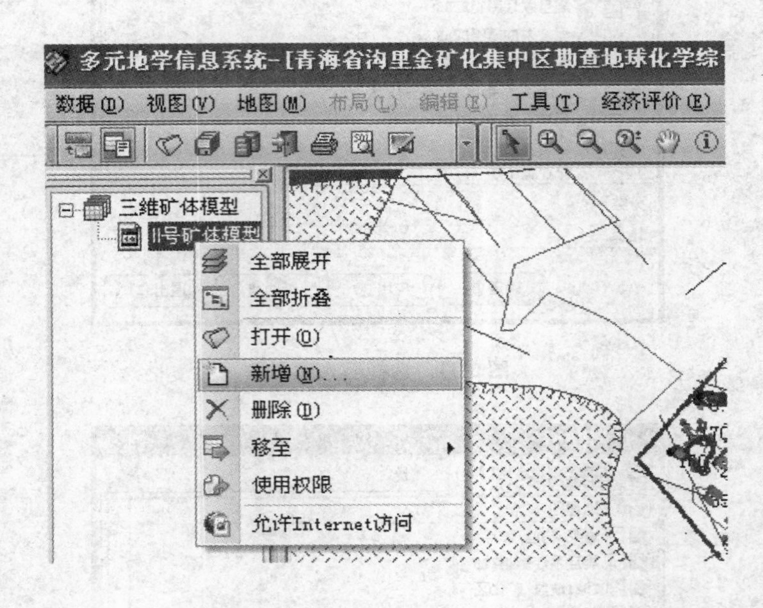


图 6-36　关联三维地质模型

在“打开”对话框中选择想要打开的三维模型文件，如三维模型数据由多个文件构成则要选择所有相关文件，如图 6-37 所示。

选择文件后单击“打开”按钮，打开输入工程名称对话框，如图 6-38 所示。

输入合适的工程名称后单击“确定”按钮。系统会自动压缩所选择的文件并上传至服务器，完成关联。

### 6.4.2　文档资源维护

文档资源按专业组织，想要查看不同专业的文档资源可以单击“数据→专业”选择想要查看的专业即可，如图 6-39 所示。

也可以对已经分类的文档资源的重新进行分类，在资源列表中选中所要重新分类的文档后单击右键打开快捷菜单，在打开的快捷菜单上单击“移至→勘查报告”菜单，将所选文档重新分类至勘查报各类中，可以新建、删除或修改分类。

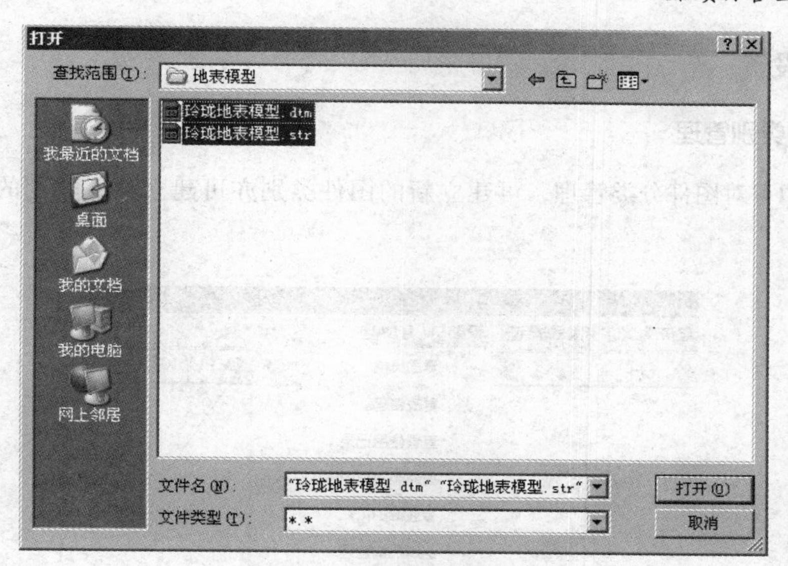


图 6-37 选择所有数据文件

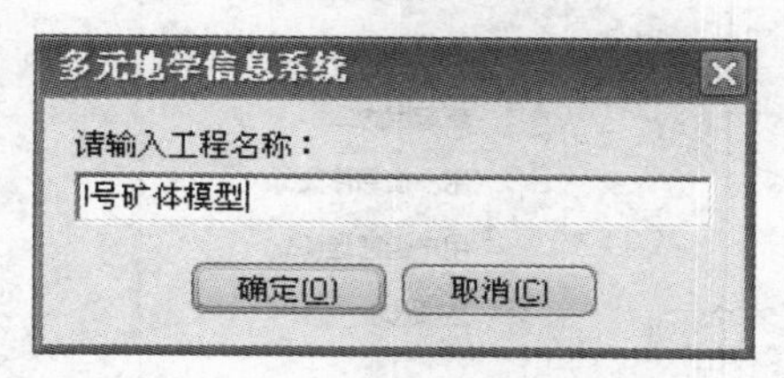


图 6-38 输入工程名称

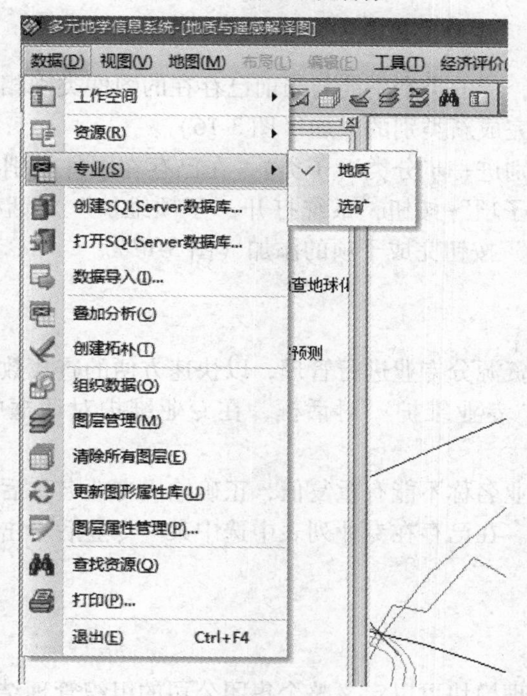


图 6-39 文档资源专业管理

## 6.5　系统设置

### 6.5.1　图件类别管理

在系统中可对图件分类管理，可建立新的图件类别亦可建立某一类别的子类，如图6-40所示。

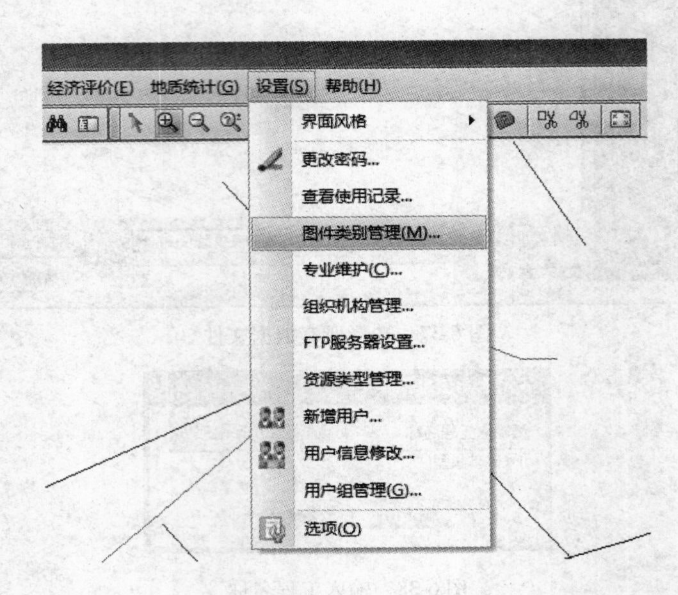


图6-40　图件类别管理

输入新的图件类别，新的类别不能与当前已存在的图件类别相同，正确输入新的图件类别后单击新增按钮，完成新类别的增加（图3-16）。

允许对某一图件类别进一步分类（子类），在已存在图件类别列表中选中想要建立子项的图件类别，单击“子项”按钮，系统打开“子项维护”对话框，在新的类别中输入新的子项，单击“新增”按钮完成子项的添加（图3-17）。

### 6.5.2　专业维护

系统可实现对文件资源分专业进行管理，以快速方便的查找数据，单击“设置→专业维护菜单”，系统打开“专业维护”对话框，在专业维护对话框中输入专业信息，如图3-18所示。

输入专业名称，专业名称不能有重复值，正确输入专业名称后，单击“新增”按钮将新专业名称存入数据库。在已存在专业列表中选中某一专业后单击删除按钮即可删除所选专业名称。

### 6.5.3　组织机构管理

系统的组织结构管理模块可以定义整个集团公司的组织管理结构，组织结构管理与用户组管理、权限管理共同对用户进行角色分配，允许用户重新定义任意组织结构及其子项，对任意组织模块都可以添加、删除、更改等，如图 3-20 所示。

### 6.5.4 FTP 服务器设置

系统以 FTP 服务的方式管理诸如 Word、Excel、文本文件等非关系数据。在使用前需正确设定 FTP 服务器的相关信息。单击“设置→FTP 服务器设置菜单”，系统打开“FTP 设置”对话框。在 FTP 设置话框中输入相关信息。

在“服务器名”中输入安装 FTP 服务器软件所在的计算机名称；“用户名称”中输入 FTP 服务器软件中所创建的用户名称；“用户密码”中输入 FTP 服务器软件中所创建的用户所对应的密码；“文件路径”中输入 FTP 服务器上所创建的用户所对应的根目录。

### 6.5.5 文档资源类型管理

系统对非关系型数据按分类管理，使用前需设置不同文件类型的相关信息以方便以后使用中的数据组织，单击“设置→资源类型管理”菜单，在所打开的对话框中输入相关信息，如图 6-41 所示。

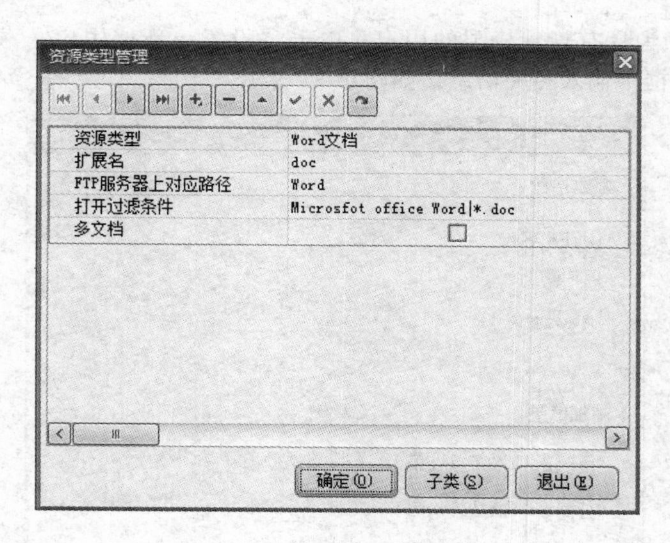


图 6-41 资源类型管理

“资源类型”中填写数据类型的分类名称；“扩展名”中填写数据类型的文档的扩展名；“FTP 服务器对应路径”中填写在系统中非关系型数据最终自动存入 FTP 服务器中的位置，必须指明某一类型的文档在 FTP 服务器中的路径；“打开过滤条件”是在关联某一类文件时，打开对话框对文件的过滤条件。如图 6-41 所示，打开对话框只显示扩展名为“doc”的文档，其过滤条件构成为：“过滤条件名称” + “|” + “文档扩展名”；“多文档”表示某些类型的文件如 MapGIS 工程是由多个图层构成，这种类型的文档称为多文档，在设置时需选中复选框，Word、Excel 等文档不属于多文档，不可选中复选框；“子类”是系统允许对某一类型的文档进一步分类，在选中某一类型后单击“子类”按钮，打开“子项维护”对话框，如图 6-42 所示。

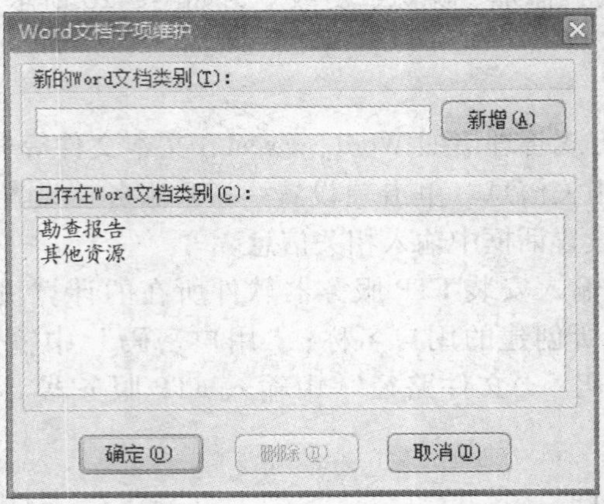

Word文档子项维护
新的Word文档类别(T):
新增(A)
已存在Word文档类别(C):
勘查报告
其他资源
确定(O)　删除(D)　取消(Q)

图 6-42　文档子项维护

## 6.5.6　新增用户

新增用户必须为具有管理权限的用户，单击“设置→新增用户”菜单，在所打开的“新增用户”对话框中输入相关信息，如图 6-43 所示。

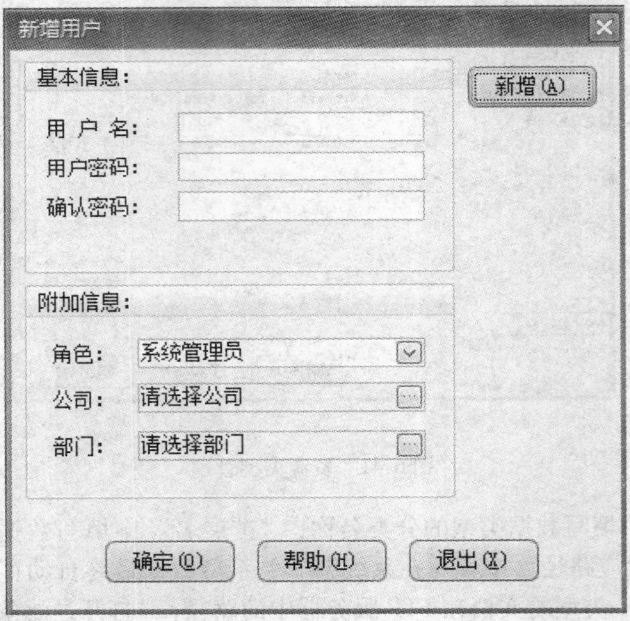

新增用户
基本信息:
新增(A)
用 户 名:
用户密码:
确认密码:
附加信息:
角色:　系统管理员
公司:　请选择公司
部门:　请选择部门
确定(O)　帮助(H)　退出(X)

图 6-43　新增用户

“用户名”为用户名称，其长度为最多 10 个汉字且不能有重复值；“用户密码”是系统登录时所输入的用户密码，最多为 20 个字符；“确认密码”为再一次输入密码，所输入的值应与用户密码相同；“角色”是用户所属角色，在新增用户前应已输入了必要的角色信息；“公司”是新增用户所隶属的公司；“部门”是新增用户所隶属的部门。

## 6.5.7 更改用户信息

单击“设置→用户信息修改”菜单，在所打开的“更改用户信息”对话框中选择相关信息，如图6-44所示。

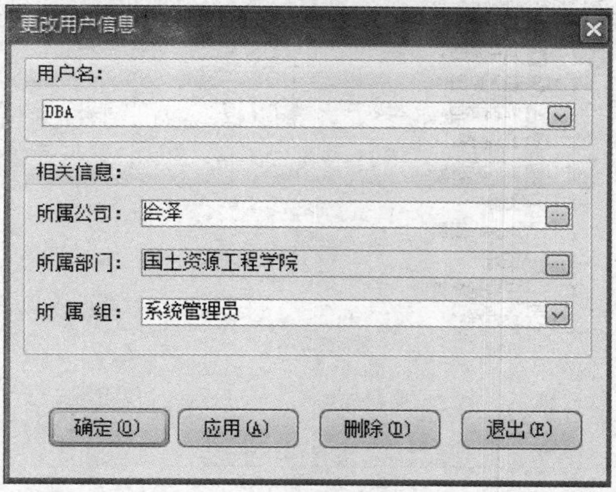

图6-44 更改用户信息

## 6.5.8 用户组管理

单击“设置→用户组管理”菜单，在所打开的用户组管理对话框中输入相关信息，如图3-8所示。

“新用户组名称”为所要新增的用户组名称；“已存在组”为系统中已经存在的组的名称；“新增”是正确输入用户组名称后，单击“新增”按钮将信息存入数据库；“权限按钮”，在已存在用户组列表中选中某一组后，单击“权限”按钮可设定不同组的权限。

### 6.5.8.1 用户组权限设置

用户组权限设置是在已存在组列表中选中所要设定或更改权限的组，如系统管理员，单击“权限”按钮，打开“设置普通用户相应的权限”对话框，如图6-45所示。

“菜单或工具栏”为选择想要设定或修改权限的菜单或工具栏名称，选择不同的菜单或工具栏其下方的权限设置信息将发生变化；“确定”按钮是将当前所做的修改存入数据库中，同时关闭该窗口；“应用”按钮为将当前所做的修改存入数据库中；“全选”按钮使当前选中的菜单（工具栏）的菜单项处于选中状态；“反选”按钮使当前选中的菜单（工具栏）的菜单项处于反选中状态。

### 6.5.8.2 用户组可用图层设置

对于不同的用户组其可用（或可见）的图层是不同的，可通过设定用户组可用图层来设定，实现数据的安全使用。在已存在组列表中选中所要设定或更改权限的组，单击“可用图层…”按钮，打开“普通用户可访问的图层”对话框，在“普通用户可访问的图层”对话框中设定图层的使用权限，如图6-46所示。

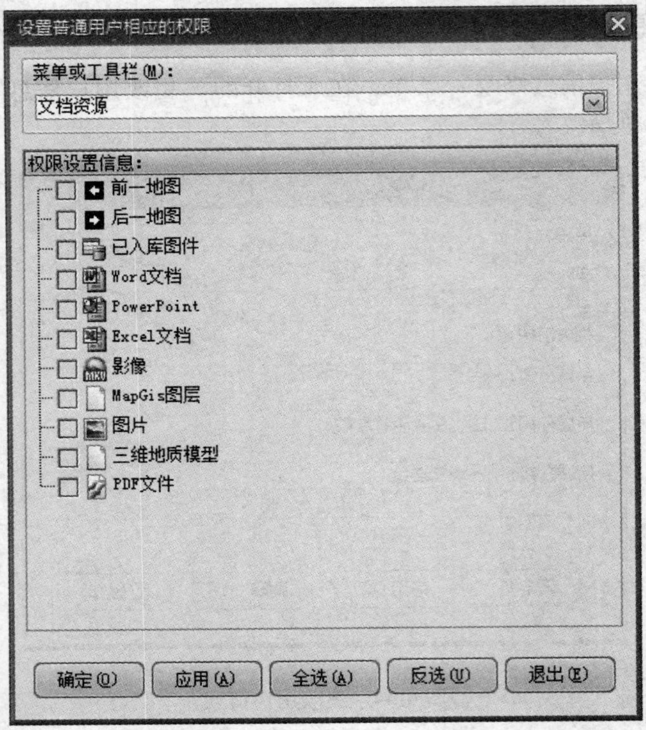

设置普通用户相应的权限

菜单或工具栏(M):

文档资源

权限设置信息:

前一地图

后一地图

已入库图件

Word文档

PowerPoint

Excel文档

影像

MapGis图层

图片

三维地质模型

PDF文件

确定(O)　应用(A)　全选(A)　反选(U)　退出(E)

图 6-45　设置普通用户相应的权限

图 6-46　设置用户组可访问的图层

## 6.5.9 选项

“选项”功能提供用户对系统的个性化设定功能。可通过选项的各项功能设定确定系统的执行状态。单击“设置→选项”菜单，打开选项对话框，在“选项”对话框中设定各项参数，如图6-47所示。

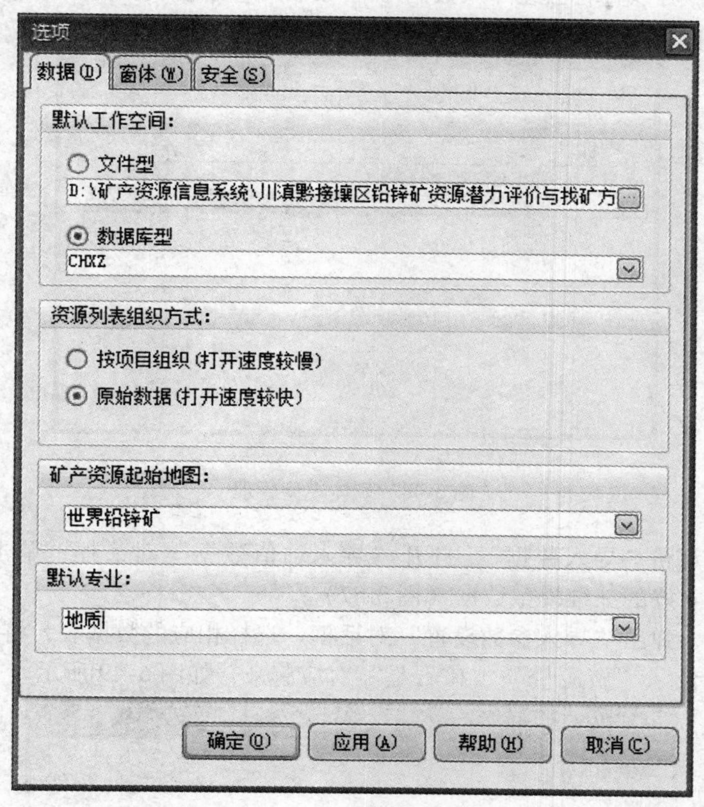


图6-47 选项对话框

(1)“默认工作空间”为系统启动后自动打开的工作空间，工作空间分为文件型与数据库型两类。

1) 文件型。工作空间以文件方式存放在本地磁盘中。用户对地图及专题图的所有修改将保存于本机，较难实现对地图工具成果的共享。

2) 数据库型。工作空间存放于数据库中以方便数据成果的共享。

(2)“资源列表组织方式”为主窗体左侧数形列表数据的组织方式，“按项目组织”可对数据库中的图层进一步组织以方便查找与使用；“原始数据”是以数据库中的原始状态显示数据，以此种数据组织方式来组织数据会使系统的启动速度加快。

(3)“矿产资源起始地图”为与文档资源相关联的起始地图，可在此地图中关联其他地图文件各类文档资源。

(4)“默认专业”为各类文件资源按专业分类组织，在此指定系统启动后的默认专业。

## 6.6 经济评价

系统不但可以将当前主流矿体建模工具所建矿体模型管理起来，还可以使用建模工具产生的矿体相关数据对矿体进行经济评价。单击“经济评价→矿体模型管理”，打开矿体模型管理对话框，可以查看已经导入数据库的三维矿体模型，如图6-48所示。

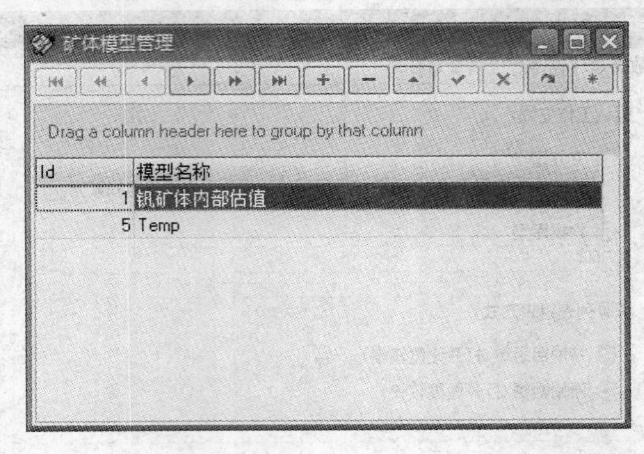


图6-48 矿体模型管理

单击“经济评价→导入数据”，打开“导入估值数据”对话框，单击“选择数据”，选择其他已经建立好的三维模型数据（图3-57）。

导入数据后，弹出“导入参数设置”对话框，选择相应的数据表，将数据表中数据的相应字段与“品位”、“资源量”、“矿石量”对应起来，如图6-49所示。

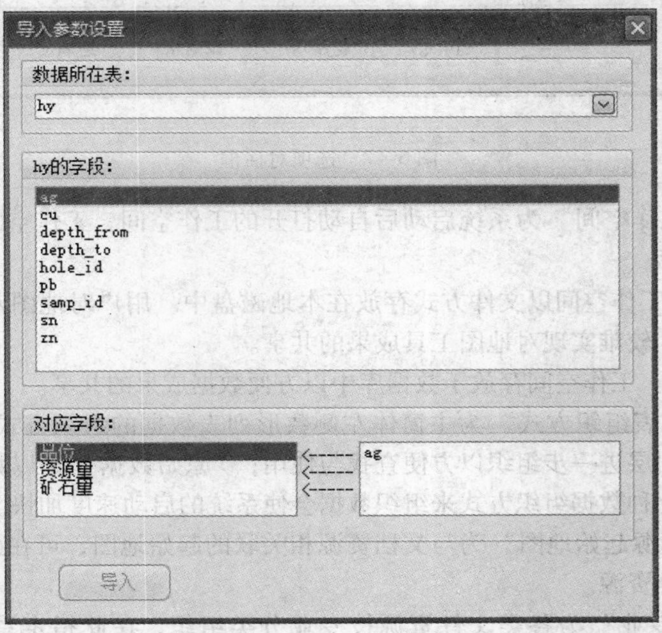

图6-49 导入参数设置

单击“经济评价→参数设定”，打开“矿体模型参数设定”对话框，根据对话框中的内容，更改相应的参数及公式（图3-39）。

单击“经济评价→经济评价”，打开“经济评价”对话框，在“矿体模型”中选择已经入库矿体模型，输入“边界品位”的值，选择“产品类型”，点击确定，矿床技术经济评价如图6-50所示。

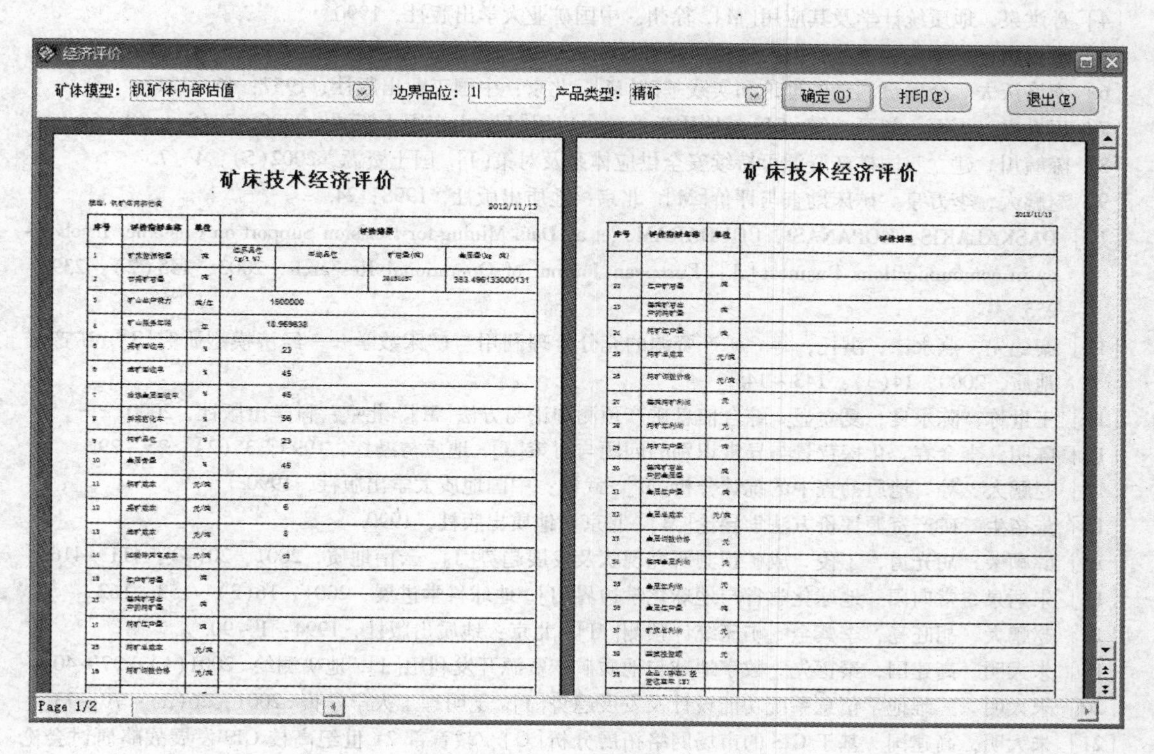


图6-50 经济评价报表

# 参考文献

[1] 吴信才. 地理信息系统设计与实现[M]. 北京：电子工业出版社，2011.
[2] 陈述彭，鲁学军，周成虎. 地理信息系统导论[M]. 北京：科学出版社，1999.
[3] 高建国，郭君. 矿产资源信息系统构建及应用[M]. 昆明：云南科技出版社，2007.
[4] 孙洪泉，地质统计学及其应用[M]. 徐州：中国矿业大学出版社，1990.
[5] 徐双庆，陈学光，李晶. 国内外模块化理论研究综述[J]. 科技管理研究，2008(9)：179～182.
[6] 索洛沃夫. 金属量测量的理论和实践基础[M]. 北京：中国工业出版社，1957：46～121.
[7] 田勤虎，周军，刘磊，等. GIS与地质学的结合应用[J]. 山东国土资源，2006，22(9)：48～50.
[8] 陈毓川. 建立我国矿产资源可持续安全供应体系及对策[J]. 国土资源，2002(5)：4～7.
[9] 赵鹏大，李万亨. 矿床勘查与评价[M]. 北京：地质出版社，1998：24.
[10] DASKALAKIS，KOPANASI，COUDARAM，et al. Data Mining for Derision Support on Customer Insolvency in communications Business[J]. European Journal of Operational Research，2003，145(2)：239～255.
[11] 秦德先，燕永锋，洪托，等. 矿产资源的充分合理利用与矿床数学——经济模型研究[J]. 矿产与地质，2000，14(3)：143～145.
[12] 王世称，陈永良，夏立显. 综合信息矿产预测理论与方法[M]. 北京：科学出版社，2000.
[13] 陈明，李金春. 化探背景与异常识别的问题与对策[J]. 地质与勘探，1999，35(2)：25～29.
[14] 赵鹏大，等. 地质勘查中的统计分析[M]. 武汉：中国地质大学出版社，1990.
[15] 朱裕生. 矿产资源评价方法学导论[M]. 北京：地质出版社，1990.
[16] 薛顺荣，胡光道，丁俊. 成矿预测研究现状及发展趋势[J]. 云南地质，2001，20(4)：411～416.
[17] 朱炳泉，常向阳. 地球化学省与地球化学边界[J]. 地球科学进展，2001，16(2)：153～162.
[18] 赵鹏大，胡旺亮，李紫金. 矿床统计预测[M]. 北京：地质出版社，1994：1～90.
[19] 朱大明，高建国，秦德先. 数字地球与地质矿产资源开发利用[J]. 地矿测绘. 2001(1)：37～40.
[20] 朱大明. 三维地学信息系统功能设计及发展趋势[J]. 昆明理工大学学报. 2001，26(3)：70～73.
[21] 朱大明，高建国. 基于GIS的市场网络拓展分析[C]//教育部21世纪高校GIS发展战略研讨会论文集，2001.
[22] 郭文龙，姜惠娟，刘世贵. 基于SSH框架的RBAC设计与实现[J]. 软件，2011，32(6)：47～48.
[23] 方坤. 基于RIA技术的构件式WebGIS表现层技术研究[D]. 北京：中国矿业大学，2009.
[24] 侯景儒，郭光裕. 矿床统计预测及地质统计学的理论与应用[M]. 北京：冶金工业出版社，1993.
[25] 北京超图软件股份有限公司[EB/OL]. 2011. http：//www.supermap.com.cn/gb/products/fwskf.html.
[26] 吴创奇. 基于SuperMap的二三维一体化的WebGIS系统开发[J]. 科技创新导报，2011(12)：24～25.
[27] 叶蔚，余伟宁. 基于SuperMap IS.net的WebGIS应用系统开发——以宁夏大学虚拟校园为例[J]. 科技资讯，2010(21)：21～22.
[28] 程裕淇，陈毓川，赵一鸣. 初论矿床的成矿系列问题[J]. 中国地质科学院学报，1979(1)：32～57.
[29] 龚建华，林珲. 虚拟地理环境[M]. 北京：高等教育出版社，2002：100～101.
[30] 罗先熔，文美兰，欧阳菲，等. 勘查地球化学[M]. 北京：冶金工业出版社，2008：214～215.
[31] 翟裕生. 关于成矿系列的结构[J]. 地学前缘，1999(1)：1～9.
[32] SuperMap图书编委会. SuperMap Objects组件式开发[M]. 北京：清华大学出版社，2011.
[33] SuperMap Objects联机帮助文档.

[34] 赵鹏大，李紫金，胡光道．重点成矿区三维立体矿床统计预测[M]．武汉：中国地质大学出版社，1992：1～32.
[35] 王世称，等．综合信息矿产预测理论[J]．长春地质学报（矿产资源评价专辑），1995：53～61.
[36] 王世称，等．内生矿产成矿系列中比例尺预测方法研究[M]．北京：地质出版社，1993：1～42.
[37] 赵鹏大，池顺都．初论地质异常[J]．地球科学．1991，16(3)：242～247.
[38] 娄德波，肖克炎，孙艳，等．成矿概率面金属量法在东天山铜镍矿预测中的应用[J]．中国地质，2010，37(1)：183～190.
[39] 龚健雅．地理信息系统基础[M]．北京：科学出版社，2003：1～8.
[40] 翟裕生．地球系统、成矿系统到勘查系统[J]．地学前缘，2007，14(1)：172～181.
[41] 李西，高建国，念红良，等．基于GIS矿区图文综合管理信息系统的构建[J]．昆明理工大学学报，2004，29(1)：11～15.
[42] 李西，高建国，郭君．矿区多媒体地理信息系统设计[J]．昆明理工大学学报，2005，30(2)：7～10.
[43] 黄杏元，马劲松，汤勤，等．地理信息系统概论[M]．北京：高等教育出版社，2002.
[44] 王家耀．空间信息系统原理[M]．北京：科学出版社，2001.
[45] 吴立新，史文中．地理信息系统原理与算法[M]．北京：科学出版社，2003.
[46] 史璨，尚敏．基于超图IS.net平台的网络GIS系统二次开发[J]．科技资讯，2011(13)：15.
[47] 徐光辉，陈桦．基于B/S体系结构的地理信息系统（GIS）设计与实现[J]．科技信息，2008，411～412.
[48] Green D R. Cartography and the Internet[J]. The Cartographic Journal，1997，34(1)：23～27.
[49] Yuan S X. Development of A Distributed Geoprocessing Service Model[J]. M. Sc. Thesis，Development of Geomatics Engineering，University of Calgary，2000.
[50] 邬伦，刘瑜，张晶，等．地理信息系统——原理、方法和应用[M]．北京：科学出版社，2001.
[51] 刘南，刘仁义．WebGIS原理及其应用——主要WebGIS平台开发实例[M]．北京：科学出版社，2002.
[52] 肖乐斌，钟耳顺，等．GIS概念数据模型的研究[J]．武汉大学学报（信息科学版），2001，26(5)：387～392.
[53] 黎夏，刘凯．GIS与空间分析——原理与方法[M]．北京：科学出版社，2006：1～13.
[54] 肖克炎，张晓华，王四龙，等．矿产资源GIS评价系统[M]．北京：地质出版社，2000：1～3.
[55] 胡鹏，黄杏元，华一新．地理信息系统教程[M]．武汉：武汉大学出版社，2002：1～20.
[56] Vapnik V. The Nature of Statistical Learning Theory[M]. Springer-Verlag，1995：10～20.
[57] 周文生，毛峰，胡鹏．开放式WebGIS的理论与实践[M]．北京：科学出版社，2007.
[58] 肖根如，程朋根，潘海燕，等．基于空间统计分析与GIS研究江西省县域经济[J]．东华理工学院学报，2006，29(04)：348～352.
[59] 吴景勤．基于GIS数字地质图在矿产资源评价中的应用[J]．国土资源科技管理，2004，21(6)：99～102.
[60] 吴可夫．统计学原理[M]．南京：南京大学出版社，1999.
[61] 王劲峰．空间分析[M]．北京：科学出版社，2006.
[62] 王劲峰，武继磊，孙英君，等．空间信息分析技术[J]．地理研究，2005，24(3)：464～472.
[63] 施志梅．基于Web Service/GML的空间互操作研究[J]．四川测绘，2007，30(5)：213～216.
[64] 刘湘南，黄方，王平，等．GIS空间分析原理与方法[M]．北京：科学出版社，2006.
[65] 陈磊，朱岩，裴国英，等．主要WebGIS平台的选择[J]．测绘通报，2007(5)：10～13.
[66] Frehner M，Brandli M. Virtual Database：Spatial Analysis in a Web-based Data Management System for

Distributed Ecological Data[J]. Environmental Modelling & Software，2006，21(11)：1544 ~ 1554.

[67] Fotheringham S，Rogerson P. Spatial analysis and GIS[M]. London：Taylor & Francis e-Library，2005.

[68] Campagna M. GIS for Sustainable Development[M]. Boca Raton：CRC Press，2006.

[69] Bennett R J，Haining R P. Spatial Structure and Spatial Interaction：Modelling Approaches to the Statistical Analysis of Geographical Data[J]. The Royal Statistical Society. Series A（General)，1985，148(1)：1 ~ 36.

[70] ArcGIS Resource Center. http：//help. arcgis. com.

[71] 侯景儒，黄竞先．地质统计学及其在矿产储量计算中的应用[M]. 北京：地质出版社，1981.

[72] 侯景儒，黄竞先．对数正态克立格法理论及其应用[J]. 北京科技大学学报，1989，11(5)：391 ~ 398.

[73] 侯景儒．中国地质统计学（空间信息统计学）发展的回顾及前景[J]. 地质与勘探，1996，32(1)：20 ~ 25.

[74] 李超岭，杨东来，李丰丹，等．中国数字地质调查系统的基本构架及其核心技术的实现[J]. 地质通报，2008，27(7)：923 ~ 944.

[75] 陈慧新．变异函数的稳健性及特异值的处理方法[J]. 内蒙古农业大学学报，2000，21(2)：84 ~ 90.

[76] 赵鹏大．矿产勘查的若干重要思路及途径[J]. 矿产储量管理，1995(5)：4 ~ 10.

[77] 赵鹏大．“三联式”资源定量预测与评价——数字找矿理论与实践探讨[J]. 地球科学：中国地质大学学报，2002，27(5)：482 ~ 489.

[78] 徐翠玲，钱壮志，梁婷．GIS 在矿产资源评价中的应用[J]. 西安文理学院学报（自然科学版)，2006，9(4)：104 ~ 107.

[79] 向中林．基于 GIS 的沂南金矿成矿地质条件分析及成矿预测[D]. 北京：中国地质大学（北京)，2008.

[80] 吴景勤．GIS 在地质矿产资源评价中的应用[J]. 地矿测绘，2003，19(4)：42 ~ 45.